黑龙江省精品图书出版工程
“十四五”时期国家重点出版物出版专项规划项目
现代土木工程精品系列图书

结构模态分析

STRUCTURAL MODAL ANALYSIS

鲍跃全　陈智成　赖马树金　李　惠　编著

内 容 简 介

本书针对土木工程结构的特点，系统阐述了结构模态分析的理论和方法。全书共分7章：第0章为绪论；第1章为结构模态分析理论基础；第2章为结构实验模态测试技术；第3、4章为结构模态参数识别的频域方法和时域方法；第5章为结构时变模态参数识别方法；第6章为结构模态分析工程应用。

本书可供高等学校土木工程和力学专业的高年级本科生和研究生参考，也可供从事土木工程、水利工程、力学等专业领域的广大科研人员、工程技术人员及管理人员参考。

图书在版编目(CIP)数据

结构模态分析/鲍跃全等编著. —哈尔滨：哈尔滨工业大学出版社，2022.3

ISBN 978-7-5603-9392-6

Ⅰ.①结… Ⅱ.①鲍… Ⅲ.①模态参数-研究 Ⅳ.①N945.12

中国版本图书馆CIP数据核字(2021)第075790号

策划编辑　王桂芝　苗金英
责任编辑　王会丽　鹿　峰
出版发行　哈尔滨工业大学出版社
社　　址　哈尔滨市南岗区复华四道街10号　邮编150006
传　　真　0451-86414749
网　　址　http://hitpress.hit.edu.cn
印　　刷　黑龙江艺德印刷有限责任公司
开　　本　720 mm×1 000 mm　1/16　印张11.75　字数228千字
版　　次　2022年3月第1版　2022年3月第1次印刷
书　　号　ISBN 978-7-5603-9392-6
定　　价　48.00元

(如因印装质量问题影响阅读，我社负责调换)

前　言

结构模态分析是指在模态空间对结构动力特性进行描述，是结构动力学典型的“逆问题”，其在机械、航天、土木等领域应用广泛。随着结构健康监测的发展和应用，结构模态分析在土木工程领域成为从监测数据中反演结构状态的重要手段之一。结构模态参数是结构的基本动力特性，与结构的状态变化直接相关，在结构损伤诊断、模型修正与安全评定等方面具有较大的研究和应用价值。目前，国内外在结构模态分析相关方面的研究和应用都取得了很大的成就，本书聚焦土木工程结构模态分析问题，系统阐述结构模态分析的理论和方法，并大量介绍工程应用实例，可供高等学校土木工程和力学专业的高年级本科生和研究生参考。

本书针对土木工程结构的特点，在传统结构模态分析理论和方法的基础上，增加了结构模态分析相关的新发展。全书共分 7 章：第 0 章为绪论，主要介绍结构模态分析的发展历程等内容；第 1 章为结构模态分析理论基础，主要围绕频响函数的概念，讨论了单自由度结构和多自由度结构的频响函数特性以及实模态和复模态等内容；第 2 章为结构实验模态测试技术，重点介绍了实验模态测试传感器、激励信号和实验方法等；第 3 章为结构模态参数识别的频域方法，主要介绍了频响函数曲线拟合法、频域分解法和增强频域分解法；第 4 章为结构模态参数识别的时域方法，主要介绍了动力状态空间模型、随机子空间方法、NExT＋ERA 方法以及盲源分离方法；第 5 章为结构时变模态参数识别方法，主要介绍了基于时变模态参数识别的 HHT 方法和自适应稀疏时频分析方法等内容；第 6 章为结构模态分析工程应用，主要介绍了结构模态分析在大跨斜拉桥、大跨空间、风力发电机、建筑和水利大坝等工程中的应用，并讨论了环境因素对结构模态参数的影响。

本书由鲍跃全、陈智成、赖马树金、李惠共同撰写。本书撰写过程中参考了国内外结构模态分析领域的经典著作、教材和其他文献，在此对国内外学者的贡献深表感谢！

由于作者水平有限，书中难免存在疏漏和不足之处，敬请广大读者批评指正。

作　者

于哈尔滨工业大学

2021 年 12 月

目　录

第0章　绪　　论

0.1　结构模态分析概述

模态是结构的固有特性，每一个结构都有频率、振型和阻尼比等固有的模态参数，分析模态参数的过程称为结构模态分析。结构模态分析是了解结构动力特性的重要手段，其在机械、航天、土木等领域都有重要应用。结构模态分析技术从20世纪60年代至今逐渐发展成熟，成了解决工程振动问题的重要工具。

结构模态分析的经典定义为，将线性定常系统振动微分方程组中的物理坐标变换为模态坐标，使方程组解耦，成为一组由模态坐标及模态参数描述的独立方程，以便求出系统的模态参数。结构模态分析主要包括计算模态分析(Computational Modal Analysis，CMA)、实验模态分析(Experimental Modal Analysis，EMA)和运行模态分析(Operational Modal Analysis，OMA)。计算模态分析是指通过有限元计算的方法获得模态参数；实验模态分析一般在实验条件下进行，通过传感器和数据采集设备获得输入和输出数据，然后进行参数识别获得模态参数；运行模态分析是指仅采集结构或系统在正常工作状态或正常环境作用下产生的振动响应数据，通过参数识别得到模态参数。大型的土木工程结构在正常运行状态往往激励不可测，因此常用运行模态分析的方法，利用结构在自然激励(环境激励)下的响应数据进行结构模态分析。

0.2　结构模态分析发展历程

20世纪70年代和80年代早期，模态参数识别的方法主要是基于频率响应函数(简称频响函数)或者脉冲响应函数，并且成功地应用于机械、航天、土木等领域。

最早的模态参数识别文献可以追溯到1968年，Cole提出的单点单阶模态测试的随机减量法(Random Decrement Technique，RDT)，RDT利用样本平均技术，可以去除在一定激励下结构响应的随机成分，从而获得自由衰减响应。1979年，Brown提出了基于Prony方法的最小二乘复指数方法(Least Squares Complex Exponential Method，LSCE)，该方法将单点激励的脉冲响应模型中复频率的识别转化为与之等效的自回归模型中自回归系数求解，进而求解模态参数。1977年，Ibrahim提出了Ibrahim时域(Ibrahim Time Domain，ITD)方法，该方法的主要思想是使用各测点同时测得的自由响应，通过三次不同的延时采样，构造自由响应采样数据的增广矩阵，根据自由响应的数学模型建立特征方程求解模态参数。1986年，Ibrahim又提出了STD(Sparse Time Domain)方法，降低了ITD方法的计算量。1976年，Box与Jenkins发表专著详细论述了用于时域模态参数识别的时序分析方法(Auto Regressive Moving Average，ARMA)，该方法首先利用一定阶次的离散常系数差分方程估计结构系统的脉冲响应函数，然后利用结构系统的实测响应信号建立时间序列计算其自相关函数，再然后利用自相关函数与自回归系数的关系计算得到自回归系数，进而求解系统的极点，得到特征值，最后由模型特征值与结构系统特征值之间的关系得到模态频率和阻尼比。

20世纪80年代，模态参数识别在两方面取得了长足的发展。一方面是识别方法扩展到了频域，另一方面是从单输入多输出的识别方法扩展到了多输入多输出的识别方法。

1982年，Richardson提出了有理分式正交多项式法，将频响函数用有理分式多项式表示，利用最小二乘法以实际测得的频响函数值与理论频响函数值之间误差最小为目标函数求解多项式系数，进而求解模态参数。随后，Richardson又进一步提出了利用多个响应点数据的多项式方法，将该方法从单输入单输出识别扩展到了单输入多输出识别。Vold提出的多参考点复指数法(Poly Reference Complex Exponential，PRCE)是LSCE的扩展，该方法同时利用所有激励点和响应点的数据进行分析，是多输入多输出的识别方法，并具有较强的对虚假模态的辨识能力，识别精度大大提高。但该方法所要求的激振技术较为复杂，测试数据量和运算量很大，难于运用到大型工程结构上。1984年，Juang和Pappa提出的特征系统实现算法(Eigensystem Realization Algorithm，ERA)是模态参数识别的另一个突破，该方法利用了多自由度线性系统的状态方程和系统最小实现理论，属于多输入多输出的时域模态参数识别方法。它以多点激励得到的脉冲响应函数矩阵为基础，构造Hankel(汉克尔)矩阵，利用奇异值分解确定最小阶次的系统矩阵和输入、输出矩阵，构成最小阶次的系统，实现通过求解系统矩阵的特征问题得到模态参数。

20世纪80年代晚期至90年代，随着计算机技术、信号分析技术和实验技术的发展，模态参数识别方法开始发展成熟。在此之前，大多数模态参数识别方法具有以下特征：① 需要测量输入和输出信号，只能在实验条件下进行；② 分为首先测量频响函数或者脉冲响应函数，然后再识别模态参数两个步骤；③ 需要预先确定系统阶次。这10余年，模态参数识别方法取得了较大进步，具体表现在：① 从传统的利用输入和输出测量方法的实验模态分析转变为仅利用输出的模态分析；② 不再需要两个步骤，可直接利用输入和输出数据得到模态参数；③ 考虑了噪声和系统误差等不确定因素，采用稳定图（stability diagram）等统计手段剔除虚假模态，减少了噪声和系统误差带来的影响，从而增加了准确性，并且可以给出模态参数识别结果的置信区间。

1992年，James等人证明了系统任意点的脉冲响应函数与白噪声激励时两点之间的响应互相关函数具有相似的解析表达式，从而可以利用互相关函数代替脉冲响应函数进行模态参数识别，并进一步提出了利用互相关函数识别模态参数的自然激励技术（Natural Excitation Technique，NExT）。根据这一原理，所有多输入多输出时域模态参数识别方法都可以利用互相关函数代替脉冲响应函数进行工作条件下的模态参数识别。1994年，子空间状态空间系统辨识（Subspace State-Space System Identification，4SID）方法被提出，后来广泛应用的随机子空间（Stochastic Subspace Identification，SSI）方法就是其特例。1991年，De Moor等人提出了数据驱动的随机子空间方法，该方法将输出数据组成的Hankel矩阵的“将来”行空间向“过去”行空间投影，对投影进行奇异值分解，估计系统的Kalman（卡尔曼）状态序列，再通过Kalman状态序列求解模态参数。1995年，Peeters Bart提出了协方差驱动的随机子空间方法，利用输出数据构造Hankel矩阵，然后计算其协方差组成的Toeplitz（托普利兹）矩阵，并对Toeplitz矩阵进行奇异值分解，以求解模态参数。然而，实际应用表明，所有的时域模态参数识别方法均存在模型定阶的难题，由于噪声等因素产生的虚假模态干扰无法确定准确的系统阶次，影响模态参数识别结果，许多模态验证方法也因此发展起来，如模态置信度准则法（Modal Assurance Criterion，MAC）、模态置信因子法（Modal Confidence Factor，MCF）、模态幅值因子法（Modal Amplitude Coherence，MAmC）、模态参与指标法（Modal Participation Indicator，MPI）及稳定图等。对不同系统阶次下求得的模态参数进行统计，根据统计结果选取合理的模态参数识别结果。频域的峰值拾取法（Peak Picking，PP）是最简便的模态参数识别方法，该方法假定激励为白噪声激励，采用响应的自功率谱密度函数代替频响函数，通过拾取自功率谱密度函数的峰值获得模态参数，但精度不高且容易遗漏模态。2000年，Brincker提出了频域分解法（Frequency-Domain Decomposition，FDD），是在峰值拾取法基础上发展起来的一种频域模态参数识别方法。FDD的基本思想是将结构响应的功率谱密度函数进行奇异值分解，将其分解成对应结构多阶模态的单自由度系统功率谱密度函数。

近年来，模态参数识别也取得了新的进展，发展起来一些新的方法，如盲源分离（Blind Source Separation，BSS）的识别方法、考虑不确定性的基于贝叶斯理论的识别方法，以及采用机器学习理论的识别方法等。

0.3 时变模态参数识别

目前大多数的模态参数识别方法都针对线性时不变系统，或具有较弱时变特性的系统，而实际工程结构往往存在非线性的情况，例如工程结构在某些突发荷载（如地震等）作用下产生非线性的损伤，结构刚度在荷载作用时间内产生非线性的变化，从而导致结构的模态频率随时间产生非线性变化，待分析的模态参数的数值不再随时间保持恒定。由于非线性时变系统模态识别理论的复杂性，时变模态参数识别依然是工程领域的一大难题。

现有的时变模态参数识别方法主要基于信号时频分析理论。时频分析旨在显示信号的能量是如何在二维时频空间中分布的，信号的处理可以利用信号能量在两个维度（时间和频率）而不是仅在一个维度（时间或频率）中所产生的特征。

时频分析的发展最早可以追溯到19世纪初，由法国数学家和物理学家傅里叶（Fourier）提出，任何具有周期性的函数均可以采用一组正弦函数叠加表示。从某种程度上，时频分析可以当作是傅里叶分析的一种泛化和改进。真正对时频分析研究最早的是哈尔（Haar），他在1909年提出了Haar小波，但这一发现并没有在信号处理领域得到应用。随后，英国学者Gabor从事了相关方面的大量工作，在1947年提出了小波变换的早期形式——Gabor原子和Gabor变换，其为一种短时傅里叶变换的改进方法，是根据傅里叶变换的核心思想提出的，采用窗函数对信号加窗，并假定加窗部分信号是平稳的，基于此分析信号的局部特征，当该部分的变换完成后通过平移窗函数进行后续的变换，但由于窗口的大小是一定的，决定了该方法仅具有频域上的单一分辨能力。早期，时频分析的发展和量子力学联系十分紧密，在20世纪30年代维格纳（Wigner）首先发展了Wigner分布，并在量子力学研究方面得到广泛应用，16年之后威尔（Ville）将这一分布带到信号分析领域，发展成为现在著名的维格纳－威尔分布（Wigner－Ville分布）。该分布具有平均瞬时频率等众多优势，时频域上的分辨率较高，但由于它采用非线性时频表示，因此不可避免地存在交叉干扰项的影响。法国学者Morlet于20世纪80年代提出了小波变换，这一概念在时频分析领域具有里程碑式的意义，之后“正交小波基”和“快速小波变换”等的提出使小波分析得到了快速发展。不同于短时傅里叶变换仅具有一种频率分辨能力，小波变换的窗函数可以根据被分析信号的频率构成进行伸缩调节，在时域和频域上均有良好的分辨率，但是分析过程中需要调整母小波以匹配局部信号，因此计算量较大。华裔科学家黄鳄在1998年提出希尔伯特－黄变换（Hilbert－Huang Transform，HHT），被认为是时频分析领域的一个重大突破。该方法的主要思想是，先将信号进行经验模态分解(Empirical Mode Decomposition,EMD),得到一组本征模函数(Intrinsic Mode Function,IMF),再用希尔伯特变换对 IMF 进行处理得到瞬时频率。由于采用 HHT 进行分析的基础是 EMD,EMD 过程中的样条插值和包络线带来的末端效应问题都会影响到 HHT 分析的准确度,国内乃至国际上的许多学者也都做了大量努力,以降低其影响从而达到提高精度的目的。变分模态分解法(Variational Mode Decomposition, VMD) 是获取 IMF 的另外一种方法,是基于维纳滤波理论提出的自适应信号分解方法,它以 H^1 范数来估计模态的带宽,通过复谐波混合技术将希尔伯特变换求得的解析信号转移到信号基带,并结合交替方向乘子法(Alternative Direction Multiplier Method,ADMM)进行优化求解。首先,利用希尔伯特变换构造原信号的解析信号;其次,利用频移方法将某一模态频谱移至其估计的中心频率位置;然后对其各阶模态对应的 H^1 范数进行求和,并结合各阶模态之和为原信号的约束条件,利用 ADMM 实现最小化目标函数优化。变分模态分解法的优点是对噪声的鲁棒性好。

近年来,压缩感知(Compressive Sensing,CS) 理论和稀疏约束优化成为国际上应用数学领域的研究热点。所谓压缩感知就是指只要信号是稀疏的或者在某些域中是稀疏的,就可以通过随机采样的方法获取压缩信号,然后通过求解优化问题,从少量的随机测量中重构原始信号。压缩感知理论的核心是稀疏约束优化问题,结合稀疏约束优化和 EMD,Hou 和 Shi 提出了一种用于分析非平稳信号的改进时频分析方法,即自适应稀疏时频分析方法。其主要思想是:通过求解一个非线性优化问题,在由 IMF 构建的最大的时频分析字典里,找到目标函数的一个最稀疏分解。相较于前面提到的那些常用的时频分析方法,自适应稀疏时频分析方法具有很多优势,该方法的基函数来自于一个最大的时频分析字典,因此它与 EMD 方法一样有很好的自适应性。通过该方法还可以得到信号携带的很多隐藏的物理信息,诸如趋势和瞬时频率等。此外,该方法计算量较小,经过大量的数值实验验证表明,它还对噪声的鲁棒性好,并且有较高的识别精度。

在土木工程领域,常用时频分析方法来识别时变模态参数。例如在地震工程领域,一些研究者采用时频分析方法识别结构地震响应的时变频率进而评估结构的损伤状况。

结构模态分析目前已经形成了完善的理论体系,模态参数识别方法在工程中已经得到了普遍的应用,结构模态分析技术已经成为一门重要的工程技术。然而有些问题还需要进一步研究和解决,如实际工程结构在环境激励下,现有方法识别的模态阻尼比结果具有较大的离散性,如何得到精确识别结果仍需研究。此外,非线性结构模态分析理论体系目前尚未发展成熟,仍待进一步完善和研究。

第1章　结构模态分析理论基础

1.1　概　　述

本章将系统地介绍结构模态分析的基础理论知识，主要包括线性单自由度结构和线性多自由度结构的频响函数分析，多自由度结构实模态和复模态及其与模态参数之间的关系等内容。由于在频响函数推导的过程中，用到了傅里叶变换和拉普拉斯变换等知识，所以在本章1.2节先简要介绍傅里叶变换与拉普拉斯变换。结构模态分析的最终目标是辨识模态参数，为结构的振动特性分析与设计、损伤诊断、模型修正、安全评估等提供依据。

1.2　傅里叶变换与拉普拉斯变换

傅里叶变换是将连续时间函数转换到频域表示的积分变换。设 $x(t)$ 为某连续信号，其傅里叶变换定义为

$$X(\omega)=\mathscr{F}[x(t)]=\int_{-\infty}^{\infty}x(t)\mathrm{e}^{-\mathrm{j}\omega t}\mathrm{d}t \tag{1.1}$$

相应的逆变换定义为

$$x(t)=\mathscr{F}^{-1}[X(\omega)]=\frac{1}{2\pi}\int_{-\infty}^{\infty}X(\omega)\mathrm{e}^{\mathrm{j}\omega t}\mathrm{d}\omega \tag{1.2}$$

非周期信号傅里叶变换存在的充分条件是

$$\int_{-\infty}^{\infty}|x(t)|\mathrm{d}t<\infty \tag{1.3}$$

拉普拉斯变换是一种将实值函数变为复值函数的积分变换。拉普拉斯变换可将微分方程转化成代数方程，可将卷积运算转化成乘法运算，因而在科学与工程中具有广泛的应用。

设函数 $f(t)$ 为定义在 $[0,+\infty)$ 上的实值函数，同时假设积分 $\int_{0}^{\infty}f(t)\mathrm{e}^{-st}\mathrm{d}t$（$s=\sigma+\mathrm{j}\omega$ 为复数）在复平面的某一区域内收敛，则称该单边积分变换为函数 $f(t)$ 的拉普拉斯变换，记为

$$F(s)=\mathscr{L}[f(t)]=\int_{0}^{\infty}f(t)\mathrm{e}^{-st}\mathrm{d}t \tag{1.4}$$

相应的逆拉普拉斯变换记为

$$f(t)=\mathscr{L}^{-1}[F(s)] \tag{1.5}$$

设 $x(t)$ 的拉普拉斯变换为 $X(s)=\mathscr{L}[x(t)]$，利用分部积分可以导出 $\frac{\mathrm{d}x(t)}{\mathrm{d}t}$ 的拉普拉斯变换为

$$\mathscr{L}\left[\frac{\mathrm{d}x(t)}{\mathrm{d}t}\right]=sX(s)-x(0) \tag{1.6}$$

式中，$x(0)=x(t)\mid_{t=0}$。该关系式称为拉普拉斯变换的一阶微分性质。

若 $x(t)$ 在 $t=0$ 处不连续，此时 $\frac{\mathrm{d}x(t)}{\mathrm{d}t}$ 在 $t=0$ 处存在脉冲 $\delta(t)$。拉普拉斯变换中的积分下限应设为 0_-，上述拉普拉斯变换的微分性质需改写为

$$\mathscr{L}\left[\frac{\mathrm{d}x(t)}{\mathrm{d}t}\right]=sX(s)-x(0_-) \tag{1.7}$$

同理，可导出 $x(t)$ 的高阶导数的拉普拉斯变换为

$$\mathscr{L}\left[\frac{\mathrm{d}^n x(t)}{\mathrm{d}t^n}\right]=s^n X(s)-\sum_{r=0}^{n-1} s^{n-r-1} x^{(r)}(0) \tag{1.8}$$

式中，$x^{(r)}(0)=\frac{\mathrm{d}^r x(t)}{\mathrm{d}t^r}\mid_{t=0_-}$。

1.3　单自由度结构模态分析

按照自由度的不同，结构系统可以分为单自由度系统和多自由度系统。单自由度系统形式简单、易于分析，是对更复杂的多自由度结构系统进行动力分析的基础。结构系统的很多基本动力特性均可通过单自由度系统的动力分析揭示，因此首先介绍单自由度系统的动力分析与频响函数。结构系统的动力分析均需要考虑阻尼的影响，阻尼的作用是阻滞结构的振动使其能量逐渐耗散。根据结构动力学的知识，一般可将复杂的阻尼作用简化为黏滞阻尼和结构阻尼这两大类阻尼模型进行力学建模与分析。下面分别介绍黏滞阻尼系统和结构阻尼系统的频响函数。

1.3.1　黏滞阻尼系统

1. 系统运动方程与频响函数

单自由度结构线性黏滞阻尼系统如图 1.1 所示，该阻尼系统中假设阻尼力方向与结构振动速度方向相反，大小随结构振动速度的增加而线性增加。设 $x(t)$ 表示结构的动位移，$x(t)$ 关于时间 t 的导数 $\dot{x}(t)$ 为结构的运动速度。根据单自由度结构线性黏滞阻尼系统的假设，阻尼力 $f_{\mathrm{d}}(t)$ 可以表示为

$$f_d(t) = -c\dot{x}(t) \tag{1.9}$$

式中，c 为常比例系数，称为结构的黏滞阻尼系数。

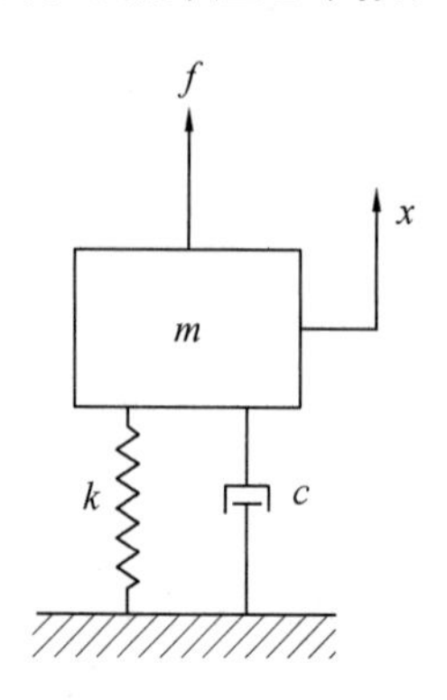

图 1.1　单自由度结构线性黏滞阻尼系统

根据理论力学中的达朗贝尔原理，建立图 1.1 所示的单自由度结构在线性黏滞阻尼系统下的振动方程为

$$m\ddot{x}(t) + c\dot{x}(t) + kx(t) = f(t) \tag{1.10}$$

式中，m 为结构的质量；k 为结构的刚度；$\ddot{x}(t)$ 为结构的加速度（它是结构位移 $x(t)$ 关于时间的二阶导数）；$\dot{x}(t)$ 为结构的速度；$f(t)$ 为结构的外部激励荷载。

若外部激励荷载 $f(t)$ 为零，式(1.10) 所示的振动方程退化为

$$m\ddot{x} + c\dot{x} + kx = 0 \tag{1.11}$$

此方程称为单自由度结构系统的自由振动方程。

式(1.10) 和式(1.11) 所示的结构振动方程属于二阶常（系数）微分方程。由常微分方程知识可知，其通解为

$$x = X\mathrm{e}^{\lambda t} \tag{1.12}$$

式中，λ、X 为待定系数，λ 为复数，称为结构的复特征值；X 为实数，其物理意义为结构的振动幅值。

利用拉普拉斯变换可将式(1.10) 和式(1.11) 所示的振动方程转化为代数方程。令 $X(s)$ 为结构振动位移响应 $x(t)$ 的拉普拉斯变换，即

$$X(s) = \mathscr{L}[x(t)] \tag{1.13}$$

同时，注意拉普拉斯变换的微分性质，即

$$\mathscr{L}\left[\frac{\mathrm{d}^n x(t)}{\mathrm{d}t^n}\right] = s^n X(s) - \sum_{r=0}^{n-1} s^{n-r-1} x^{(r)}(0) \tag{1.14}$$

式中，$x^{(r)}(0) = \left.\frac{\mathrm{d}^r x(t)}{\mathrm{d}t^r}\right|_{t=0}$；$s$ 为拉普拉斯变换因子。当 $x^{(r)}(0) = 0, r = 0, 1, \cdots, (n-1)$ 时，式(1.14) 可以进一步简化为

$$\mathscr{L}\left[\frac{\mathrm{d}^n x(t)}{\mathrm{d}t^n}\right] = s^n X(s) \tag{1.15}$$

假设结构振动的初位移和初速度均为 0，即 $x(0)=\dot{x}(0)=0$。此时，$\ddot{x}(t)$、$\dot{x}(t)$ 的拉普拉斯变换分别为

$$\mathscr{L}[\dot{x}(t)]=sX(s),\quad \mathscr{L}[\ddot{x}(t)]=s^2X(s) \tag{1.16}$$

利用该结论对式(1.10) 所示的结构振动方程的左右两边同时做拉普拉斯变换，得到

$$(ms^2+cs+k)X(s)=F(s) \tag{1.17}$$

式中，$X(s)=\mathscr{L}[x(t)]$；$F(s)=\mathscr{L}[f(t)]$。与式(1.10) 所示的振动方程不同，变换后的方程不再含有微分项，已经转化为更易求解的代数方程。 对于式(1.11) 所示的结构自由振动方程，则有

$$ms^2+cs+k=0 \tag{1.18}$$

求解上述代数方程，即可得到拉普拉斯变换因子 s 的两个根，即

$$s_{1,2}=-\frac{c}{2m}\pm\frac{\sqrt{c^2-4km}}{2m} \tag{1.19}$$

令 $\omega_0=\sqrt{\frac{k}{m}}$，$\zeta=\frac{c}{2\sqrt{km}}=\frac{c}{2m\omega_0}$，其中 ω_0 和 ζ 分别为结构的无阻尼自振频率和阻尼比，式(1.19) 中的两个根可以变形为

$$s_{1,2}=-\zeta\omega_0\pm \mathrm{j}\omega_0\sqrt{1-\zeta^2} \tag{1.20}$$

式中，s_1、s_2 为一对共轭复根，根的实部为结构振动的衰减因子，根的虚部则对应结构的有阻尼自振频率，即

$$\omega_\mathrm{d}=\omega_0\sqrt{1-\zeta^2} \tag{1.21}$$

结构的自振频率 ω_0(或 ω_d) 和阻尼比 ζ 反映的是结构的固有振动特性，统称为单自由度结构振动的模态参数。

根据阻尼的不同取值，结构动力系统又可分为过阻尼($\zeta>1$)、欠阻尼($\zeta<1$) 和临界阻尼($\zeta=1$) 三种情况。工程中的常见结构动力系统一般为欠阻尼($\zeta<1$) 系统。对于欠阻尼的情况，从式(1.21) 可见阻尼的作用将使结构的振动频率下降(即 $\omega_\mathrm{d}<\omega_0$)，究其原因是阻尼的作用使结构振动周期变长(即结构振动更缓慢)。

式(1.17) 中 $X(s)$ 和 $F(s)$ 的比值称为传递函数，即

$$H(s)=\frac{X(s)}{F(s)}=\frac{1}{ms^2+cs+k} \tag{1.22}$$

$H(s)$ 反映了结构动力系统位移与外部激励之间的关系，即系统的输入(激励) 与输出(响应) 关系，因而得名传递函数。

若利用 $\mathrm{j}\omega$ 替代传递函数 $H(s)$ 中的 s，得到新的传递函数 $H(\omega)$ 反映的是频域中的系统输入与输出关系。$H(\omega)$ 为频率响应函数，简称频响函数，其具体形式为

$$H(\omega)=\frac{X(\mathrm{j}\omega)}{F(\mathrm{j}\omega)}=\frac{1}{-m\omega^2+k+\mathrm{j}\omega c}$$
$$=\frac{1}{k}\left[\frac{1-\bar{\omega}^2}{(1-\bar{\omega}^2)^2+(2\zeta\bar{\omega})^2}+\mathrm{j}\frac{-2\zeta\bar{\omega}}{(1-\bar{\omega}^2)^2+(2\zeta\bar{\omega})^2}\right] \tag{1.23}$$

式中,$\bar{\omega}$ 为频率比,即 $\bar{\omega}=\frac{\omega}{\omega_0}$。频响函数 $H(\omega)$ 在数学上是结构响应 $x(t)$ 的傅里叶变换 $X(\mathrm{j}\omega)$ 与外部激励 $f(t)$ 的傅里叶变换 $F(\mathrm{j}\omega)$ 在给定频率 ω 上的比值。

频响函数在结构动力分析中具有深刻的意义,下面进一步讨论频响函数与单位脉冲响应之间的关系。

在介绍单位脉冲响应之前,先介绍单位脉冲函数。单位脉冲函数也称为狄拉克 δ 函数或 δ 函数,其数学定义为

$$\delta(t)=\begin{cases}\infty, & t=0\\ 0, & t\neq 0\end{cases}$$

且满足

$$\int_{-\infty}^{+\infty}\delta(t)\,\mathrm{d}t=1 \tag{1.24}$$

该函数还具有如下积分性质

$$\int_{-\infty}^{+\infty}f(t)\delta(t-t_1)\,\mathrm{d}t=f(t_1),\quad \forall\, t_1\in\mathbf{R} \tag{1.25}$$

式中,$f(t)$ 为 $(-\infty,+\infty)$ 上的任一连续函数。

所谓的单位脉冲响应是指结构系统在单位脉冲荷载 $\delta(t)$ 作用下的自由振动响应。对于图 1.1 所示的单自由度结构线性黏滞阻尼系统,假设在 $t=0$ 时刻受 $\delta(t)$ 作用,其运动方程为

$$m\ddot{x}+c\dot{x}+kx=\delta(t) \tag{1.26}$$

根据牛顿第二定律可知,在 $\delta(t)$ 作用的瞬间 $(t=0\rightarrow 0^+)$,结构的加速度为 $\ddot{x}(0)=\frac{\delta(t)}{m}$,继而可以求得初始速度 $\dot{x}(0)$ 和初始位移 $x(0)$ 分别为

$$\dot{x}(0)=\int_0^{0^+}\ddot{x}(t)\,\mathrm{d}t=\frac{1}{m}\int_0^{0^+}\delta(t)\,\mathrm{d}t$$
$$=\frac{1}{m}\int_{-\infty}^{\infty}\delta(t)\,\mathrm{d}t=\frac{1}{m} \tag{1.27}$$

$$x(0)=\int_0^{0^+}\dot{x}(t)\,\mathrm{d}t=\int_0^{0^+}\frac{1}{m}\,\mathrm{d}t=0 \tag{1.28}$$

结构在单位脉冲作用后,以初始条件 $x(0)=0$ 和 $\dot{x}(0)=\frac{1}{m}$ 做自由振动。由结构力学的知识可知,自由振动方程

$$m\ddot{x}+c\dot{x}+kx=0 \tag{1.29}$$

的通解为

$$x(t)=\mathrm{e}^{-\xi\omega_0 t}(A_1\cos\omega_\mathrm{d}t+A_2\sin\omega_\mathrm{d}t) \tag{1.30}$$

式中，A_1、A_2 为待定系数；ω_0、ω_d 分别为结构的无阻尼自振频率和有阻尼自振频率（$\omega_\mathrm{d}=\omega_0\sqrt{1-\zeta^2}$）。将式（1.28）和式（1.29）所示的初始条件代入式（1.30）所示的通解，系统在 $t>0$ 时的响应为

$$x(t)=\frac{1}{m\omega_\mathrm{d}}\mathrm{e}^{-\xi\omega_0 t}\sin\omega_\mathrm{d}t,\quad t>0 \tag{1.31}$$

继而可以得到脉冲响应 $h(t)$ 在 $t\in(-\infty,+\infty)$ 上的解为

$$h(t)=\begin{cases}0, & t<0\\ \dfrac{1}{m\omega_\mathrm{d}}\mathrm{e}^{-\xi\omega_0 t}\sin\omega_\mathrm{d}t, & t\geqslant 0\end{cases} \tag{1.32}$$

系统在任意 $t=\tau$ 时刻被单位脉冲作用引起的脉冲响应为

$$h(t)=\begin{cases}0, & t<\tau\\ \dfrac{1}{m\omega_\mathrm{d}}\mathrm{e}^{-\xi\omega_0(t-\tau)}\sin\omega_\mathrm{d}(t-\tau), & t\geqslant\tau\end{cases} \tag{1.33}$$

单位脉冲响应 $h(t)$ 体现的是结构时域动力特性。下面将导出 $h(t)$ 的傅里叶变换，也即结构的频响函数 $H(\omega)$。

由欧拉公式 $\mathrm{e}^{\mathrm{j}x}=\cos x+\mathrm{j}\sin x$，可得 $\sin x=\frac{\mathrm{j}}{2}(\mathrm{e}^{-\mathrm{j}x}-\mathrm{e}^{\mathrm{j}x})$。那么在 $t\geqslant 0$ 时的脉冲响应函数可以变形为

$$\begin{aligned}h(t)&=\frac{1}{m\omega_\mathrm{d}}\mathrm{e}^{-\zeta\omega_0 t}\frac{\mathrm{j}}{2}(\mathrm{e}^{-\mathrm{j}\omega_\mathrm{d}t}-\mathrm{e}^{\mathrm{j}\omega_\mathrm{d}t})\\&=\frac{\mathrm{j}}{2m\omega_\mathrm{d}}(\mathrm{e}^{-(\zeta\omega_0+\mathrm{j}\omega_\mathrm{d})t}-\mathrm{e}^{-(\zeta\omega_0-\mathrm{j}\omega_\mathrm{d})t})\end{aligned} \tag{1.34}$$

对 $h(t)$ 做傅里叶变换得

$$\begin{aligned}H(\omega)&=\int_0^\infty h(t)\mathrm{e}^{-\mathrm{j}\omega t}\mathrm{d}t\\&=\frac{\mathrm{j}}{2m\omega_\mathrm{d}}\int_0^\infty \mathrm{e}^{-\zeta\omega_0 t}(\mathrm{e}^{-\mathrm{j}\omega_\mathrm{d}t}-\mathrm{e}^{\mathrm{j}\omega_\mathrm{d}t})\mathrm{e}^{-\mathrm{j}\omega t}\mathrm{d}t\\&=\frac{\mathrm{j}}{2m\omega_\mathrm{d}}\int_0^\infty(\mathrm{e}^{-(\zeta\omega_0+\mathrm{j}\omega_\mathrm{d}+\mathrm{j}\omega)t}-\mathrm{e}^{-(\zeta\omega_0-\mathrm{j}\omega_\mathrm{d}+\mathrm{j}\omega)t})\mathrm{d}t\\&=\frac{\mathrm{j}}{2m\omega_\mathrm{d}}\left[\left(-\frac{1}{\zeta\omega_0+\mathrm{j}\omega_\mathrm{d}+\mathrm{j}\omega}\mathrm{e}^{-(\zeta\omega_0+\mathrm{j}\omega_\mathrm{d}+\mathrm{j}\omega)t}\right)\Bigg|_0^\infty+\right.\\&\left.\left(\frac{1}{\zeta\omega_0-\mathrm{j}\omega_\mathrm{d}+\mathrm{j}\omega}\mathrm{e}^{-(\zeta\omega_0-\mathrm{j}\omega_\mathrm{d}+\mathrm{j}\omega)t}\right)\Bigg|_0^\infty\right]\end{aligned} \tag{1.35}$$

进一步整理得到

$$H(\omega)=\frac{\mathrm{j}}{2m\omega_{\mathrm{d}}}\left(\frac{1}{\zeta\omega_0+\mathrm{j}\omega_{\mathrm{d}}+\mathrm{j}\omega}-\frac{1}{\zeta\omega_0-\mathrm{j}\omega_{\mathrm{d}}+\mathrm{j}\omega}\right)$$
$$=\frac{\mathrm{j}}{2m\omega_{\mathrm{d}}}\left(\frac{1}{\zeta\omega_0+\mathrm{j}(\omega_{\mathrm{d}}+\omega)}-\frac{1}{\zeta\omega_0-\mathrm{j}(\omega_{\mathrm{d}}-\omega)}\right)$$
$$=\frac{-1}{2m\omega_{\mathrm{d}}}\left(\frac{1}{\mathrm{j}\zeta\omega_0-(\omega_{\mathrm{d}}+\omega)}-\frac{1}{\mathrm{j}\zeta\omega_0+(\omega_{\mathrm{d}}-\omega)}\right)$$
$$=\frac{-1}{2m\omega_{\mathrm{d}}}\frac{\mathrm{j}\zeta\omega_0+(\omega_{\mathrm{d}}-\omega)-\mathrm{j}\zeta\omega_0+(\omega_{\mathrm{d}}+\omega)}{[\mathrm{j}\zeta\omega_0-(\omega_{\mathrm{d}}+\omega)][\mathrm{j}\zeta\omega_0+(\omega_{\mathrm{d}}-\omega)]}$$
$$=\frac{-1}{2m\omega_{\mathrm{d}}}\cdot\frac{2\omega_{\mathrm{d}}}{-\zeta^2\omega_0^2-2\mathrm{j}\zeta\omega_0\omega+\omega^2-\omega_{\mathrm{d}}^2}$$
$$=\frac{-1}{m}\cdot\frac{1}{-\zeta^2\omega_0^2-2\mathrm{j}\zeta\omega_0\omega+\omega^2-\omega_{\mathrm{d}}^2}\tag{1.36}$$

结构有阻尼自振频率为ω_{d}，$\omega_{\mathrm{d}}=\omega_0\sqrt{1-\zeta^2}$，可得$\omega_{\mathrm{d}}^2=(1-\zeta^2)\omega_0^2$，代入式(1.36)得

$$H(\omega)=\frac{-1}{m}\cdot\frac{1}{-\zeta^2\omega_0^2-2\mathrm{j}\zeta\omega_0\omega+\omega^2-(1-\zeta^2)\omega_0^2}$$
$$=\frac{-1}{m}\cdot\frac{1}{-2\mathrm{j}\zeta\omega_0\omega+\omega^2-\omega_0^2}$$
$$=\frac{1}{-m\omega^2+2\mathrm{j}m\zeta\omega_0\omega+m\omega_0^2}\tag{1.37}$$

再由结构无阻尼自振频率$\omega_0=\sqrt{\dfrac{k}{m}}$和$\zeta=\dfrac{c}{2\sqrt{mk}}$，可得$m\omega_0^2=k$及$2m\omega_0\zeta=c$，二者代入式(1.37)得到

$$H(\omega)=\frac{1}{-m\omega^2+\mathrm{j}c\omega+k}\tag{1.38}$$

与前面对比可知，式(1.38)即为结构的频响函数。

同理，对脉冲响应函数$h(t)$做拉普拉斯变换即得到结构系统的传递函数$H(s)$。

综上所述，结构系统的传递函数、频响函数和单位脉冲响应函数均为结构模态参数的函数，且它们之间的转换关系如下

$$h(t)\underset{\mathscr{L}^{-1}}{\overset{\mathscr{L}}{\leftrightarrows}}H(s),\quad h(t)\underset{\mathscr{F}^{-1}}{\overset{\mathscr{F}}{\leftrightarrows}}H(\omega),\quad H(s)\underset{s=\mathrm{j}\omega}{\leftrightarrow}H(\omega)\tag{1.39}$$

只要获得了这三个函数中任意一个函数的表达式，即可进行模态参数识别。

2. 频响函数曲线性质

根据前面导出的结构黏滞阻尼系统的频响函数$H(\omega)$，做简单分析计算后可知$H(\omega)$的实部和虚部分别为

$$H^{R}(\omega)=\frac{1}{k}\frac{1-\bar{\omega}^2}{(1-\bar{\omega}^2)^2+(2\zeta\bar{\omega})^2} \tag{1.40}$$

$$H^{I}(\omega)=\frac{1}{k}\frac{-(2\zeta\bar{\omega})}{(1-\bar{\omega}^2)^2+(2\zeta\bar{\omega})^2} \tag{1.41}$$

式中，$\bar{\omega}$ 为频率比，$\bar{\omega}=\frac{\omega}{\omega_0}$，其中 ω_0 为结构的无阻尼自振频率。继而，可以导出幅值 $|H(\omega)|$ 的数学表达式为

$$\begin{aligned}|H(\omega)|&=\sqrt{[H^{R}(\omega)]^2+[H^{I}(\omega)]^2}\\&=\frac{1}{k\sqrt{(1-\bar{\omega}^2)^2+(2\zeta\bar{\omega})^2}}\end{aligned} \tag{1.42}$$

3. 频响函数的幅频图

频响函数幅值 $|H(\omega)|$ 关于频率 ω 的函数曲线称为幅频图，图 1.2 所示为单自由度结构黏滞阻尼系统的幅频图。幅频图反映了系统在不同频率上的能量分布。

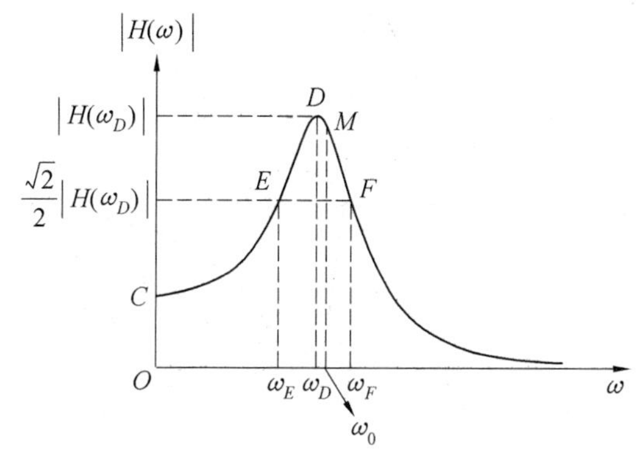

图 1.2　单自由度结构黏滞阻尼系统的幅频图

(1)M 点对应结构的无阻尼自振频率点(即 $\omega_M=\omega_0$)，该点的频响函数幅值为 $|H(\omega_0)|=\frac{1}{2\zeta k}$。当结构为小阻尼系统时，$M$ 点可近似认为是峰值点。

(2)D 点对应结构的共振点，此时频响函数幅值达到极大值 $|H(\omega_D)|=\frac{1}{2\zeta k}\cdot\frac{1}{\sqrt{1-\zeta^2}}$，利用微积分中求极值点的方法可以解出 D 点对应的频率为 $\omega_D=\omega_0\sqrt{1-2\zeta^2}$。当系统的阻尼很小时，有近似关系 $\omega_D\approx\omega_M=\omega_0$。

(3)E 点和 F 点频响函数幅值为 M 点频响函数幅值的 $\sqrt{2}/2$，即

$$|H(\omega_E)|=|H(\omega_F)|=\frac{\sqrt{2}}{2}|H(\omega_D)|=\frac{\sqrt{2}}{2}\cdot\frac{1}{2\zeta k}\cdot\frac{1}{\sqrt{1-\zeta^2}} \tag{1.43}$$

因而，将 E 和 F 两点称为半功率点，二者对应的频率分别为

$$\omega_E \approx \omega_0\sqrt{1-2\zeta},\quad \omega_F \approx \omega_0\sqrt{1+2\zeta} \tag{1.44}$$

因为$\sqrt{1\mp 2\zeta}\approx 1\mp\zeta$，所以黏滞阻尼比 $\zeta=\dfrac{1}{2}\dfrac{\Delta\omega}{\omega_0}$，其中 $\Delta\omega=\omega_F-\omega_E$，称为半功率带宽。

(4)C 点对应外界输入荷载频率为零的情况，此时系统频响函数幅值为 $|H(\omega_C)|=|H(0)|=\dfrac{1}{k}$，对应结构的静变形。

4. 实频图和虚频图

频响函数 $H(\omega)$ 实部 $H^{\mathrm{R}}(\omega)$ 和虚部 $H^{\mathrm{I}}(\omega)$ 关于频率的变化曲线分别为实频图和虚频图。图 1.3 所示为单自由度结构黏滞阻尼系统频响函数的实频图和虚频图。

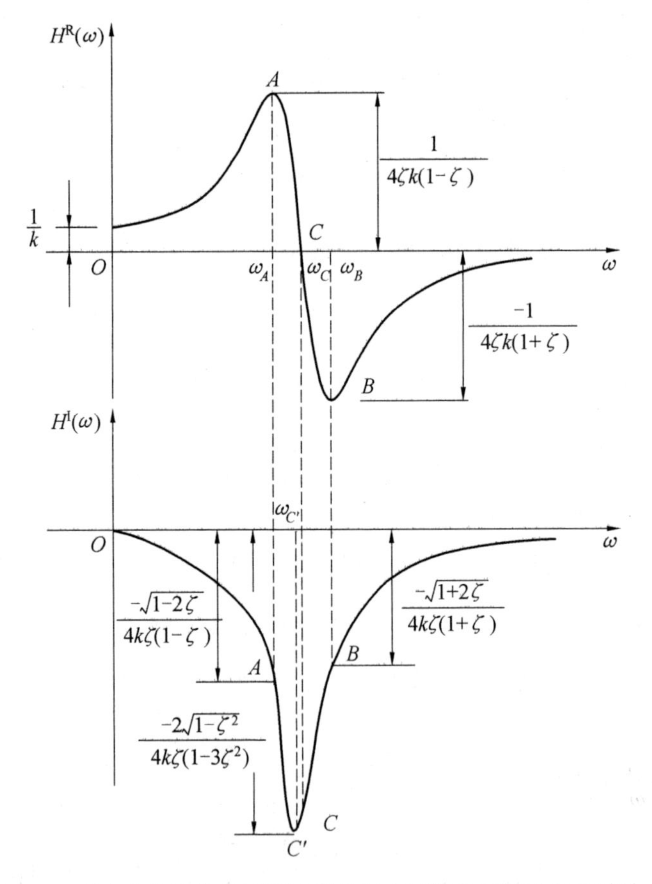

图 1.3　单自由度结构黏滞阻尼系统频响函数的实频图和虚频图

(1)A、B 两点分别为实频曲线的正极值点和负极值点。极值点对应的频率 ω_A 和 ω_B 可以通过微积分中求极值的方法求解得到。对式(1.40)所示的频响函数实部 $H^R(\omega)$ 关于频率比的平方 $\bar{\omega}^2$ 求导数，得到

$$\frac{dH^R(\omega)}{d\bar{\omega}^2}=\frac{1}{k}\frac{(1-\bar{\omega}^2)^2-4\zeta^2}{[(1-\bar{\omega}^2)^2+(2\zeta\bar{\omega})^2]^2} \tag{1.45}$$

令 $\frac{dH^R(\omega)}{d\bar{\omega}^2}=0$，解得 $\bar{\omega}_A^2=1-2\zeta$ 及 $\bar{\omega}_B^2=1+2\zeta$。注意 $\bar{\omega}=\frac{\omega}{\omega_0}$，那么可以解出极值点频率 ω_A 和 ω_B 分别满足

$$\omega_A^2=\omega_0^2(1-2\zeta),\quad \omega_B^2=\omega_0^2(1+2\zeta) \tag{1.46}$$

最后，将 $\bar{\omega}_A^2=1-2\zeta$ 和 $\bar{\omega}_B^2=1+2\zeta$ 分别代入实频函数 $H^R(\omega)$ 的表达式，可得两个极值点处的实频曲线幅值分别为

$$H^R(\omega_A)=\frac{1}{4\zeta k(1-\zeta)},\quad H^R(\omega_B)=\frac{-1}{4\zeta k(1+\zeta)} \tag{1.47}$$

(2) 实频曲线在 C 点取值为零，此时对应结构无阻尼自振频率，即 $\omega_C=\omega_0$。

(3) 虚频曲线为单峰函数。为求虚频曲线的峰值频率，首先对式(1.41)所示的频响函数虚部 $H^I(\omega)$ 关于频率比的平方 $\bar{\omega}^2$ 求导数，得到

$$\frac{dH^I(\omega)}{d\bar{\omega}^2}=\frac{1}{k}\frac{2\zeta(1-3\bar{\omega}^4+2\bar{\omega}^2-4\zeta^2\bar{\omega}^2)}{((1-\bar{\omega}^2)^2+(2\zeta\bar{\omega})^2)^2} \tag{1.48}$$

令 $\frac{dH^I(\omega)}{d\bar{\omega}^2}=0$，解出

$$\bar{\omega}^2=\frac{1}{3}(1-2\zeta^2\pm 2\sqrt{1+\zeta^4-\zeta^2}) \tag{1.49}$$

注意到 $\bar{\omega}^2\geqslant 0$，那么

$$\bar{\omega}^2=\frac{1}{3}(1-2\zeta^2+2\sqrt{1+\zeta^4-\zeta^2}) \tag{1.50}$$

利用近似关系

$$\sqrt{1+\zeta^4-\zeta^2}\approx 1+\frac{1}{2}(\zeta^4-\zeta^2)\approx 1-\frac{1}{2}\zeta^2$$

式(1.50)可以进一步简化为

$$\bar{\omega}^2\approx 1-\zeta^2 \tag{1.51}$$

再利用 $\bar{\omega}=\frac{\omega}{\omega_0}$，解得

$$\omega_{C'}=\omega_0\sqrt{1-\zeta^2} \tag{1.52}$$

将 $\omega_{C'}$ 代入虚频函数 $H^I(\omega)$，计算得到虚频曲线的负极大幅值为

$$H^I(\omega_{C'})=\frac{-2\sqrt{1-\zeta^2}}{k\zeta(4-3\zeta^2)} \tag{1.53}$$

在小阻尼情况下，$\zeta^2 \approx 0$，此时 $\omega_{C'} \approx \omega_0$，$H^{\mathrm{I}}(\omega_{C'}) \approx -\dfrac{1}{2k\zeta}$。可见，在阻尼足够小时，虚频曲线的峰值点对应结构的无阻尼自振频率。

(4) 对于 A、B 两点，前面已经解出这两点的频率比 $\bar{\omega}$ 分别为 $\bar{\omega}_A^2 = 1 - 2\zeta$ 和 $\bar{\omega}_B^2 = 1 + 2\zeta$，将二者分别代入虚频函数 $H^{\mathrm{I}}(\omega)$ 得到

$$
\begin{aligned}
H^{\mathrm{I}}(\omega_A) &= \frac{-2\zeta\sqrt{1-2\zeta}}{k\left\{(1-(1-2\zeta))^2 + (2\zeta\sqrt{1-2\zeta})^2\right\}} \\
&= \frac{-\sqrt{1-2\zeta}}{4k\zeta(1-\zeta)}
\end{aligned}
$$

$$
H^{\mathrm{I}}(\omega_B) = \frac{-\sqrt{1+2\zeta}}{4k\zeta(1+\zeta)} \tag{1.54}
$$

对于小阻尼情况，忽略高阶项 ζ^2 后得到

$$
H^{\mathrm{I}}(\omega_A) \approx -\frac{1}{4k\zeta}, \quad H^{\mathrm{I}}(\omega_B) \approx -\frac{1}{4k\zeta} \tag{1.55}
$$

可见在小阻尼情况下，A、B 两点的虚频曲线幅值约为曲线峰值 $H^{\mathrm{I}}(\omega_{C'}) \approx -\dfrac{1}{2k\zeta}$(小阻尼) 的一半。因此，$A$、$B$ 两点亦称为虚频曲线的半峰值点。

1.3.2 结构阻尼系统

结构阻尼模型中，假设阻尼力与结构振动位移的大小成正比，方向与速度相反(相位较位移超前90°)，即

$$
\begin{aligned}
f_{\mathrm{d}} &= \eta x\, \mathrm{e}^{\mathrm{j}\frac{\pi}{2}} \\
&= \eta x \left(\cos\frac{\pi}{2} + \mathrm{j}\sin\frac{\pi}{2}\right) \\
&= \eta \mathrm{j} x
\end{aligned} \tag{1.56}
$$

式中，η 为结构阻尼系数，其具有与刚度 k 相同的量纲。为计算方便，可定义无量纲的结构阻尼比为

$$
g = \frac{\eta}{k} \tag{1.57}
$$

那么，单自由度结构阻尼动力系统在外荷载 $f(t)$ 作用下的振动方程为

$$
m\ddot{x} + (1 + \mathrm{j}g)kx = f(t) \tag{1.58}
$$

令 $f(t) = 0$，可得自由振动方程为

$$
m\ddot{x} + (1 + \mathrm{j}g)kx = 0 \tag{1.59}
$$

设结构的初始位移和初始速度均为0，对式(1.59)两边做拉普拉斯变换得到

$$
[ms^2 + (1 + \mathrm{j}g)k]X(s) = F(s) \tag{1.60}
$$

继而可以得到传递函数

$$H(s)=\frac{X(s)}{F(s)}=\frac{1}{ms^2+(1+\mathrm{j}g)k} \tag{1.61}$$

令 $s=\mathrm{j}\omega$，得到系统的频响函数为

$$H(\omega)=\frac{1}{-\omega^2 m+(1+\mathrm{j}g)k} \tag{1.62}$$

频响函数是一个复数，整理可得

$$H(\omega)=\frac{1}{k}\left[\frac{1-\bar{\omega}^2}{(1-\bar{\omega}^2)^2+g^2}+\mathrm{j}\frac{-g}{(1-\bar{\omega}^2)^2+g^2}\right] \tag{1.63}$$

式中，$\bar{\omega}$ 为频率比，$\bar{\omega}=\frac{\omega}{\omega_0}$。将频响函数的实部和虚部分别记为

$$H^{\mathrm{R}}(\omega)=\frac{1-\bar{\omega}^2}{k[(1-\bar{\omega}^2)^2+g^2]} \tag{1.64}$$

$$H^{\mathrm{I}}(\omega)=\frac{-g}{k[(1-\bar{\omega}^2)^2+g^2]} \tag{1.65}$$

继而可以导出频响函数的幅值和相位角分别为

$$|H(\omega)|=\sqrt{[H^{\mathrm{R}}(\omega)]^2+[H^{\mathrm{I}}(\omega)]^2}=\frac{1}{k\sqrt{(1-\bar{\omega}^2)^2+g^2}} \tag{1.66}$$

$$\varphi(\omega)=\arctan\frac{H^{\mathrm{I}}(\omega)}{H^{\mathrm{R}}(\omega)}=\arctan\left(\frac{-g}{1-\bar{\omega}^2}\right) \tag{1.67}$$

结构阻尼动力系统频响函数的幅频图与相频图如图 1.4(a) 所示，实频图与虚频图如图 1.4(b) 所示。下面分析这四个图中曲线的特征点。

(1) 当 $\omega=\omega_0$（即 $\bar{\omega}=1$）时。由式(1.67) 可知，显然 ω_0 是 $|H(\omega)|$ 的极值点，因而幅值曲线在 ω_0 点处达到峰值。将 $\omega=\omega_0$ 代入相位角表达式，可计算出此刻相位角为

$$\varphi(\omega_0)=\arctan(-\infty)=-\frac{\pi}{2} \tag{1.68}$$

将 $\bar{\omega}=1$ 代入频响函数实部 $H^{\mathrm{R}}(\omega)$ 得到其函数值为零，因此实频曲线在 $\omega=\omega_0$ 处与横坐标轴相交。分析频响函数的虚部 $H^{\mathrm{I}}(\omega)$，显然 ω_0 为 $H^{\mathrm{I}}(\omega)$ 的极值点，因此虚频曲线在 $\omega=\omega_0$ 处达到峰值 $H^{\mathrm{I}}(\omega_0)=-\frac{1}{gk}$。

(2)A、B 点分别为实频曲线的正、负极值点。利用微积分求极值的方法可以

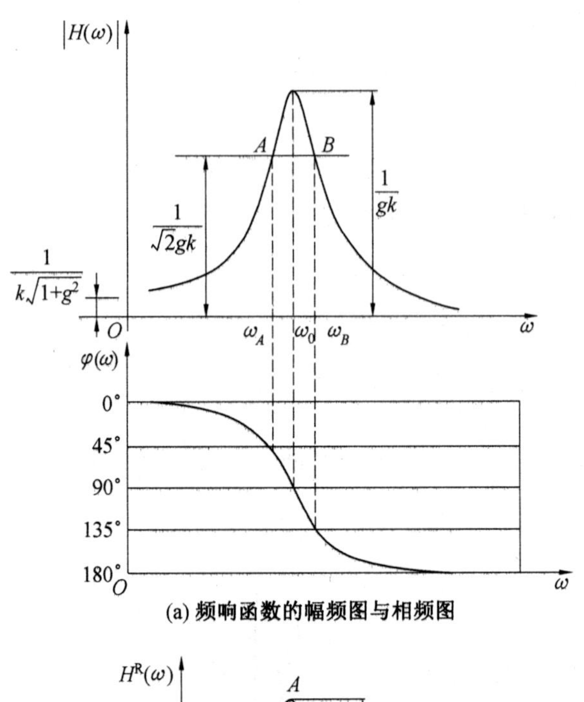

(a) 频响函数的幅频图与相频图

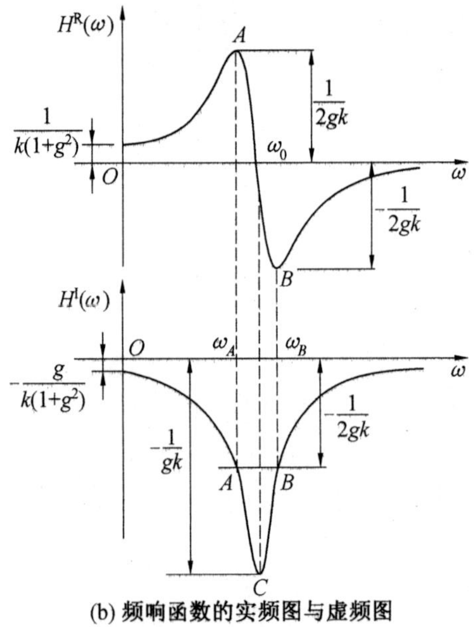

(b) 频响函数的实频图与虚频图

图 1.4　结构阻尼动力系统频响函数特性曲线

求出 A、B 两点对应的频率。对函数 $H^{\mathrm{R}}(\omega)$ 关于 $\bar{\omega}^2$ 求导数得到

$$\frac{\mathrm{d}H^{\mathrm{R}}(\omega)}{\mathrm{d}\bar{\omega}^2}=\frac{(1-\bar{\omega}^2)^2-g^2}{k\left[(1-\bar{\omega}^2)^2+g^2\right]^2} \tag{1.69}$$

令$\frac{\mathrm{d}H^{\mathrm{R}}(\omega)}{\mathrm{d}\bar{\omega}^2}=0$,得

$$\bar{\omega}=\sqrt{1\pm g} \tag{1.70}$$

注意到$\bar{\omega}=\frac{\omega}{\omega_0}$,可求得 A、B 两点对应的频率分别为

$$\omega_A=\omega_0\sqrt{1-g},\quad \omega_B=\omega_0\sqrt{1+g} \tag{1.71}$$

将 ω_A 和 ω_B 分别代入 $H^{\mathrm{R}}(\omega)$、$H^{\mathrm{I}}(\omega)$、$|H(\omega)|$ 和 $\varphi(\omega)$ 得到

$$H^{\mathrm{R}}(\omega_A)=\frac{1}{2gk},\quad H^{\mathrm{R}}(\omega_B)=-\frac{1}{2gk}$$

$$H^{\mathrm{I}}(\omega_A)=H^{\mathrm{I}}(\omega_B)=-\frac{1}{2gk}$$

$$|H(\omega_A)|=|H(\omega_B)|=\frac{1}{\sqrt{2}gk}$$

$$\varphi(\omega_A)=\arctan(-1)=-\frac{\pi}{4},\quad \varphi(\omega_B)=\arctan(1)=-\frac{3\pi}{4}$$

因为虚频曲线的峰值为$H^{\mathrm{I}}(\omega_0)=-\frac{1}{gk}$,那么 A、B 两点为虚频曲线的半峰值点。在幅频曲线上,A、B 两点则为半功率点。根据式(1.71),可得结构阻尼比为$g=\frac{\omega_B-\omega_A}{\omega_0}=\frac{\Delta\omega}{\omega_0}$。

1.4　多自由度结构频响函数

多自由度结构在实际应用中更为常见。工程中结构质量分布连续,反应系统特征的参数是分布的。为了简化分析,用离散特性代替系统的连续特性,建立离散参数结构模型,即多自由度结构模型。本小节将介绍多自由度结构的频响函数。两自由度结构是最简单的多自由度结构,其频响函数的解析解较易推导,从解析解入手进行分析可以清晰地得到结构频响函数的特性。本节将对两自由度结构进行研究,其他多自由度结构的频响函数特性与两自由度结构类似。

不考虑阻尼,两自由度结构力学模型如图 1.5 所示。结构的运动微分方程矩阵形式可以表示为

$$\boldsymbol{M}\ddot{\boldsymbol{x}}+\boldsymbol{K}\boldsymbol{x}=\boldsymbol{f} \tag{1.72}$$

式中,$\boldsymbol{M}$、$\boldsymbol{K}$ 分别为结构的质量矩阵与刚度矩阵;$\boldsymbol{x}$、$\boldsymbol{f}$ 分别为结构响应及结构的外部激励向量。

$$\boldsymbol{M}=\begin{bmatrix} m_1 & 0 \\ 0 & m_2 \end{bmatrix},\quad \boldsymbol{K}=\begin{bmatrix} k_1 & -k_1 \\ -k_1 & k_1+k_2 \end{bmatrix} \tag{1.73}$$

$$\boldsymbol{x}=\begin{bmatrix}x_1\\x_2\end{bmatrix},\quad \boldsymbol{f}=\begin{bmatrix}f_1\\f_2\end{bmatrix} \tag{1.74}$$

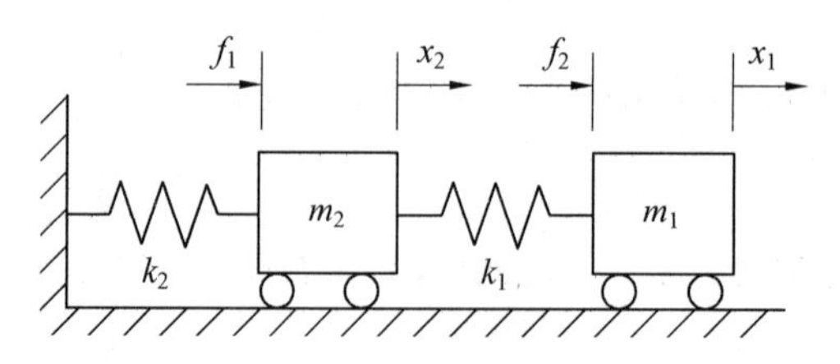

(a) 机械系统力学模型

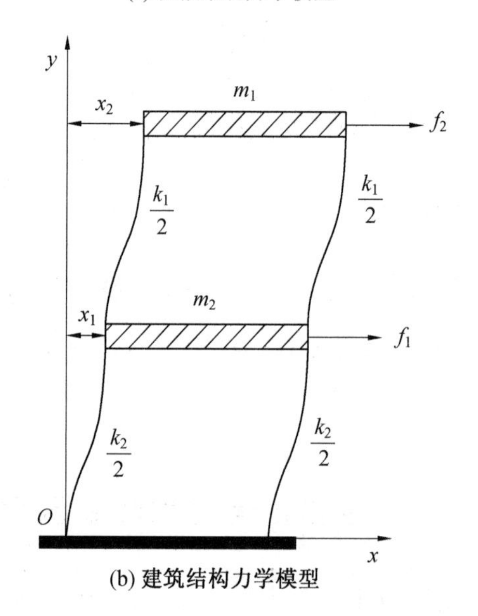

(b) 建筑结构力学模型

图 1.5　无阻尼两自由度结构力学模型

设两自由度结构初始状态为零，对其运动微分方程做傅里叶变换可得

$$(\boldsymbol{K}-\omega^2\boldsymbol{M})X(\omega)=F(\omega) \tag{1.75}$$

其阻抗矩阵为

$$\boldsymbol{Z}(\omega)=\boldsymbol{K}-\omega^2\boldsymbol{M}=\begin{bmatrix}k_1-\omega^2 m_1 & -k_1\\ -k_1 & k_1+k_2-\omega^2 m_2\end{bmatrix} \tag{1.76}$$

与单自由度结构频响函数的定义相类似，两自由度结构的频响函数为二阶矩阵，可由其阻抗矩阵的逆矩阵计算得到

$$\begin{bmatrix}H_{11}(\omega) & H_{12}(\omega)\\ H_{21}(\omega) & H_{22}(\omega)\end{bmatrix}=(\boldsymbol{K}-\omega^2\boldsymbol{M})^{-1}=\frac{\begin{bmatrix}k_1+k_2-\omega^2 m_2 & k_1\\ k_1 & k_1-\omega^2 m_1\end{bmatrix}}{(k_1+k_2-\omega^2 m_2)(k_1-\omega^2 m_1)-k_1^2} \tag{1.77}$$

频响函数矩阵中任意元素 $H_{lp}(\omega)$ 表示 l 点响应与 p 点激励之间的频响函数，当 $l=p$ 时称为原点频响函数，当 $l\neq p$ 时称为跨点频响函数。由于结构的质量矩阵与刚度矩阵均对称，易知频响函数矩阵也为对称矩阵。

【例 1.1】 求图 1.6 所示两自由度结构动力系统频响函数矩阵，其中 $m_1=5$，$m_2=10$，$c_1=2$，$c_2=4$，$c_3=1$，$k_1=2$，$k_2=2$，$k_3=4$。

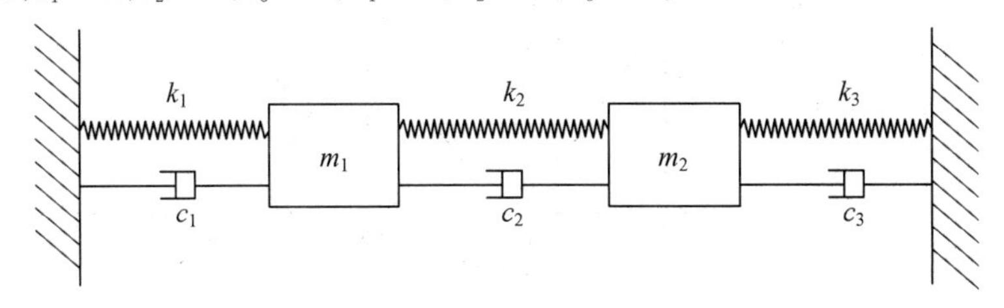

图 1.6　两自由度结构动力系统

解　该两自由度结构系统的自由振动微分方程为

$$\begin{bmatrix} m_1 & 0 \\ 0 & m_2 \end{bmatrix}\begin{bmatrix} \ddot{x}_1 \\ \ddot{x}_2 \end{bmatrix}+\begin{bmatrix} c_1+c_2 & -c_2 \\ -c_2 & c_2+c_3 \end{bmatrix}\begin{bmatrix} \dot{x}_1 \\ \dot{x}_2 \end{bmatrix}+\begin{bmatrix} k_1+k_2 & -k_2 \\ -k_2 & k_2+k_3 \end{bmatrix}\begin{bmatrix} x_1 \\ x_2 \end{bmatrix}=\begin{bmatrix} 0 \\ 0 \end{bmatrix} \tag{1.78}$$

$$\begin{bmatrix} 5 & 0 \\ 0 & 10 \end{bmatrix}\begin{bmatrix} \ddot{x}_1 \\ \ddot{x}_2 \end{bmatrix}+\begin{bmatrix} 6 & -4 \\ -4 & 5 \end{bmatrix}\begin{bmatrix} \dot{x}_1 \\ \dot{x}_2 \end{bmatrix}+\begin{bmatrix} 4 & -2 \\ -2 & 6 \end{bmatrix}\begin{bmatrix} x_1 \\ x_2 \end{bmatrix}=\begin{bmatrix} 0 \\ 0 \end{bmatrix} \tag{1.79}$$

其阻抗矩阵为

$$\begin{aligned} \boldsymbol{Z}(\omega) &= \begin{bmatrix} (k-\omega^2 m_1) & -k \\ -k & (k-\omega^2 m_2) \end{bmatrix} \\ &= -\omega^2\begin{bmatrix} 5 & 0 \\ 0 & 10 \end{bmatrix}+\mathrm{j}\omega\begin{bmatrix} 6 & -4 \\ -4 & 5 \end{bmatrix}+\begin{bmatrix} 4 & -2 \\ -2 & 6 \end{bmatrix} \\ &= \begin{bmatrix} -5\omega^2+6\mathrm{j}\omega+4 & -4\mathrm{j}\omega-2 \\ -4\mathrm{j}\omega-2 & -10\omega^2+5\mathrm{j}\omega+6 \end{bmatrix} \end{aligned} \tag{1.80}$$

其频响函数矩阵为

$$\begin{aligned} \boldsymbol{H}(\omega) &= \boldsymbol{Z}(\omega)^{-1} \\ &= \frac{\begin{bmatrix} -10\omega^2+5\mathrm{j}\omega+6 & 4\mathrm{j}\omega+2 \\ 4\mathrm{j}\omega+2 & -5\omega^2+6\mathrm{j}\omega+4 \end{bmatrix}}{(-5\omega^2+6\mathrm{j}\omega+4)(-10\omega^2+5\mathrm{j}\omega+6)-(4\mathrm{j}\omega+2)^2} \end{aligned} \tag{1.81}$$

为了讨论频响函数的幅频特性，取原点频响函数 $H_{11}(\omega)$，$\log|H_{11}(\omega)|$ 与 ω 之间的变化关系如图 1.7 所示。图中实线部分表示无阻尼两自由度结构频响函数的幅频曲线，虚线为有阻尼时两自由度结构频响函数的幅频曲线。

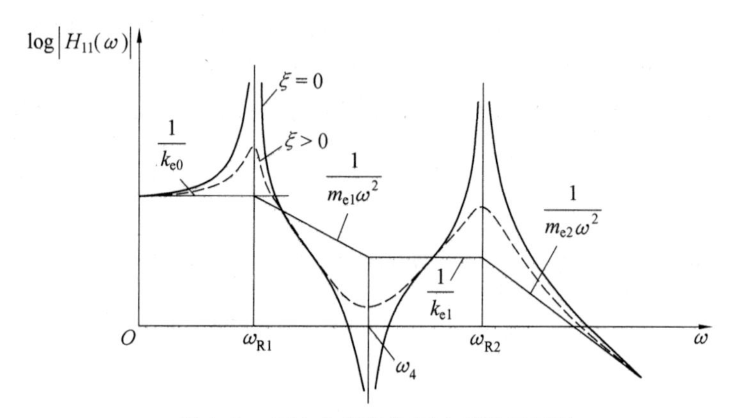

图 1.7　两自由度结构频响函数幅频图

$$H_{11}(\omega)=\frac{k_1+k_2-\omega^2 m_2}{(k_1+k_2-\omega^2 m_2)(k_1-\omega^2 m_1)-k_1^2} \tag{1.82}$$

① 当 $\omega=0$ 时,外部激励为静力荷载,可将结构的力学模型等效为弹簧串联模型

$$|H_{11}(\omega)|=\frac{k_1+k_2}{k_1 k_2}=\frac{1}{k_{e0}} \tag{1.83}$$

式中,k_{e0} 为零阶等效刚度,$k_{e0}=\frac{k_1 k_2}{k_1+k_2}$。

② 当式(1.82)分母为零时,频响函数 $H_{11}(\omega)$ 的值趋向于无穷大,如图 1.7 中 ω_{R1} 和 ω_{R2} 所示。结构在上述两个频率上发生共振,这两个频率被称为结构的第一阶和第二阶自振频率,其数值解如下:

$$\omega_{1,2}^2=\frac{1}{2}\left[\left(\frac{k_1}{m_1}+\frac{k_1}{m_2}+\frac{k_2}{m_2}\right)\pm\sqrt{\left(\frac{k_1}{m_1}+\frac{k_1}{m_2}+\frac{k_2}{m_2}\right)-4\frac{k_1}{m_1}\frac{k_2}{m_2}}\right] \tag{1.84}$$

第一阶自振频率也可以表示为等效刚度与等效质量的比值:

$$\omega_1^2=\frac{k_{e0}}{m_{e1}} \tag{1.85}$$

式中,m_{e1} 为第一阶等效质量,$m_{e1}=\frac{k_{e0}}{\omega_1^2}$。

第二阶自振频率由下式计算:

$$\omega_2^2=\frac{k_{e1}}{m_{e2}} \tag{1.86}$$

式中,k_{e1} 为第一阶等效刚度;m_{e2} 为第二阶等效质量。

对于有阻尼结构,如图 1.7 中的虚线所示,即使发生共振,其峰值也是有限的,该值的大小与结构阻尼比有关。

③ 当 $H_{11}(\omega)=0$ 时，$\omega^2=\dfrac{k_1+k_2}{m_2}$，此时的频率称为反共振频率 ω_{A1}：

$$\omega_{A1}^2=(k_1+k_2)/m_2=k_{e1}/m_{e1} \tag{1.87}$$

式中，k_{e1} 为第一阶等效刚度，$k_{e1}=k_1+k_2$。

在第一个自由度上施加频率为 ω_{A1} 的外部激励，此时结构处于反共振状态，此自由度的振幅为零，而其余的自由度仍发生振动。

对于有阻尼结构，由图 1.7 可知，反共振点处的幅值也不为零。

由式(1.85) 和式(1.87) 可得

$$k_{e1}=\omega_{A1}^2 m_{e1}=\frac{\omega_{A1}^2}{\omega_1^2}k_{e0} \tag{1.88}$$

$$m_{e2}=\frac{k_{e1}}{\omega_2^2}=\frac{\omega_{A1}^2}{\omega_1^2\omega_2^2}k_{e0} \tag{1.89}$$

随着阻尼比的增加，$H_{11}(\omega)$ 在自振频率处的曲线变宽，各阶幅频曲线的重叠增大，故在某些模态识别方法中需要考虑阻尼比的影响。

对多自由度结构进行分析时，N 自由度结构则有 N 个共振频率、$(N-1)$ 个反共振频率。图 1.8 所示为三自由度结构频响函数 $H_{11}(\omega)$ 幅频图。

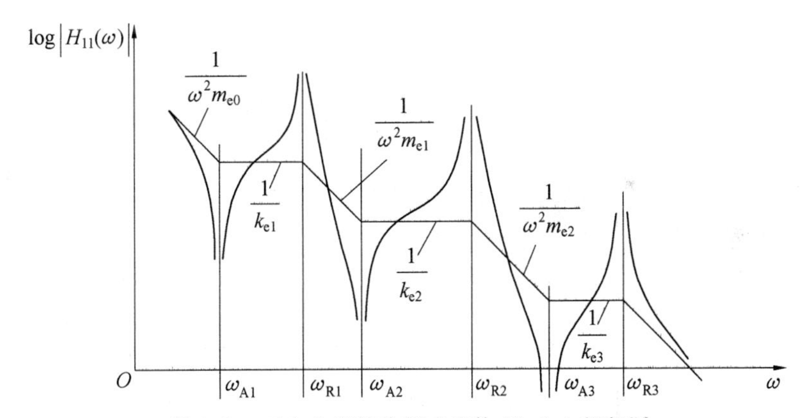

图 1.8　三自由度结构频响函数 $H_{11}(\omega)$ 幅频图

【例 1.2】　如图 1.9 所示三自由度结构动力系统($m_1=m_2=m_3=m$)，当仅有质量块 m_2 处存在正弦激励时，请确定频响函数 $H_{22}(\omega)$ 的反共振频率，并分析此时其他质量块是否运动。

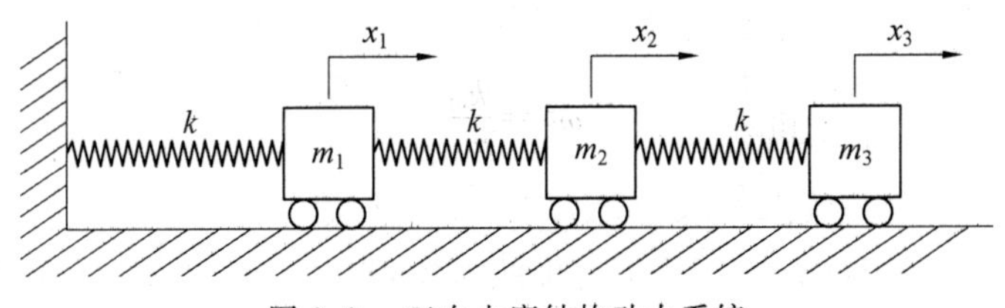

图 1.9　三自由度结构动力系统

解　系统运动方程为

$$\begin{bmatrix} m & 0 & 0 \\ 0 & m & 0 \\ 0 & 0 & m \end{bmatrix}\begin{bmatrix} \ddot{x}_1 \\ \ddot{x}_2 \\ \ddot{x}_2 \end{bmatrix}+\begin{bmatrix} 2k & -k & 0 \\ -k & 2k & -k \\ 0 & -k & 2k \end{bmatrix}\begin{bmatrix} x_1 \\ x_2 \\ x_2 \end{bmatrix}=\begin{bmatrix} 0 \\ f_2\sin\omega t \\ 0 \end{bmatrix} \tag{1.90}$$

阻抗矩阵为(该三自由度结构频响函数幅频曲线如图 1.8 所示)

$$\mathbf{Z}(\omega)=\mathbf{K}-\omega^2\mathbf{M}=\begin{bmatrix} 2k-m\omega^2 & -k & 0 \\ -k & 2k-m\omega^2 & -k \\ 0 & -k & k-m\omega^2 \end{bmatrix} \tag{1.91}$$

确定 $H_{22}(\omega)$ 的反共振频率为

$$H_{22}(\omega)=\frac{\text{adj } Z_{22}(\omega)}{\det Z(\omega)}=0 \tag{1.92}$$

$$\text{adj } Z_{22}(\omega)=0 \tag{1.93}$$

$$(2k-m\omega^2)(k-m\omega^2)=0 \tag{1.94}$$

$$\omega_1^{22}=\sqrt{\frac{k}{m}},\quad \omega_2^{22}=\sqrt{\frac{2k}{m}} \tag{1.95}$$

由于

$$H_{12}(\omega)=\frac{\text{adj } Z_{12}(\omega)}{\det \mathbf{Z}(\omega)}=\frac{k(k-m\omega^2)}{\det \mathbf{Z}(\omega)} \tag{1.96}$$

$$H_{32}(\omega)=\frac{\text{adj } Z_{32}(\omega)}{\det \mathbf{Z}(\omega)}=\frac{k(2k-m\omega^2)}{\det \mathbf{Z}(\omega)} \tag{1.97}$$

当反共振频率为 $\omega_1^{22}=\sqrt{\frac{k}{m}}$ 时,$H_{12}(\omega)=0$,$H_{32}(\omega)\neq 0$,即质量块 1 不动,质量块 3 动。

当反共振频率为 $\omega_2^{22}=\sqrt{\frac{2k}{m}}$ 时,$H_{12}(\omega)\neq 0$,$H_{32}(\omega)=0$,即质量块 1 动,质量块 3 不动。

【例 1.3】　图 1.10 所示为两自由度结构黏滞阻尼系统的频响函数幅频曲线。①定性判断第 1 阶模态阻尼与第 2 阶模态阻尼的大小关系,为什么? ②利用半功率带宽法计算第 1 阶模态和第 2 阶模态的阻尼比,计算结果与判断相符吗?

解　猜测第 1 阶模态阻尼更大,从图 1.10 可知,第 1 阶模态与第 2 阶模态的半功率带宽相近,而第 1 阶模态频率更小,所以其阻尼较大。

$\Delta\omega_1$ 和 $\Delta\omega_2$ 分别表示两阶频率 ω_1 和 ω_2 的半功率带宽,由半功率带宽法计算阻尼比(图 1.11) 可得

$$\zeta_1=\frac{\Delta\omega_1}{2\omega_1}=\frac{17.6-16.4}{34}=0.035\,3 \tag{1.98}$$

计算结果与猜测相近。

$$\zeta_2=\frac{\Delta\omega_2}{2\omega_2}=\frac{21.6-20.4}{42}=0.0286 \quad (1.99)$$

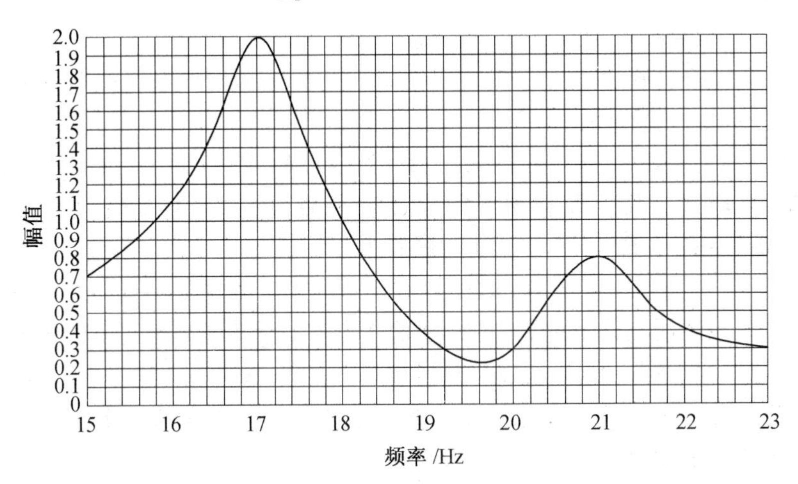

图 1.10　两自由度结构黏滞阻尼系统的频响函数幅频曲线

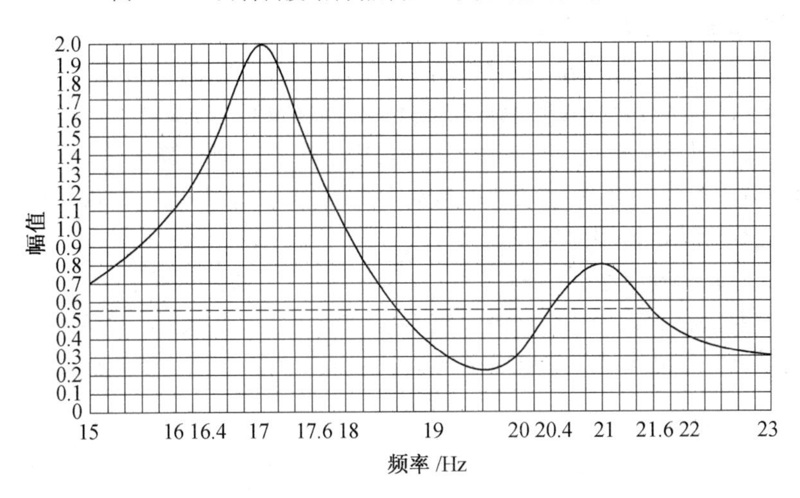

图 1.11　半功率带宽法计算阻尼比

1.5　多自由度结构实模态分析

1.5.1　多自由度结构系统运动方程

考虑某自由度为 N 的有阻尼结构动力系统，它在外荷载激励下发生受迫振动的运动方程，一般形式为

$$\boldsymbol{M}\ddot{\boldsymbol{x}}+\boldsymbol{C}\dot{\boldsymbol{x}}+\boldsymbol{K}\boldsymbol{x}=\boldsymbol{F} \quad (1.100)$$

式中，$\boldsymbol{M}$、$\boldsymbol{C}$、$\boldsymbol{K}$ 分别为结构的质量矩阵、阻尼矩阵和刚度矩阵；$\boldsymbol{x}$ 为结构振动的位移响应向量；$\boldsymbol{F}$ 为外部激励荷载向量。

$$\boldsymbol{x}=[x_1 \quad x_2 \quad \cdots \quad x_N]^{\mathrm{T}}, \quad \boldsymbol{F}=[f_1 \quad f_2 \quad \cdots \quad f_N]^{\mathrm{T}} \tag{1.101}$$

假设结构的初始状态为 0，对上述运动方程两边分别做拉普拉斯变换，可将微分方程转化为代数方程：

$$(\boldsymbol{M}s^2+\boldsymbol{C}s+\boldsymbol{K})\boldsymbol{X}(s)=\boldsymbol{F}(s) \tag{1.102}$$

式中，$\boldsymbol{X}(s)$、$\boldsymbol{F}(s)$ 分别为位移响应向量 $\boldsymbol{x}$ 和荷载向量 $\boldsymbol{F}$ 的拉普拉斯变换。令 $\boldsymbol{Z}(s)=(\boldsymbol{M}s^2+\boldsymbol{C}s+\boldsymbol{K})$，式(1.102) 可简写为

$$\boldsymbol{Z}(s)\boldsymbol{X}(s)=\boldsymbol{F}(s) \tag{1.103}$$

$\boldsymbol{Z}(s)$ 也称为系统的位移阻抗矩阵，$\boldsymbol{Z}(s)$ 的逆矩阵即为系统的传递函数矩阵，记为

$$\boldsymbol{H}(s)=\boldsymbol{Z}^{-1}(s)=(\boldsymbol{M}s^2+\boldsymbol{C}s+\boldsymbol{K})^{-1} \tag{1.104}$$

若系统为线性时不变系统，则其全部极点均位于复平面的左半平面，此时可用 $\mathrm{j}\omega$ 替换传递函数矩阵中的 s 得到如下系统的频响函数矩阵：

$$\boldsymbol{H}(\omega)=(\boldsymbol{K}-\omega^2\boldsymbol{M}+\mathrm{j}\omega\boldsymbol{C})^{-1} \tag{1.105}$$

从而，可将系统的运动方程改写为

$$(\boldsymbol{K}-\omega^2\boldsymbol{M}+\mathrm{j}\omega\boldsymbol{C})\boldsymbol{X}(\omega)=\boldsymbol{F}(\omega) \tag{1.106}$$

式中，$\boldsymbol{X}(\omega)$、$\boldsymbol{F}(\omega)$ 分别为位移响应向量 $\boldsymbol{x}$ 和荷载向量 $\boldsymbol{F}$ 的傅里叶变换。

对于线性时不变系统，可以采用结构动力学中的振型分解法对式(1.106) 进行解耦。对于自由度为 N 的线性结构动力系统，可求解得到 N 阶相互独立的模态向量(也称为结构振型向量)，记为

$$\boldsymbol{\varphi}_r=[\varphi_{1r} \quad \varphi_{2r} \quad \cdots \quad \varphi_{Nr}]^{\mathrm{T}}, \quad r=1,2,\cdots,N \tag{1.107}$$

式中，r 为模态阶数；$\varphi_{jr}(j=1,2,\cdots,N)$ 为测点 j 在第 r 阶模态上的振型系数。此时，结构测点 l 的位移响应傅里叶变换 $x_l(\omega)$ 可以利用 N 个模态分量线性表示，即

$$x_l(\omega)=\sum_{r=1}^{N}\varphi_{lr}q_r(\omega), \quad l=1,2,\cdots,N \tag{1.108}$$

式中，$q_r(\omega)$ 为 $x_l(\omega)$ 在第 r 阶模态上的广义坐标(也称为模态坐标)。

全体模态向量 $\boldsymbol{\varphi}_r(r=1,2,\cdots,N)$ 可以组装成如下 $N\times N$ 的模态矩阵：

$$\boldsymbol{\Phi}=[\boldsymbol{\varphi}_1 \quad \boldsymbol{\varphi}_2 \quad \cdots \quad \boldsymbol{\varphi}_N]_{N\times N} \tag{1.109}$$

同时，记广义坐标向量 $\boldsymbol{q}$ 为

$$\boldsymbol{q}=[q_1(\omega) \quad q_2(\omega) \quad \cdots \quad q_N(\omega)]^{\mathrm{T}} \tag{1.110}$$

将系统的位移响应傅里叶变换 $\boldsymbol{X}(\omega)$ 写为

$$\boldsymbol{X}(\omega)=\boldsymbol{\Phi q} \tag{1.111}$$

将该结果代入式(1.106) 所示的系统运动方程，可得

$$(\boldsymbol{K}-\omega^2\boldsymbol{M}+\mathrm{j}\omega\boldsymbol{C})\boldsymbol{\Phi q}=\boldsymbol{F}(\omega) \tag{1.112}$$

接下来，分情况对该运动方程进行讨论。

1. 无阻尼自由振动

假设结构的阻尼矩阵 $\boldsymbol{C}=\boldsymbol{0}$，外荷载向量 $\boldsymbol{F}=\boldsymbol{0}$，此时结构做无阻尼自由振动，其运动方程退化为

$$(\boldsymbol{K}-\omega^2\boldsymbol{M})\boldsymbol{\Phi q}=\boldsymbol{0} \tag{1.113}$$

注意广义坐标向量 $\boldsymbol{q}\neq\boldsymbol{0}$，那么有

$$(\boldsymbol{K}-\omega^2\boldsymbol{M})\boldsymbol{\Phi}=\boldsymbol{0} \tag{1.114}$$

利用该结果可以验证模态向量关于质量矩阵和刚度矩阵的正交性。事实上，对任意的 $r,s\in\{1,2,\cdots,N\}$ 且 $r\neq s$，由式(1.114) 可得

$$(\boldsymbol{K}-\omega_r^2\boldsymbol{M})\boldsymbol{\varphi}_r=\boldsymbol{0},\quad (\boldsymbol{K}-\omega_s^2\boldsymbol{M})\boldsymbol{\varphi}_s=\boldsymbol{0} \tag{1.115}$$

式中，ω_r、ω_s 分别为结构的第 r 阶和第 s 阶自振频率；$\boldsymbol{\varphi}_r$、$\boldsymbol{\varphi}_s$ 为与 ω_r、ω_s 对应的模态向量。注意质量矩阵 $\boldsymbol{M}$ 和刚度矩阵 $\boldsymbol{K}$ 为对称矩阵，对式(1.115) 中第二式左右两边做转置处理得到

$$(\boldsymbol{K}-\omega_r^2\boldsymbol{M})\boldsymbol{\varphi}_r=\boldsymbol{0},\quad \boldsymbol{\varphi}_s^{\mathrm{T}}(\boldsymbol{K}-\omega_s^2\boldsymbol{M})=\boldsymbol{0} \tag{1.116}$$

利用 $\boldsymbol{\varphi}_s^{\mathrm{T}}$ 左乘第一个式子，利用 $\boldsymbol{\varphi}_r$ 右乘第二个式，得到

$$\boldsymbol{\varphi}_s^{\mathrm{T}}(\boldsymbol{K}-\omega_r^2\boldsymbol{M})\boldsymbol{\varphi}_r=\boldsymbol{0},\quad \boldsymbol{\varphi}_s^{\mathrm{T}}(\boldsymbol{K}-\omega_s^2\boldsymbol{M})\boldsymbol{\varphi}_r=\boldsymbol{0} \tag{1.117}$$

两式相减，整理得

$$(\omega_r^2-\omega_s^2)\boldsymbol{\varphi}_s^{\mathrm{T}}\boldsymbol{M}\boldsymbol{\varphi}_r=\boldsymbol{0} \tag{1.118}$$

由 $\omega_r^2\neq\omega_s^2$，可推出 $\boldsymbol{\varphi}_s^{\mathrm{T}}\boldsymbol{M}\boldsymbol{\varphi}_r=\boldsymbol{0}$，将其代入式(1.117) 中的任一式，可推出 $\boldsymbol{\varphi}_s^{\mathrm{T}}\boldsymbol{K}\boldsymbol{\varphi}_r=\boldsymbol{0}$。从而，得到如下正交性结论

$$\begin{cases}\boldsymbol{\varphi}_s^{\mathrm{T}}\boldsymbol{M}\boldsymbol{\varphi}_r=\boldsymbol{0}, & r\neq s\\ \boldsymbol{\varphi}_s^{\mathrm{T}}\boldsymbol{K}\boldsymbol{\varphi}_r=\boldsymbol{0}, & r\neq s\end{cases} \tag{1.119}$$

当 $r=s$ 时，则有

$$\omega_r^2\,\boldsymbol{\varphi}_r^{\mathrm{T}}\boldsymbol{M}\,\boldsymbol{\varphi}_r=\boldsymbol{\varphi}_r^{\mathrm{T}}\boldsymbol{K}\,\boldsymbol{\varphi}_r \tag{1.120}$$

令 $M_r^*=\boldsymbol{\varphi}_r^{\mathrm{T}}\boldsymbol{M}\boldsymbol{\varphi}_r$，$K_r^*=\boldsymbol{\varphi}_r^{\mathrm{T}}\boldsymbol{K}\boldsymbol{\varphi}_r$，其中 M_r^* 和 K_r^* 分别为广义模态质量与广义模态刚度。那么，结构的第 r 阶自振频率可以表示为

$$\omega_r=\sqrt{\frac{K_r^*}{M_r^*}} \tag{1.121}$$

利用$\boldsymbol{\Phi}^{\mathrm{T}}$ 左乘上述导出的方程$(\boldsymbol{K}-\omega^2\boldsymbol{M})\boldsymbol{\Phi}=\boldsymbol{0}$，得

$$\boldsymbol{\Phi}^{\mathrm{T}}\boldsymbol{K\Phi}-\omega^2\,\boldsymbol{\Phi}^{\mathrm{T}}\boldsymbol{M\Phi}=\boldsymbol{0} \tag{1.122}$$

定义广义模态质量矩阵$\boldsymbol{M}^*=\boldsymbol{\Phi}^{\mathrm{T}}\boldsymbol{M\Phi}$ 及广义刚度矩阵$\boldsymbol{K}^*=\boldsymbol{\Phi}^{\mathrm{T}}\boldsymbol{K\Phi}$，可得

$$\boldsymbol{K}^*-\omega^2\,\boldsymbol{M}^*=\boldsymbol{0} \tag{1.123}$$

利用上述正交性，易验证$\boldsymbol{M}^*$和 $\boldsymbol{K}^*$均为对角矩阵，故无阻尼线性结构系统的运动方程关于振动模态是解耦的。

2. 比例阻尼自由振动

比例阻尼也称为瑞利阻尼，它假设阻尼矩阵和质量矩阵、刚度矩阵满足如下线性关系

$$\boldsymbol{C}=\alpha'\boldsymbol{M}+\beta'\boldsymbol{K} \tag{1.124}$$

式中，α'、β' 为待定实系数。利用模态向量关于质量矩阵 $\boldsymbol{M}$ 及刚度矩阵 $\boldsymbol{K}$ 的正交性，可得

$$\boldsymbol{\varphi}_s^{\mathrm{T}}\boldsymbol{C}\boldsymbol{\varphi}_r=\alpha'\boldsymbol{\varphi}_s^{\mathrm{T}}\boldsymbol{M}\boldsymbol{\varphi}_r+\beta'\boldsymbol{\varphi}_s^{\mathrm{T}}\boldsymbol{K}\boldsymbol{\varphi}_r=\begin{cases}\boldsymbol{0}, & r\neq s\\ \alpha'M_r^*+\beta'K_r^*, & r=s\end{cases} \tag{1.125}$$

可见，在比例阻尼情况下，模态向量关于阻尼矩阵也满足正交性，令

$$C_r^*=\alpha'M_r^*+\beta'K_r^* \tag{1.126}$$

式中，C_r^* 为第 r 阶模态阻尼系数。

利用 $\boldsymbol{\Phi}^{\mathrm{T}}$ 左乘上述导出的方程 $(\boldsymbol{K}-\omega^2\boldsymbol{M}+\mathrm{j}\omega\boldsymbol{C})\boldsymbol{\Phi}\boldsymbol{q}=\boldsymbol{F}(\omega)$，并利用上述正交性可得

$$(\boldsymbol{K}^*-\omega^2\boldsymbol{M}^*+\mathrm{j}\omega\boldsymbol{C}^*)\boldsymbol{q}^*=\boldsymbol{F}^* \tag{1.127}$$

按照模态阶次，可以写为

$$(K_r^*-\omega^2M_r^*+\mathrm{j}\omega C_r^*)q_r=f_r^*,\quad r=1,2,\cdots,N \tag{1.128}$$

式中，f_r^* 为与第 r 阶模态对应的广义荷载，具体为

$$f_r^*=\boldsymbol{\varphi}_r^{\mathrm{T}}\boldsymbol{F}(\omega),\quad r=1,2,\cdots,N \tag{1.129}$$

利用广义模态质量 M_r^* 和广义阻尼 C_r^* 可以定义模态阻尼比为

$$\zeta_r=\frac{C_r^*}{2M_r^*\omega_r},\quad r=1,2,\cdots,N \tag{1.130}$$

以上导出的模态频率、模态向量以及模态阻尼比均为模态参数，它们与外荷载无关，反映的是结构动力系统的固有特性。

【例 1.4】 如果系统阻尼矩阵为 $\boldsymbol{C}=\boldsymbol{M}\sum_{s=0}^{n}\alpha_s(\boldsymbol{M}^{-1}\boldsymbol{K})^s$，证明其具有实模态。

证明 固有振型满足

$$(\boldsymbol{K}-\omega_r{}^2\boldsymbol{M})\boldsymbol{\varphi}_r=\boldsymbol{0} \tag{1.131}$$

可得

$$\boldsymbol{K}\boldsymbol{\varphi}_r=\omega_r^2\boldsymbol{M}\boldsymbol{\varphi}_r \tag{1.132}$$

$$\boldsymbol{M}^{-1}\boldsymbol{K}\boldsymbol{\varphi}_r=\omega_r^2\boldsymbol{\varphi}_r \tag{1.133}$$

$$\boldsymbol{M}^{-1}\boldsymbol{K}\boldsymbol{\Phi}=\boldsymbol{\Phi}\mathrm{diag}_{1\leqslant i\leqslant N}[\omega_i^2] \tag{1.134}$$

式中，$\boldsymbol{\Phi}=[\varphi_1\quad\varphi_2\quad\cdots\quad\varphi_N]$。

$$\boldsymbol{M}^{-1}\boldsymbol{K}=\boldsymbol{\Phi}\mathrm{diag}_{1\leqslant i\leqslant N}[\omega_i^2]\boldsymbol{\Phi}^{-1} \tag{1.135}$$

代入条件 $\boldsymbol{C}=\boldsymbol{M}\sum_{s=0}^{n}\alpha_s(\boldsymbol{M}^{-1}\boldsymbol{K})^s$ 可得

$$
\begin{aligned}
\boldsymbol{C} &= \boldsymbol{M}\sum_{s=0}^{n}\alpha_s\,(\boldsymbol{M}^{-1}\boldsymbol{K})^s \\
&= \boldsymbol{M}\sum_{s=0}^{n}\alpha_s\,(\boldsymbol{\Phi}\mathrm{diag}_{1\leqslant i\leqslant N}[\omega_i^2]\,\boldsymbol{\Phi}^{-1})^s \\
&= \boldsymbol{M}\sum_{s=0}^{n}\alpha_s\boldsymbol{\Phi}\,(\mathrm{diag}_{1\leqslant i\leqslant N}[\omega_i{}^2])^s\,\boldsymbol{\Phi}^{-1} \\
&= \boldsymbol{M}\boldsymbol{\Phi}\sum_{s=0}^{n}\alpha_s\,(\mathrm{diag}_{1\leqslant i\leqslant N}[\omega_i^2])^s\,\boldsymbol{\Phi}^{-1} \\
&= \boldsymbol{\Phi}^{-\mathrm{T}}\,\boldsymbol{\Phi}^{\mathrm{T}}\boldsymbol{M}\boldsymbol{\Phi}\sum_{s=0}^{n}\alpha_s\,(\mathrm{diag}_{1\leqslant i\leqslant N}[\omega_i^2])^s\,\boldsymbol{\Phi}^{-1} \\
&= \boldsymbol{\Phi}^{-\mathrm{T}}(\mathrm{diag}_{1\leqslant i\leqslant N}[M_i])\sum_{s=0}^{n}\alpha_s\,(\mathrm{diag}_{1\leqslant i\leqslant N}[\omega_i{}^2])^s\,\boldsymbol{\Phi}^{-1}
\end{aligned} \tag{1.136}
$$

可得

$$
\boldsymbol{\Phi}^{\mathrm{T}}\boldsymbol{C}\boldsymbol{\Phi} = (\mathrm{diag}_{1\leqslant i\leqslant N}[M_i])\sum_{s=0}^{n}\alpha_s\,(\mathrm{diag}_{1\leqslant i\leqslant N}[\omega_i{}^2])^s \tag{1.137}
$$

即系统阻尼矩阵可关于振型矩阵对角化,其具有实模态。

1.5.2　多自由结构实模态频响函数

对于自由度为 N 的比例阻尼结构动力系统,由前面解耦后的方程可以得到与各阶模态相对应的广义坐标(模态坐标)为

$$
q_r = \frac{f_r^*}{K_r^* - \omega^2 M_r^* + \mathrm{j}\omega C_r^*},\quad r=1,2,\cdots,N \tag{1.138}
$$

假设结构仅在 p 点受到荷载激励(单点激励),此时荷载向量退化为

$$
\boldsymbol{F}(\omega) = [0\quad\cdots\quad 0\quad\cdots\quad f_p(\omega)\quad 0\quad\cdots\quad 0]^{\mathrm{T}} \tag{1.139}
$$

那么,与各阶模态对应的广义荷载变为

$$
f_r^* = \boldsymbol{\varphi}_r^{\mathrm{T}}\boldsymbol{F}(\omega) = \varphi_{pr}f_p(\omega),\quad r=1,2,\cdots,N \tag{1.140}
$$

式中,φ_{pr} 表示模态向量$\boldsymbol{\varphi}_r$ 的第 p 个分量。继而,各阶广义模态坐标变为

$$
q_r = \frac{\varphi_{pr}f_p(\omega)}{K_r^* - \omega^2 M_r^* + \mathrm{j}\omega C_r^*},\quad r=1,2,\cdots,N \tag{1.141}
$$

注意,前面导出的位移按模态向量分解公式 $x_l(\omega)=\sum_{r=1}^{N}\varphi_{lr}q_r(\omega)$,将 q_r 代入得到

$$
x_l(\omega) = \sum_{r=1}^{N}\frac{\varphi_{lr}\varphi_{pr}f_p(\omega)}{K_r^* - \omega^2 M_r^* + \mathrm{j}\omega C_r^*},\quad l=1,2,\cdots,N \tag{1.142}
$$

那么,在 p 点作用外荷载时,在 l 点发生结构响应的频响函数为

$$
H_{lp}(\omega) = \frac{x_l(\omega)}{f_p(\omega)} = \sum_{r=1}^{N}\frac{\varphi_{lr}\varphi_{pr}}{K_r^* - \omega^2 M_r^* + \mathrm{j}\omega C_r^*},\quad l=1,2,\cdots,N \tag{1.143}
$$

可见,频响函数仅与荷载的作用位置有关,而与荷载的大小和类型无关。$H_{lp}(\omega)$ 在物理上反映当在 p 点作用某单位外荷载时,在 l 点引起的复响应。

频响函数 $H_{lp}(\omega)$ 可以进一步做如下变形:

$$\begin{aligned}H_{lp}(\omega) &= \sum_{r=1}^{N} \frac{1}{K_{er}[(1-\bar{\omega}_r^2)+\mathrm{j}2\zeta_r\bar{\omega}_r]} \\ &= \sum_{r=1}^{N} \frac{A_{lp}}{\omega_r^2-\omega^2+\mathrm{j}2\zeta_r\omega_r\omega} \\ &= \sum_{r=1}^{N} \frac{1}{M_{er}[\omega_r^2-\omega^2+\mathrm{j}2\zeta_r\omega_r\omega]} \\ &= \sum_{r=1}^{N} \frac{Q_{er}}{[(1-\bar{\omega}_r^2)+\mathrm{j}2\zeta_r\bar{\omega}_r]}\end{aligned} \tag{1.144}$$

式中,$\bar{\omega}_r$ 为频率比,$\bar{\omega}_r=\dfrac{\omega}{\omega_r}$;$K_{er}$、$M_{er}$、$Q_{er}$ 分别为等效刚度、等效质量和等效柔度,$K_{er}=\dfrac{K_r^*}{\varphi_{lr}\varphi_{pr}}$、$M_{er}=\dfrac{M_r^*}{\varphi_{lr}\varphi_{pr}}=\dfrac{1}{A_{lp}}$、$Q_{er}=\dfrac{\varphi_{lr}\varphi_{pr}}{K_r^*}=\dfrac{1}{K_{er}}$。

多自由度动力结构的频响函数也为复数,因而可以进一步整理成实部和虚部的形式,即

$$\begin{aligned}H_{lp}(\omega) &= \sum_{r=1}^{N} \frac{1}{K_{er}}\left[\frac{1-\bar{\omega}_r^2}{(1-\bar{\omega}_r^2)^2+(2\zeta_r\bar{\omega}_r)^2}+\mathrm{j}\frac{-2\zeta_r\bar{\omega}_r}{(1-\bar{\omega}_r^2)^2+(2\zeta_r\bar{\omega}_r)^2}\right] \\ &= H_{lp}^{\mathrm{R}}(\omega)+\mathrm{j}H_{lp}^{\mathrm{I}}(\omega)\end{aligned} \tag{1.145}$$

式中,$H_{lp}^{\mathrm{R}}(\omega)$、$H_{lp}^{\mathrm{I}}(\omega)$ 分别为 $H_{lp}(\omega)$ 的实部与虚部,可以分开写为

$$H_{lp}^{\mathrm{R}}(\omega)=\sum_{r=1}^{N} \frac{1}{K_{er}}\left[\frac{1-\bar{\omega}_r^2}{(1-\bar{\omega}_r^2)^2+(2\zeta_r\bar{\omega}_r)^2}\right] \tag{1.146}$$

$$H_{lp}^{\mathrm{I}}(\omega)=\sum_{r=1}^{N} \frac{1}{K_{er}}\left[\frac{-2\zeta_r\bar{\omega}_r}{(1-\bar{\omega}_r^2)^2+(2\zeta_r\bar{\omega}_r)^2}\right] \tag{1.147}$$

对于自由度为 N 的线性动力系统,从式(1.142)和式(1.143)可以看出,要精确计算出结构某点的位移响应 x_l 和频响函数 $H_{lp}(\omega)$,需要计算出全部 N 阶相互独立的模态向量。实际工程结构(尤其是大型结构)常常具有庞大的自由度,要分析计算出结构振动的全部模态一般非常棘手,甚至是不可能实现的。为此,实际应用中一般采用模态截断的处理措施进行简化计算。所谓的模态截断是指忽略高阶模态的影响,仅提取结构振动的前几阶或几十阶模态参与计算。模态截断的有效性源于结构振动,主要由低阶模态主导,高阶模态参与度很低甚至不出现。因此,通过选取适当的模态截断阶数(一般高于被分析模态数的两倍),即能使计算结果达到相应的精度需要。假设模态截断阶数为 N_c,那么频响函数 $H_{lp}(\omega)$ 可以改写为

$$
\begin{aligned}
H_{lp}(\omega) &= \sum_{r=1}^{N_c} \frac{1}{K_{er}[(1-\bar{\omega}_r^2)+\mathrm{j}2\zeta_r\bar{\omega}_r]} + \sum_{r=N_c+1}^{N} \frac{1}{K_{er}[(1-\bar{\omega}_r^2)+\mathrm{j}2\zeta_r\bar{\omega}_r]} \\
&= \sum_{r=1}^{N_c} \frac{1}{K_{er}[(1-\bar{\omega}_r^2)+\mathrm{j}2\zeta_r\bar{\omega}_r]} + H_c
\end{aligned}
\tag{1.148}
$$

式中，N 为结构的总自由度数；H_c 为剩余柔度，它反映被截去的高阶模态的影响。

【例 1.5】 如图 1.12 所示两自由度动力系统，已知 $m_1=100$ kg，$m_2=30$ kg，$k_1=25\ 000$ N/m，$k_2=5\ 000$ N/m，$c_1=1$ N·m^{-1}·s，$c_2=3$ N·m^{-1}·s，仅在第二个自由度上作用荷载 $f_2(t)=F\mathrm{e}^{\mathrm{j}\omega t}$。根据多自由度结构实模态分析理论：

(1) 写出频响函数矩阵的表达式。

(2) 求频响函数矩阵的模态展开式。

(3) 写出脉冲响应函数表达式。

(4) 画出 $H_{11}(\omega)$ 的幅频特性曲线、相频特性曲线、实频特性曲线、虚频特性曲线。

(5) 画出脉冲响应函数 $h_{11}(t)$ 曲线。

解 (1) 频响函数矩阵。

分析结构的受力状态(图 1.13) 并列出运动微分方程

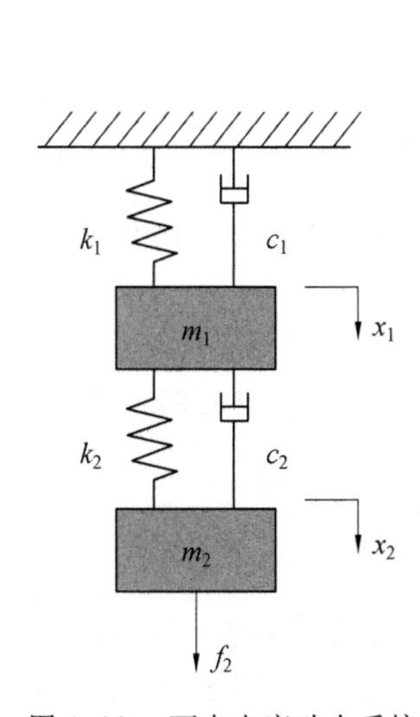

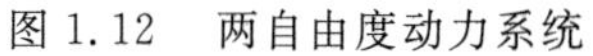

图 1.12　两自由度动力系统

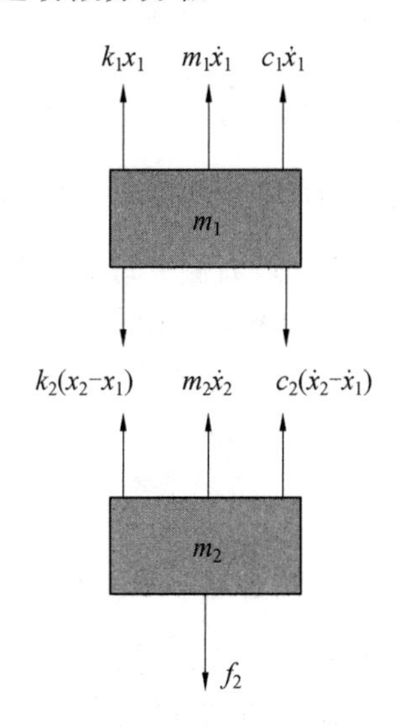

图 1.13　两自由度动力系统分离体

$$
-m_1\ddot{x}_1 - k_1x_1 - c_1\dot{x}_1 + c_2(\dot{x}_2-\dot{x}_1) + k_2(x_2-x_1) = 0 \tag{1.149}
$$

$$
-m_2\ddot{x}_2 - k_2(x_2-x_1) - c_2(\dot{x}_2-\dot{x}_1) + f_2 = 0 \tag{1.150}
$$

结构运动方程的矩阵形式为

$$
\boldsymbol{M}\ddot{\boldsymbol{x}} + \boldsymbol{C}\dot{\boldsymbol{x}} + \boldsymbol{K}\boldsymbol{x} = \boldsymbol{f} \tag{1.151}
$$

式中，$\boldsymbol{M}=\begin{bmatrix}100 & 0\\ 0 & 30\end{bmatrix}$，$\boldsymbol{C}=\begin{bmatrix}4 & -3\\ -3 & 3\end{bmatrix}$，$\boldsymbol{K}=\begin{bmatrix}30\ 000 & -5\ 000\\ -5\ 000 & 5\ 000\end{bmatrix}$，$\boldsymbol{f}=\begin{bmatrix}0\\ f_2(t)\end{bmatrix}$。

对式(1.151)两侧进行傅里叶变换，可得

$$(-\omega^2\boldsymbol{M}+\mathrm{j}\omega\boldsymbol{C}+\boldsymbol{K})\boldsymbol{X}(\omega)=\boldsymbol{F}(\omega) \tag{1.152}$$

其阻抗矩阵为

$$\boldsymbol{Z}(\omega)=\begin{bmatrix}-\omega^2 m_1+\mathrm{j}\omega(c_1+c_2)+(k_1+k_2) & -\mathrm{j}\omega c_2-k_2\\ -\mathrm{j}\omega c_2-k_2 & -\omega^2 m_2+\mathrm{j}\omega c_2+k_2\end{bmatrix} \tag{1.153}$$

频响函数矩阵可由阻抗矩阵求逆得到

$$\begin{aligned}\boldsymbol{H}(\omega)&=[\boldsymbol{Z}(\omega)]^{-1}\\ &=(-\omega^2\boldsymbol{M}+\mathrm{j}\omega\boldsymbol{C}+\boldsymbol{K})^{-1}\\ &=\frac{\begin{bmatrix}-30\omega^2+3\mathrm{j}\omega+5\ 000 & 3\mathrm{j}\omega+5\ 000\\ 3\mathrm{j}\omega+5\ 000 & -100\omega^2+4\mathrm{j}\omega+30\ 000\end{bmatrix}}{(-100\omega^2+4\mathrm{j}\omega+30\ 000)(-30\omega^2+3\mathrm{j}\omega+5\ 000)-(3\mathrm{j}\omega+5\ 000)^2}\end{aligned} \tag{1.154}$$

(2) 频响函数矩阵的模态展开式。

为求解结构的模态参数，考虑无阻尼自由振动的情况：

$$\boldsymbol{M}\ddot{\boldsymbol{x}}+\boldsymbol{K}\boldsymbol{x}=\boldsymbol{0} \tag{1.155}$$

频响函数矩阵为

$$\boldsymbol{H}(\omega)=[\boldsymbol{Z}(\omega)]^{-1}=(-\omega^2\boldsymbol{M}+\boldsymbol{K})^{-1}=\frac{\mathrm{adj}[\boldsymbol{Z}(\omega)]}{\det[\boldsymbol{Z}(\omega)]} \tag{1.156}$$

当式(1.156)最右侧分母为零时无阻尼结构的频响函数趋向于无穷，此时可得到结构的第一阶和第二阶自振频率：

$$\begin{bmatrix}30\ 000-100\omega^2 & -5\ 000\\ -5\ 000 & -30\omega^2+5\ 000\end{bmatrix}=\boldsymbol{0}\Rightarrow\omega=\begin{Bmatrix}10.967\ 9\\ 18.611\ 1\end{Bmatrix} \tag{1.157}$$

且

$$\boldsymbol{\Phi}=\begin{bmatrix}1 & 1\\ 3.594\ 2 & -0.927\ 5\end{bmatrix} \tag{1.158}$$

黏滞阻尼矩阵 $\boldsymbol{C}$ 无法进行正交对角化，为了使方程解耦，在小阻尼情况下，采用 Rayleigh 阻尼近似：$\boldsymbol{C}=\alpha'\boldsymbol{M}+\beta'\boldsymbol{K}$，其中 α' 和 β' 是比例系数。此时 $\boldsymbol{C}$ 为实对称矩阵，满足解耦条件。

Rayleigh 阻尼的比例系数和系统的固有频率及其阻尼比存在以下关系：

$$\begin{bmatrix}\alpha'\\ \beta'\end{bmatrix}=\begin{bmatrix}\dfrac{1}{2\omega_1} & \dfrac{\omega_1}{2}\\ \dfrac{1}{2\omega_2} & \dfrac{\omega_2}{2}\end{bmatrix}^{-1}\begin{bmatrix}\zeta_1\\ \zeta_2\end{bmatrix} \tag{1.159}$$

式中，ω_i 为圆频率，$\omega_i=2\pi f_i$（f_i 为系统固有频率，以下表示为 ω_{0i}）；ζ_i 为阻尼比，$\zeta_i=\dfrac{\lambda_i^R}{\omega_{0i}}$，$\lambda_i^R$ 为特征值的实部，可通过求解该系统的特征方程 $|\lambda^2\boldsymbol{M}+\lambda\boldsymbol{C}+\boldsymbol{K}|=0$ 得到。

$$\begin{cases}\zeta_1=\dfrac{\sigma_1}{\omega_{01}}=\dfrac{0.021\,7}{\sqrt{0.021\,7^2+10.967\,9^2}}=0.001\,979\\ \omega_{02}=|\lambda_2|=\sqrt{0.048\,3^2+18.610\,9^2}=18.610\,9\\ \zeta_2=\dfrac{\sigma_2}{\omega_{02}}=\dfrac{0.048\,3}{18.610\,9}=0.002\,595\end{cases}\tag{1.160}$$

计算可得结构的 Rayleigh 阻尼矩阵为

$$\boldsymbol{C}=\begin{bmatrix}10.619\,2 & -0.187\,2\\ -0.187\,2 & 3.036\,0\end{bmatrix}\tag{1.161}$$

取 $\boldsymbol{x}=\boldsymbol{\Phi}q$，其中 $\boldsymbol{\Phi}$ 是模态矩阵，q 是模态广义坐标，代入结构的运动微分方程，可得

$$(\boldsymbol{K}-\omega^2\boldsymbol{M}+\mathrm{j}\omega\boldsymbol{C})\boldsymbol{\Phi}q=\boldsymbol{F}(\omega)\tag{1.162}$$

将式(1.162) 两侧同时乘$\boldsymbol{\Phi}^{\mathrm{T}}$ 可得

$$(\boldsymbol{K}_r-\omega^2\boldsymbol{M}_r+\mathrm{j}\omega\boldsymbol{C}_r)q=\boldsymbol{\Phi}^{\mathrm{T}}\boldsymbol{F}(\omega)\tag{1.163}$$

式中，$\boldsymbol{K}_r$、$\boldsymbol{M}_r$、$\boldsymbol{C}_r$ 分别表示模态刚度、模态质量与模态阻尼。

$$\begin{aligned}\boldsymbol{K}_r&=\boldsymbol{\Phi}^{\mathrm{T}}\boldsymbol{K}\boldsymbol{\Phi}\\ &=\begin{bmatrix}1 & 1\\ 3.594\,2 & -0.927\,5\end{bmatrix}^{\mathrm{T}}\begin{bmatrix}30\,000 & -5\,000\\ -5\,000 & 5\,000\end{bmatrix}\begin{bmatrix}1 & 1\\ 3.594\,2 & -0.927\,5\end{bmatrix}\\ &=\begin{bmatrix}58\,649 & 0\\ 0 & 43\,576\end{bmatrix}\end{aligned}\tag{1.164}$$

$$\begin{aligned}\boldsymbol{M}_r&=\boldsymbol{\Phi}^{\mathrm{T}}\boldsymbol{M}\boldsymbol{\Phi}\\ &=\begin{bmatrix}1 & 1\\ 3.594\,2 & -0.927\,5\end{bmatrix}^{\mathrm{T}}\begin{bmatrix}100 & 0\\ 0 & 30\end{bmatrix}\begin{bmatrix}1 & 1\\ 3.594\,2 & -0.927\,5\end{bmatrix}\\ &=\begin{bmatrix}487.548\,2 & 0\\ 0 & 125.807\,7\end{bmatrix}\end{aligned}\tag{1.165}$$

$$\begin{aligned}\boldsymbol{C}_r&=\boldsymbol{\Phi}^{\mathrm{T}}\boldsymbol{C}\boldsymbol{\Phi}\\ &=\begin{bmatrix}1 & 1\\ 3.594\,2 & -0.927\,5\end{bmatrix}^{\mathrm{T}}\begin{bmatrix}10.619\,2 & -0.187\,2\\ -0.187\,2 & 3.036\,0\end{bmatrix}\begin{bmatrix}1 & 1\\ 3.594\,2 & -0.927\,5\end{bmatrix}\\ &=\begin{bmatrix}48.493\,7 & 0\\ 0 & 13.578\,2\end{bmatrix}\end{aligned}\tag{1.166}$$

对于第 r 阶模态，有

$$(k_r - \omega_r^2 m_r + \mathrm{j}\omega_r c_r) q_r = F_r \tag{1.167}$$

$$q_r = \frac{F_r}{k_r - \omega^2 m_r + \mathrm{j}\omega c_r} \tag{1.168}$$

式中，k_r 为第 r 阶模态对应刚度；m_r 为第 r 阶模态对应质量；c_r 为第 r 阶模态对应阻尼。

对于线性时不变系统，其任意一点的响应均可表现为各阶模态的线性组合。结构上任一测点 i 的响应设为

$$x_i(\omega) = \sum_{r=1}^{n} \varphi_{ir} q_r$$

式中，φ_{ir} 表示测点 i 第 r 阶模态的坐标。

讨论单点激励的情况 $\boldsymbol{F}(\omega) = [0 \quad 0 \quad \cdots \quad F_p(\omega) \quad 0 \quad \cdots \quad 0]^{\mathrm{T}}$，则

$$F_r = \varphi_{pr} F_p(\omega) \tag{1.169}$$

$$x_i(\omega) = \sum_{r=1}^{n} \frac{\varphi_{ir}\varphi_{jr} F_p(\omega)}{k_r - \omega^2 m_r + \mathrm{j}\omega c_r} \tag{1.170}$$

$$\frac{x_i(\omega)}{F_p(\omega)} = H_{ip}(\omega) = \sum_{r=1}^{n} \frac{\varphi_{ir}\varphi_{pr}}{k_r - \omega^2 m_r + \mathrm{j}\omega c_r} \tag{1.171}$$

所以，结构的频响函数可以表示为

$$\begin{aligned} H_{11}(\omega) &= \frac{\varphi_{11}\varphi_{11}}{k_1 - \omega^2 m_1 + \mathrm{j}\omega c_1} + \frac{\varphi_{12}\varphi_{12}}{k_2 - \omega^2 m_2 + \mathrm{j}\omega c_2} \\ &= \frac{1}{58\,649 - 487.548\,2\omega^2 + 48.493\,7\mathrm{j}\omega} + \frac{1}{43\,576 - 125.807\,7\omega^2 + 13.578\,2\mathrm{j}\omega} \end{aligned} \tag{1.172}$$

$$\begin{aligned} H_{12}(\omega) &= \frac{\varphi_{11}\varphi_{21}}{k_1 - \omega^2 m_1 + \mathrm{j}\omega c_1} + \frac{\varphi_{12}\varphi_{22}}{k_2 - \omega^2 m_2 + \mathrm{j}\omega c_2} \\ &= \frac{3.594\,2}{58\,649 - 487.548\,2\omega^2 + 48.493\,7\mathrm{j}\omega} - \frac{0.927\,5}{43\,576 - 125.807\,7\omega^2 + 13.578\,2\mathrm{j}\omega} \end{aligned} \tag{1.173}$$

$$\begin{aligned} H_{21}(\omega) &= \frac{\varphi_{21}\varphi_{11}}{k_1 - \omega^2 m_1 + \mathrm{j}\omega c_1} + \frac{\varphi_{22}\varphi_{12}}{k_2 - \omega^2 m_2 + \mathrm{j}\omega c_2} \\ &= \frac{3.594\,2}{58\,649 - 487.548\,2\omega^2 + 48.493\,7\mathrm{j}\omega} - \frac{0.927\,5}{43\,576 - 125.807\,7\omega^2 + 13.578\,2\mathrm{j}\omega} \end{aligned} \tag{1.174}$$

$$\begin{aligned} H_{22}(\omega) &= \frac{\varphi_{21}\varphi_{21}}{k_1 - \omega^2 m_1 + \mathrm{j}\omega c_1} + \frac{\varphi_{22}\varphi_{22}}{k_2 - \omega^2 m_2 + \mathrm{j}\omega c_2} \\ &= \frac{12.918\,3}{58\,649 - 487.548\,2\omega^2 + 48.493\,7\mathrm{j}\omega} + \frac{0.860\,3}{43\,576 - 125.807\,7\omega^2 + 13.578\,2\mathrm{j}\omega} \end{aligned} \tag{1.175}$$

(3) 脉冲响应函数表达式。

对式(1.151)进行模态分解后得到

$$m_r\ddot{q}_r + c_r\dot{q}_r + k_r q_r = f_r,\quad r=1,2 \tag{1.176}$$

为了得到多自由度系统的单位脉冲响应函数,在第 j 个自由度上施加单位脉冲 $\delta_j(t)$,在该激励作用下,系统的响应为

$$q_r = \frac{\varphi_{jr}}{m_r\omega_{dr}} e^{-\xi_r\omega_r t}\sin\omega_{dr}t \tag{1.177}$$

由 $\boldsymbol{x} = \boldsymbol{\Phi} q = \sum_{r=1}^{n} q_r\varphi_r$ 可得系统在第 j 个自由度上施加单位脉冲激励的作用下,第 i 个自由度上的响应为

$$x_i(t) = \sum_{r=1}^{n} \frac{\varphi_{ir}\varphi_{jr}}{m_r\omega_{dr}} e^{-\zeta_r\omega_r t}\sin\omega_{dr}t \tag{1.178}$$

所以系统的脉冲响应函数为

$$h_{ij}(t) = \sum_{r=1}^{n} \frac{\varphi_{ir}\varphi_{jr}}{m_r\omega_{dr}} e^{-\zeta_r\omega_r t}\sin\omega_{dr}t \tag{1.179}$$

$$\begin{aligned} h_{11}(t) &= \frac{\varphi_{11}\varphi_{11}}{m_1\omega_{d1}} e^{-\zeta_1\omega_1 t}\sin\omega_{d1}t + \frac{\varphi_{12}\varphi_{12}}{m_2\omega_{d2}} e^{-\zeta_2\omega_2 t}\sin\omega_{d2}t \\ &= \frac{1}{5\,347.369\,4} e^{-0.021\,7t}\sin 10.967\,9t + \frac{1}{2\,340.249\,7} e^{-0.048\,3t}\sin 18.610\,8t \end{aligned} \tag{1.180}$$

$$\begin{aligned} h_{12}(t) &= \frac{\varphi_{11}\varphi_{21}}{m_1\omega_{d1}} e^{-\zeta_1\omega_1 t}\sin\omega_{d1}t + \frac{\varphi_{12}\varphi_{22}}{m_2\omega_{d2}} e^{-\zeta_2\omega_2 t}\sin\omega_{d2}t \\ &= \frac{1}{1\,487.777\,4} e^{-0.021\,7t}\sin 10.967\,9t + \frac{1}{2\,523.180\,3} e^{-0.048\,3t}\sin 18.610\,8t \end{aligned} \tag{1.181}$$

$$\begin{aligned} h_{21}(t) &= \frac{\varphi_{21}\varphi_{11}}{m_1\omega_{d1}} e^{-\zeta_1\omega_1 t}\sin\omega_{d1}t + \frac{\varphi_{22}\varphi_{12}}{m_2\omega_{d2}} e^{-\zeta_2\omega_2 t}\sin\omega_{d2}t \\ &= \frac{1}{1\,487.777\,4} e^{-0.021\,7t}\sin 10.967\,9t + \frac{1}{2\,523.180\,3} e^{-0.048\,3t}\sin 18.610\,8t \end{aligned} \tag{1.182}$$

$$\begin{aligned} h_{22}(t) &= \frac{\varphi_{21}\varphi_{21}}{m_1\omega_{d1}} e^{-\zeta_1\omega_1 t}\sin\omega_{d1}t + \frac{\varphi_{22}\varphi_{22}}{m_2\omega_{d2}} e^{-\zeta_2\omega_2 t}\sin\omega_{d2}t \\ &= \frac{1}{413.938\,4} e^{-0.021\,7t}\sin 10.967\,9t + \frac{1}{2\,720.410\,0} e^{-0.048\,3t}\sin 18.610\,8t \end{aligned} \tag{1.183}$$

(4) 结构频响函数 $H_{11}(\omega)$ 的幅频特性曲线、相频特性曲线、实频特性曲线和虚频特性曲线如图 1.14 所示。

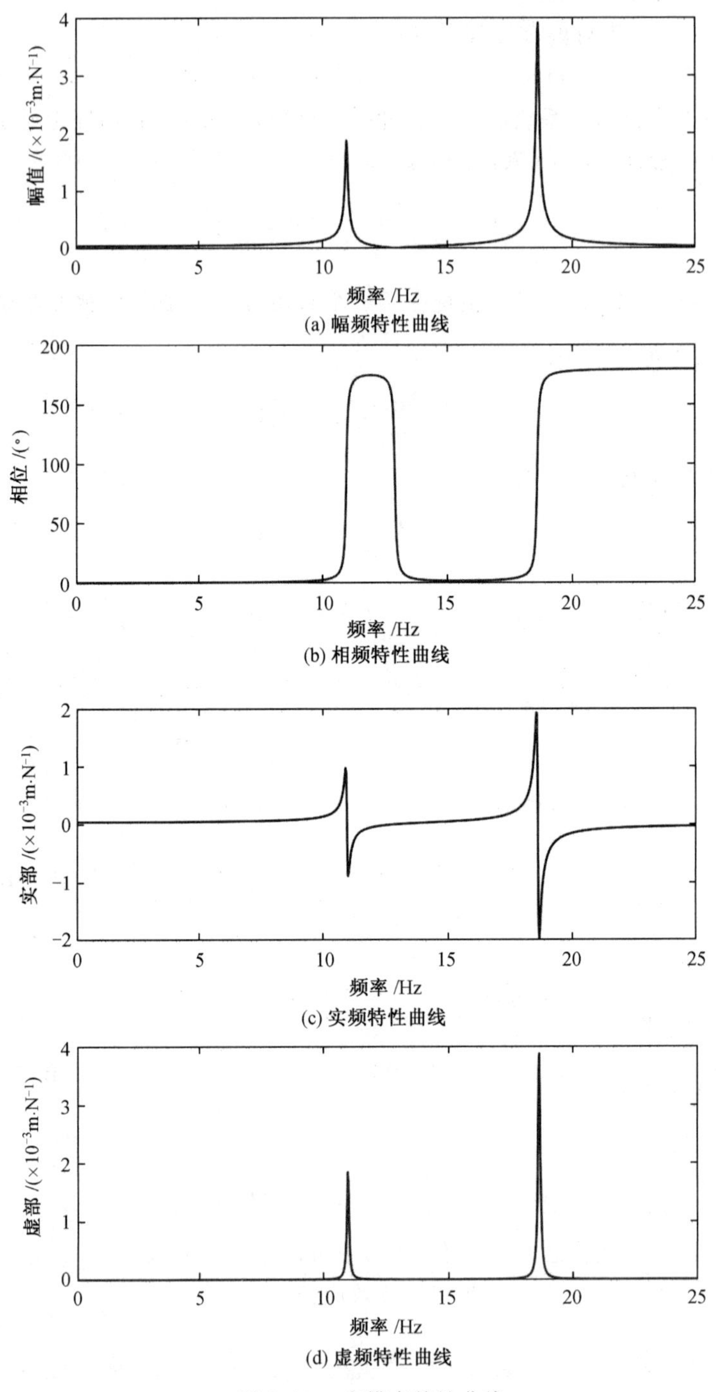

图 1.14　实模态特性曲线

(5) 脉冲响应函数 $h_{11}(t)$ 曲线如图 1.15 所示。

脉冲响应函数的表达式见式(1.180)，即

$$\begin{aligned}h_{11}(t)&=\frac{\varphi_{11}\varphi_{11}}{m_1\omega_{d1}}e^{-\zeta_1\omega_1 t}\sin\omega_{d1}t+\frac{\varphi_{12}\varphi_{12}}{m_2\omega_{d2}}e^{-\zeta_2\omega_2 t}\sin\omega_{d2}t\\&=\frac{1}{5\,347.369\,4}e^{-0.021\,7t}\sin 10.967\,9t+\frac{1}{2\,340.249\,7}e^{-0.048\,3t}\sin 18.610\,8t\end{aligned}$$

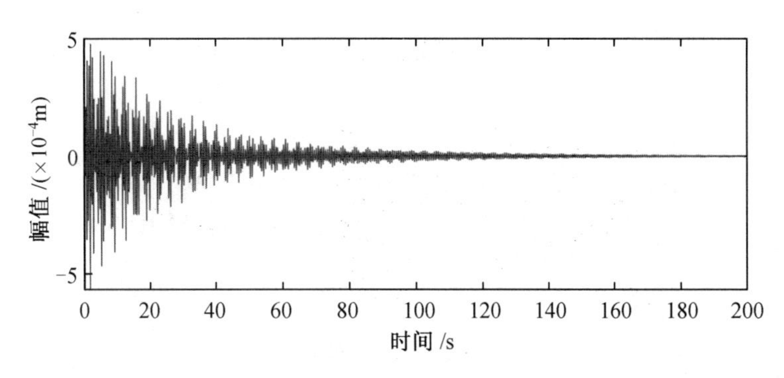

图 1.15　脉冲响应函数 $h_{11}(t)$ 曲线

1.6　多自由度结构复模态分析

1.6.1　复模态及其成因

本章前面已讨论了复数特征值，其实部和虚部分别代表了固有频率的衰减分量和振荡分量。当特征向量为复数时，模态振型也是复数，此时称为复模态。

结构振动时，结构的每个部分不仅有振幅，而且还有相位。当结构的各部分振动模态为复模态时，每个部分与相邻的部分都有不同的相位，它们不在振动周期的同一时刻达到它们的最大位移位置。当振动模态为实模态时，相位角全部为 0° 或180°，结构的各部分同时通过它们的最大位移位置。同样地，在实模态情况下，结构的各部分在振动周期的同一时刻通过它们的零位移位置，因此在结构的振动周期中有两个时刻结构完全没有变形。复模态并不具备这个性质，与结构各部分不同时达到最大位移位置的原因相同，结构各部分也不同时达到零位移位置。实模态可以通过驻波来描述，复模态可以通过行波来描述。图 1.16 所示为用波形图描述实模态与复模态，从图中可以了解到驻波和行波的效应，如果用动画描述则能更好地演示驻波和行波效应。

另外一种展示复模态的方法是用阿干特图(Argand diagrams) 绘制实模态和复模态，如图 1.17 所示，其中，(a) 为实模态，(b) 为近似实模态(注意近似实模态振型特征向量相位角不一定为 0° 或180°，但不同向量之间的相对相位关系一

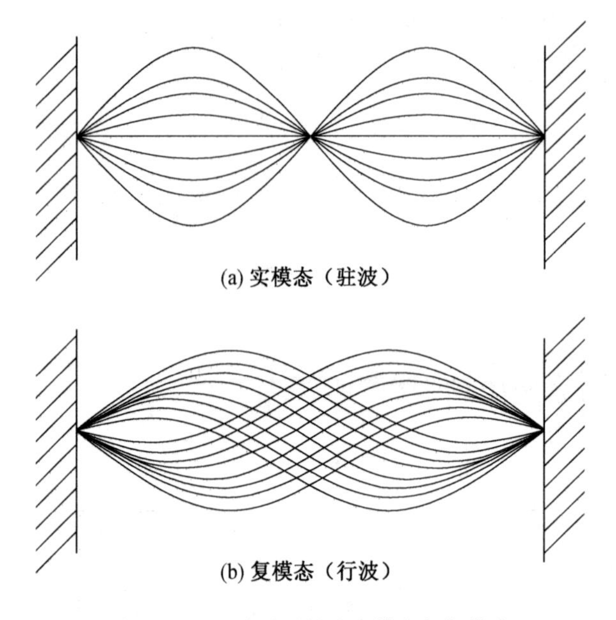

图 1.16　用波形图描述实模态与复模态

定为 0°或180°)，(c) 为复模态。

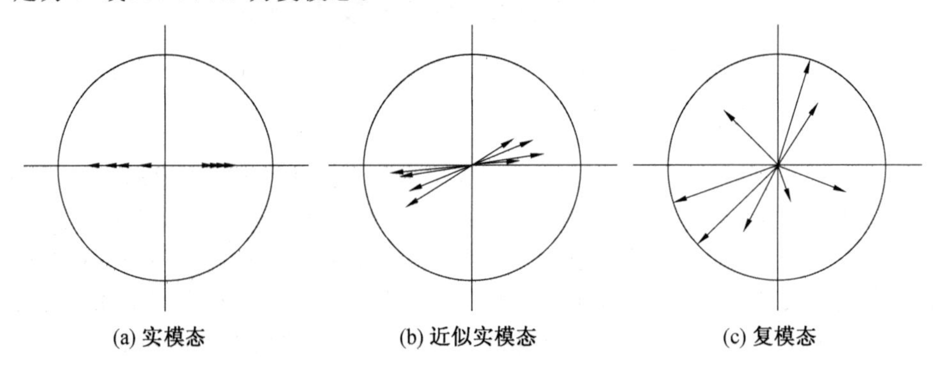

图 1.17　用阿干特图绘制实模态和复模态

复模态的成因比较复杂，Ewins 在其著作中给出了较全面的解释，除了一些特殊的情况和模态复杂度影响之外，对于线弹性阶段的土木工程结构，主要是由于实际结构阻尼模型不满足比例的假设。常规(非旋转) 线性结构的模态只有在阻尼为非比例阻尼时是复模态。虽然大多数结构构件的内阻尼(黏滞阻尼) 基本上与刚度成正比，但实际结构中的大部分阻尼却集中在结构构件之间的连接处，导致阻尼并不成比例。因此，在多数结构中存在导致复模态的非比例阻尼因素。

1.6.2　黏滞阻尼动力系统

若结构黏滞阻尼动力系统的阻尼不满足比例阻尼的要求（即阻尼为非比例黏滞阻尼），则结构的特征值和特征向量（即模态向量）均为复数。对于非比例阻尼情况，结构的阻尼矩阵无法解耦，一般采用状态空间方程来求解结构的复模态向量和特征值。

考虑自由度为 N 的线性黏滞阻尼动力系统，其运动方程的一般形式为

$$\boldsymbol{M}\ddot{\boldsymbol{x}} + \boldsymbol{C}\dot{\boldsymbol{x}} + \boldsymbol{K}\boldsymbol{x} = \boldsymbol{F}(t) \tag{1.184}$$

式中，$\boldsymbol{M}$、$\boldsymbol{C}$、$\boldsymbol{K}$ 分别为系统的质量矩阵、阻尼矩阵和刚度矩阵；$\boldsymbol{F}(t)$ 为外部荷载向量。假设系统的阻尼为非比例黏滞阻尼。注意到 $\boldsymbol{M}\dot{\boldsymbol{x}} - \boldsymbol{M}\dot{\boldsymbol{x}} = 0$ 恒成立，与式(1.184) 联立得到方程组

$$\begin{cases} \boldsymbol{M}\ddot{\boldsymbol{x}} + \boldsymbol{C}\dot{\boldsymbol{x}} + \boldsymbol{K}\boldsymbol{x} = \boldsymbol{F}(t) \\ \boldsymbol{M}\dot{\boldsymbol{x}} - \boldsymbol{M}\dot{\boldsymbol{x}} = \boldsymbol{0} \end{cases} \tag{1.185}$$

利用该方程组可以将式(1.184) 所示的二阶常微分方程改写成一阶常微分方程的形式，即

$$\boldsymbol{A}\dot{\boldsymbol{y}} + \boldsymbol{B}\boldsymbol{y} = \boldsymbol{P} \tag{1.186}$$

式中

$$\boldsymbol{A} = \begin{bmatrix} \boldsymbol{C} & \boldsymbol{M} \\ \boldsymbol{M} & \boldsymbol{0} \end{bmatrix}_{2N\times 2N}, \quad \boldsymbol{B} = \begin{bmatrix} \boldsymbol{K} & \boldsymbol{0} \\ \boldsymbol{0} & -\boldsymbol{M} \end{bmatrix}_{2N\times 2N}, \quad \boldsymbol{P} = \begin{bmatrix} \boldsymbol{F}(t) \\ \boldsymbol{0} \end{bmatrix}_{2N\times 1}, \quad \boldsymbol{y} = \begin{bmatrix} \boldsymbol{x} \\ \dot{\boldsymbol{x}} \end{bmatrix}_{2N\times 1} \tag{1.187}$$

方程(1.186) 亦称为系统的状态方程，其中 $\boldsymbol{y}$ 为状态向量。

先考虑状态方程在自由振动情况下的求解问题。此时，因外部荷载 $\boldsymbol{F}(t) = \boldsymbol{0}$ 而有 $\boldsymbol{P} = \boldsymbol{0}$，方程(1.186) 退化为

$$\boldsymbol{A}\dot{\boldsymbol{y}} + \boldsymbol{B}\boldsymbol{y} = \boldsymbol{0} \tag{1.188}$$

根据结构力学知识，该系统在自由振动下的解可设为 $\boldsymbol{x} = \boldsymbol{\psi}\mathrm{e}^{\lambda t}$，将其代入状态向量得到

$$\boldsymbol{y} = \begin{bmatrix} \boldsymbol{\psi} \\ \lambda\boldsymbol{\psi} \end{bmatrix} \mathrm{e}^{\lambda t} = \bar{\boldsymbol{\psi}}\mathrm{e}^{\lambda t}, \quad \dot{\boldsymbol{y}} = \lambda \begin{bmatrix} \boldsymbol{\psi} \\ \lambda\boldsymbol{\psi} \end{bmatrix} \mathrm{e}^{\lambda t} = \lambda\bar{\boldsymbol{\psi}}\mathrm{e}^{\lambda t} \tag{1.189}$$

式中，λ、$\bar{\boldsymbol{\psi}}$ 分别为结构动力系统的复特征值和复特征向量。在结构模态分析中，λ、$\bar{\boldsymbol{\psi}}$ 均属于结构的复模态参数。

将式(1.189) 中的结果代入式(1.188) 所示的状态方程中，整理后得到

$$(\lambda\boldsymbol{A} + \boldsymbol{B}) \begin{bmatrix} \boldsymbol{\psi} \\ \lambda\boldsymbol{\psi} \end{bmatrix} = \boldsymbol{0} \tag{1.190}$$

要获得 $\boldsymbol{\psi}$ 的非零解，当且仅当

$$|\lambda \boldsymbol{A}+\boldsymbol{B}|=\boldsymbol{0} \tag{1.191}$$

易知 $|\lambda \boldsymbol{A}+\boldsymbol{B}|$ 是阶数为 $2N$ 的多项式，方程共有 N 对互异共轭复根，可分别表示为

$$\lambda_1,\lambda_2,\cdots,\lambda_N,\quad \lambda_1^*,\lambda_2^*,\cdots,\lambda_N^* \tag{1.192}$$

式中，λ_r 与 λ_r^* $(r=1,2,\cdots,N)$ 互为共轭复数。结合式(1.191)，可进一步获得系统的 $2N$ 个复特征向量，表示为

$$\bar{\boldsymbol{\psi}}_r=\begin{bmatrix}\boldsymbol{\psi}_r\\ \lambda_r\boldsymbol{\psi}_r\end{bmatrix},\quad r=1,2,\cdots,N \tag{1.93}$$

$$\bar{\boldsymbol{\psi}}_r^*=\begin{bmatrix}\boldsymbol{\psi}_r^*\\ \lambda_r^*\boldsymbol{\psi}_r^*\end{bmatrix},\quad r=1,2,\cdots,N \tag{1.194}$$

令向量 $\tilde{\boldsymbol{\lambda}}$ 和 $\boldsymbol{\psi}$ 分别为

$$\begin{cases}\tilde{\boldsymbol{\lambda}}=[\lambda_1\quad\lambda_2\quad\cdots\quad\lambda_N\quad\lambda_1^*\quad\lambda_2^*\quad\cdots\quad\lambda_N^*]^{\mathrm{T}}\\ \boldsymbol{\psi}=[\boldsymbol{\psi}_1\quad\boldsymbol{\psi}_2\quad\cdots\quad\boldsymbol{\psi}_N\quad\boldsymbol{\psi}_1^*\quad\boldsymbol{\psi}_2^*\quad\cdots\quad\boldsymbol{\psi}_N^*]\end{cases} \tag{1.195}$$

那么，式(1.93)和式(1.194)中的 $2N$ 个复特征向量可以组装成如下矩阵形式

$$\begin{aligned}\boldsymbol{\Gamma}&=[\bar{\boldsymbol{\psi}}_1\quad\cdots\quad\bar{\boldsymbol{\psi}}_N\quad\bar{\boldsymbol{\psi}}_1^*\quad\cdots\quad\bar{\boldsymbol{\psi}}_N^*]\\&=\begin{bmatrix}\boldsymbol{\psi}\\ \boldsymbol{\psi}\mathrm{diag}(\tilde{\lambda})\end{bmatrix}\end{aligned} \tag{1.196}$$

可见，$\tilde{\lambda}_r$ 和 $\boldsymbol{\Gamma}_r=\begin{bmatrix}\boldsymbol{\psi}_r\\ \tilde{\lambda}_r\boldsymbol{\psi}_r\end{bmatrix}$ 分别表示系统的第 r 阶特征值与特征向量，将二者代入式(1.191)，可得

$$(\boldsymbol{A}\tilde{\lambda}_r+\boldsymbol{B})\boldsymbol{\Gamma}_r=\boldsymbol{0},\quad r=1,2,\cdots,2N \tag{1.197}$$

利用该式可验证特征向量关于矩阵 $\boldsymbol{A}$ 和 $\boldsymbol{B}$ 的正交性。事实上，对任意的 $i,j\in\{1,2,\cdots,2N\}$ 且 $i\neq j$，由式(1.197)可得

$$\tilde{\lambda}_i\boldsymbol{A}\boldsymbol{\Gamma}_i=-\boldsymbol{B}\boldsymbol{\Gamma}_i,\quad \tilde{\lambda}_j\boldsymbol{A}\boldsymbol{\Gamma}_j=-\boldsymbol{B}\boldsymbol{\Gamma}_j \tag{1.198}$$

利用矩阵 $\boldsymbol{A}$ 和矩阵 $\boldsymbol{B}$ 的对称性，对第二个式子左右两边做转置后得到

$$\tilde{\lambda}_i\boldsymbol{A}\boldsymbol{\Gamma}_i=-\boldsymbol{B}\boldsymbol{\Gamma}_i,\quad \tilde{\lambda}_j\boldsymbol{A}\boldsymbol{\Gamma}_j^{\mathrm{T}}=-\boldsymbol{B}\boldsymbol{\Gamma}_j^{\mathrm{T}} \tag{1.199}$$

利用 $\boldsymbol{\Gamma}_j^{\mathrm{T}}$ 左乘第一个式子，利用 $\boldsymbol{\Gamma}_i$ 右乘第二个式，得到

$$\tilde{\lambda}_i\boldsymbol{\Gamma}_j^{\mathrm{T}}\boldsymbol{A}\boldsymbol{\Gamma}_i=-\boldsymbol{\Gamma}_j^{\mathrm{T}}\boldsymbol{B}\boldsymbol{\Gamma}_i,\quad \tilde{\lambda}_j\boldsymbol{\Gamma}_j^{\mathrm{T}}\boldsymbol{A}\boldsymbol{\Gamma}_i=-\boldsymbol{\Gamma}_j^{\mathrm{T}}\boldsymbol{B}\boldsymbol{\Gamma}_i \tag{1.200}$$

两式做差，可得

$$(\tilde{\lambda}_i-\tilde{\lambda}_j)\boldsymbol{\Gamma}_j^{\mathrm{T}}\boldsymbol{A}\boldsymbol{\Gamma}_i=\boldsymbol{0} \tag{1.201}$$

由 $\tilde{\lambda}_i\neq\tilde{\lambda}_j$，可推出 $\boldsymbol{\Gamma}_j^{\mathrm{T}}\boldsymbol{A}\boldsymbol{\Gamma}_i=\boldsymbol{0}$。再利用 $\tilde{\lambda}_i\boldsymbol{\Gamma}_j^{\mathrm{T}}\boldsymbol{A}\boldsymbol{\Gamma}_i=-\boldsymbol{\Gamma}_j^{\mathrm{T}}\boldsymbol{B}\boldsymbol{\Gamma}_i$，可推出 $\boldsymbol{\Gamma}_j^{\mathrm{T}}\boldsymbol{B}\boldsymbol{\Gamma}_i=$

$\mathbf{0}$。从而，得到如下正交性结论：

$$\boldsymbol{\Gamma}_j^{\mathrm{T}}\boldsymbol{A}\,\boldsymbol{\Gamma}_i=\mathbf{0}(i\neq j),\quad \boldsymbol{\Gamma}_j^{\mathrm{T}}\boldsymbol{B}\,\boldsymbol{\Gamma}_i=\mathbf{0}(i\neq j) \tag{1.202}$$

当$\tilde{\lambda}_i=\tilde{\lambda}_j$ 时，则有

$$\tilde{\lambda}_i\,\boldsymbol{\Gamma}_i^{\mathrm{T}}\boldsymbol{A}\,\boldsymbol{\Gamma}_i=-\boldsymbol{\Gamma}_i^{\mathrm{T}}\boldsymbol{B}\,\boldsymbol{\Gamma}_i \tag{1.203}$$

令 $a_i=\boldsymbol{\Gamma}_i^{\mathrm{T}}\boldsymbol{A}\,\boldsymbol{\Gamma}_i$，$b_i=\boldsymbol{\Gamma}_i^{\mathrm{T}}\boldsymbol{B}\,\boldsymbol{\Gamma}_i$，有

$$\tilde{\lambda}_i=-\frac{\boldsymbol{\Gamma}_i^{\mathrm{T}}\boldsymbol{B}\,\boldsymbol{\Gamma}_i}{\boldsymbol{\Gamma}_i^{\mathrm{T}}\boldsymbol{A}\,\boldsymbol{\Gamma}_i}=-\frac{b_i}{a_i},\quad i=1,2,\cdots,2N \tag{1.204}$$

再令 $\boldsymbol{a}=[a_1\quad a_2\quad\cdots\quad a_{2N}]^{\mathrm{T}}$ 和 $\boldsymbol{b}=[b_1\quad b_2\quad\cdots\quad b_{2N}]^{\mathrm{T}}$，那么上述正交性条件可统一表示为如下矩阵形式：

$$\boldsymbol{\Gamma}^{\mathrm{T}}\boldsymbol{A}\boldsymbol{\Gamma}=\mathrm{diag}(\boldsymbol{a}),\quad \boldsymbol{\Gamma}^{\mathrm{T}}\boldsymbol{B}\boldsymbol{\Gamma}=\mathrm{diag}(\boldsymbol{b}) \tag{1.205}$$

将式(1.188)和式(1.196)代入正交性条件$\boldsymbol{\Gamma}_j^{\mathrm{T}}\boldsymbol{A}\boldsymbol{\Gamma}_i=\mathbf{0}(i\neq j)$和$\boldsymbol{\Gamma}_j^{\mathrm{T}}\boldsymbol{B}\boldsymbol{\Gamma}_i=\mathbf{0}$ $(i\neq j)$，可得

$$\begin{bmatrix}\boldsymbol{\psi}_j\\ \tilde{\lambda}_j\,\boldsymbol{\psi}_j\end{bmatrix}^{\mathrm{T}}\begin{bmatrix}\boldsymbol{C} & \boldsymbol{M}\\ \boldsymbol{M} & \mathbf{0}\end{bmatrix}\begin{bmatrix}\boldsymbol{\psi}_i\\ \tilde{\lambda}_i\,\boldsymbol{\psi}_i\end{bmatrix}=\mathbf{0},\quad \begin{bmatrix}\boldsymbol{\psi}_j\\ \tilde{\lambda}_j\,\boldsymbol{\psi}_j\end{bmatrix}^{\mathrm{T}}\begin{bmatrix}\boldsymbol{K} & \mathbf{0}\\ \mathbf{0} & -\boldsymbol{M}\end{bmatrix}\begin{bmatrix}\boldsymbol{\psi}_i\\ \tilde{\lambda}_i\,\boldsymbol{\psi}_i\end{bmatrix}=\mathbf{0} \tag{1.206}$$

整理得

$$\boldsymbol{\psi}_j^{\mathrm{T}}[(\tilde{\lambda}_i+\tilde{\lambda}_j)\boldsymbol{M}+\boldsymbol{C}]\,\boldsymbol{\psi}_i=\mathbf{0},\quad \boldsymbol{\psi}_j^{\mathrm{T}}[\tilde{\lambda}_i\,\tilde{\lambda}_j\boldsymbol{M}-\boldsymbol{K}]\,\boldsymbol{\psi}_i=\mathbf{0} \tag{1.207}$$

假设 $\tilde{\lambda}_i$ 和 $\tilde{\lambda}_j$ 互为共轭(即$\tilde{\lambda}_j=\tilde{\lambda}_i^*$)，此时$\boldsymbol{\psi}_j^{\mathrm{T}}=(\boldsymbol{\psi}_i^*)^{\mathrm{T}}=\boldsymbol{\psi}_i^{\mathrm{H}}$，那么式(1.207)变为

$$\boldsymbol{\psi}_i^{\mathrm{H}}[(\tilde{\lambda}_i+\tilde{\lambda}_i^*)\boldsymbol{M}+\boldsymbol{C}]\,\boldsymbol{\psi}_i=\mathbf{0},\quad \boldsymbol{\psi}_i^{\mathrm{H}}[\tilde{\lambda}_i\,\tilde{\lambda}_i^*\boldsymbol{M}-\boldsymbol{K}]\,\boldsymbol{\psi}_i=\mathbf{0} \tag{1.208}$$

共轭复数对 $\tilde{\lambda}_i$ 和 $\tilde{\lambda}_i^*$ 可以分别假设为

$$\begin{cases}\tilde{\lambda}_i=-\mu_i+\mathrm{j}v_i\\ \tilde{\lambda}_i^*=-\mu_i-\mathrm{j}v_i\end{cases},\quad \mu_i,v_i\in\mathbf{R} \tag{1.209}$$

将其代入式(1.208)，整理得

$$2\mu_i=\frac{\boldsymbol{\psi}_i^{\mathrm{H}}\boldsymbol{C}\,\boldsymbol{\psi}_i}{\boldsymbol{\psi}_i^{\mathrm{H}}\boldsymbol{M}\,\boldsymbol{\psi}_i},\quad \mu_i^2+v_i^2=\frac{\boldsymbol{\psi}_i^{\mathrm{H}}\boldsymbol{K}\,\boldsymbol{\psi}_i}{\boldsymbol{\psi}_i^{\mathrm{H}}\boldsymbol{M}\,\boldsymbol{\psi}_i} \tag{1.210}$$

令

$$m_i^{\#}=\boldsymbol{\psi}_i^{\mathrm{H}}\boldsymbol{M}\,\boldsymbol{\psi}_i,\quad c_i^{\#}=\boldsymbol{\psi}_i^{\mathrm{H}}\boldsymbol{C}\,\boldsymbol{\psi}_i,\quad k_i^{\#}=\boldsymbol{\psi}_i^{\mathrm{H}}\boldsymbol{K}\,\boldsymbol{\psi}_i \tag{1.211}$$

注意，$\boldsymbol{M}$、$\boldsymbol{C}$ 和 $\boldsymbol{K}$ 均为实对称矩阵，从而易知 $m_i^{\#}$、$c_i^{\#}$ 和 $k_i^{\#}$ 均为实数，它们分别为复模态质量、复模态阻尼和复模态刚度。继而，可以定义复模态频率为

$$\hat{\omega}_i=\sqrt{\frac{k_i^{\#}}{m_i^{\#}}} \tag{1.212}$$

进一步可得

$$\mu_i = \frac{1}{2}\frac{\boldsymbol{\psi}_i^{\mathrm{H}}\boldsymbol{C}\,\boldsymbol{\psi}_i}{\boldsymbol{\psi}_i^{\mathrm{H}}\boldsymbol{M}\,\boldsymbol{\psi}_i} = \frac{1}{2}\frac{c_i^{\#}}{m_i^{\#}} = \hat{\omega}_i\,\frac{c_i^{\#}}{2\sqrt{m_i^{\#}k_i^{\#}}} = \hat{\omega}_i\,\hat{\xi}_i \tag{1.213}$$

那么,共轭复数对 $\tilde{\lambda}_i$ 和 $\tilde{\lambda}_i^*$ 可以写为

$$\begin{cases}\tilde{\lambda}_i = -\hat{\omega}_i\hat{\xi}_i + \mathrm{j}\hat{\omega}_i\sqrt{1-\hat{\xi}_i^2}\\ \tilde{\lambda}_i^* = -\hat{\omega}_i\hat{\xi}_i - \mathrm{j}\hat{\omega}_i\sqrt{1-\hat{\xi}_i^2}\end{cases} \tag{1.214}$$

下面利用上述正交性条件对状态方程进行解耦,令 $\boldsymbol{F}(t)=\boldsymbol{F}\mathrm{e}^{st}$,$\boldsymbol{x}(t)=\boldsymbol{X}\mathrm{e}^{st}$,其中 s 为复数 $s=\sigma+\mathrm{j}\omega$。那么

$$\begin{cases}\boldsymbol{y}(t) = \begin{bmatrix}\boldsymbol{x}(t)\\ \dot{\boldsymbol{x}}(t)\end{bmatrix} = \begin{bmatrix}\boldsymbol{X}\mathrm{e}^{st}\\ s\boldsymbol{X}\mathrm{e}^{st}\end{bmatrix} = \begin{bmatrix}\boldsymbol{X}\\ s\boldsymbol{X}\end{bmatrix}\mathrm{e}^{st} = \boldsymbol{Y}\mathrm{e}^{st}, \quad \boldsymbol{Y} = \begin{bmatrix}\boldsymbol{X}\\ s\boldsymbol{X}\end{bmatrix}\\ \boldsymbol{P}(t) = \begin{bmatrix}\boldsymbol{F}(t)\\ \boldsymbol{0}\end{bmatrix} = \begin{bmatrix}\boldsymbol{F}\mathrm{e}^{st}\\ \boldsymbol{0}\end{bmatrix} = \begin{bmatrix}\boldsymbol{F}\\ \boldsymbol{0}\end{bmatrix}\mathrm{e}^{st} = \boldsymbol{P}\mathrm{e}^{st}, \quad \boldsymbol{P} = \begin{bmatrix}\boldsymbol{F}\\ \boldsymbol{0}\end{bmatrix}\end{cases} \tag{1.215}$$

代入状态方程 $\boldsymbol{A}\dot{\boldsymbol{y}}+\boldsymbol{B}\boldsymbol{y}=\boldsymbol{0}$,整理得

$$s\boldsymbol{A}\boldsymbol{Y}+\boldsymbol{B}\boldsymbol{Y}=\boldsymbol{P} \tag{1.216}$$

做坐标变换,可得

$$\boldsymbol{Y} = \boldsymbol{\Gamma}\boldsymbol{z} = \sum_{i=1}^{N}\boldsymbol{\Gamma}_i\,z_i + \sum_{i=1}^{N}\boldsymbol{\Gamma}_i^*\,z_i^* \tag{1.217}$$

式中,$\boldsymbol{\Gamma}$ 如式(1.196)所示(注意 $\boldsymbol{\Gamma}$ 的前 N 个元素和后 N 个元素为共轭关系)。将 $\boldsymbol{Y}=\boldsymbol{\Gamma}\boldsymbol{z}$ 代入状态方程 $s\boldsymbol{A}\boldsymbol{Y}+\boldsymbol{B}\boldsymbol{Y}=\boldsymbol{P}$,得到

$$s\boldsymbol{A}\boldsymbol{\Gamma}\boldsymbol{z}+\boldsymbol{B}\boldsymbol{\Gamma}\boldsymbol{z}=\boldsymbol{P} \tag{1.218}$$

等号两边同时左乘 $\boldsymbol{\Gamma}^{\mathrm{T}}$ 得到

$$s\,\boldsymbol{\Gamma}^{\mathrm{T}}\boldsymbol{A}\boldsymbol{\Gamma}\boldsymbol{z}+\boldsymbol{\Gamma}^{\mathrm{T}}\boldsymbol{B}\boldsymbol{\Gamma}\boldsymbol{z}=\boldsymbol{\Gamma}^{\mathrm{T}}\boldsymbol{P} \tag{1.219}$$

注意,前面导出的正交性条件 $\boldsymbol{\Gamma}^{\mathrm{T}}\boldsymbol{A}\boldsymbol{\Gamma}=\mathrm{diag}(\boldsymbol{a})$ 和 $\boldsymbol{\Gamma}^{\mathrm{T}}\boldsymbol{B}\boldsymbol{\Gamma}=\mathrm{diag}(\boldsymbol{b})$,那么

$$[s\cdot\mathrm{diag}(\boldsymbol{a})+\mathrm{diag}(\boldsymbol{b})]\boldsymbol{z}=\boldsymbol{\Gamma}^{\mathrm{T}}\boldsymbol{P} \tag{1.220}$$

可求解出共轭模态坐标对 z_i 和 z_i^*,表示为

$$z_i = \frac{\boldsymbol{\Gamma}_i^{\mathrm{T}}\boldsymbol{P}}{sa_i+b_i} = \frac{\boldsymbol{\Gamma}_i^{\mathrm{T}}\boldsymbol{P}}{a_i(s-\lambda_i)}, \quad z_i^* = \frac{\boldsymbol{\Gamma}_i^{\mathrm{H}}\boldsymbol{P}}{a_i^*(s-\lambda_i^*)} \tag{1.221}$$

式(1.221)第一个式子中的第二个等号利用了关系 $\lambda_i=-\dfrac{b_i}{a_i}$。将上述结果代入 $\boldsymbol{Y}=\sum_{i=1}^{N}\boldsymbol{\Gamma}_i\,z_i+\sum_{i=1}^{N}\boldsymbol{\Gamma}_i^*\,z_i^*$,可得

$$\boldsymbol{Y} = \sum_{i=1}^{N}\left[\frac{\boldsymbol{\Gamma}_i\boldsymbol{\Gamma}_i^{\mathrm{T}}}{a_i(s-\lambda_i)} + \frac{\boldsymbol{\Gamma}_i^*\boldsymbol{\Gamma}_i^{\mathrm{H}}}{a_i^*(s-\lambda_i^*)}\right]\boldsymbol{P} \tag{1.222}$$

注意 $\boldsymbol{Y}$、$\boldsymbol{\Gamma}_i$ 和 $\boldsymbol{P}$ 的结构,即

$$\boldsymbol{Y}=\begin{bmatrix}\boldsymbol{X}\\ s\boldsymbol{X}\end{bmatrix}_{2N\times1},\quad \boldsymbol{\Gamma}_i=\begin{bmatrix}\boldsymbol{\Psi}_i\\ \widetilde{\lambda}_i\boldsymbol{\Psi}_i\end{bmatrix}_{2N\times1},\quad \boldsymbol{P}=\begin{bmatrix}\boldsymbol{F}\\ \boldsymbol{0}\end{bmatrix}_{2N\times1} \tag{1.223}$$

那么,取上面三个矩阵的前 N 行,由式(1.222) 可以导出

$$\boldsymbol{X}=\sum_{i=1}^{N}\left[\frac{\boldsymbol{\Psi}_i\boldsymbol{\Psi}_i^{\mathrm{T}}}{a_i(s-\lambda_i)}+\frac{\boldsymbol{\Psi}_i^*\boldsymbol{\Psi}_i^{\mathrm{H}}}{a_i^*(s-\lambda_i^*)}\right]\boldsymbol{F} \tag{1.224}$$

继而,可以得到系统的传递函数矩阵为

$$\boldsymbol{H}(s)=\sum_{i=1}^{N}\left[\frac{\boldsymbol{\Psi}_i\boldsymbol{\Psi}_i^{\mathrm{T}}}{a_i(s-\lambda_i)}+\frac{\boldsymbol{\Psi}_i^*\boldsymbol{\Psi}_i^{\mathrm{H}}}{a_i^*(s-\lambda_i^*)}\right] \tag{1.225}$$

式(1.225) 中令 $s=\mathrm{j}\omega$,即得到系统的频响函数矩阵为

$$\boldsymbol{H}(\omega)=\sum_{i=1}^{N}\left[\frac{\boldsymbol{\Psi}_i\boldsymbol{\Psi}_i^{\mathrm{T}}}{a_i(\mathrm{j}\omega-\lambda_i)}+\frac{\boldsymbol{\Psi}_i^*\boldsymbol{\Psi}_i^{\mathrm{H}}}{a_i^*(\mathrm{j}\omega-\lambda_i^*)}\right] \tag{1.226}$$

1.6.3　结构阻尼动力系统

考虑某自由度为 N 的结构阻尼动力系统,它在外荷载激励下发生受迫振动,其运动方程的一般形式可以写为

$$\boldsymbol{M}\ddot{\boldsymbol{x}}+\boldsymbol{K}\boldsymbol{x}+\mathrm{j}\boldsymbol{R}\boldsymbol{x}=\boldsymbol{F} \tag{1.227}$$

式中,$\boldsymbol{M}$、$\boldsymbol{K}$、$\boldsymbol{R}$ 分别为质量矩阵、刚度矩阵和结构阻尼矩阵,$\boldsymbol{x}$ 为结构振动的位移响应向量,$\boldsymbol{F}$ 为外部激励荷载向量,即

$$\boldsymbol{x}=[x_1\quad x_2\quad\cdots\quad x_N]^{\mathrm{T}},\quad \boldsymbol{F}=[f_1\quad f_2\quad\cdots\quad f_N]^{\mathrm{T}} \tag{1.228}$$

利用拉普拉斯变换可将上述结构振动微分方程转化为代数方程,即

$$(\boldsymbol{M}s^2+\boldsymbol{K}+\mathrm{j}\boldsymbol{R})\boldsymbol{X}(s)=\boldsymbol{F}(s) \tag{1.229}$$

式中,$\boldsymbol{X}(s)$、$\boldsymbol{F}(s)$ 分别为位移响应向量 $\boldsymbol{x}$ 和荷载向量 $\boldsymbol{F}$ 的拉普拉斯变换。引入矩阵 $\boldsymbol{G}$ 使得 $\boldsymbol{R}=\boldsymbol{G}\boldsymbol{K}$,此时 $\boldsymbol{K}+\mathrm{j}\boldsymbol{R}=(\boldsymbol{I}+\mathrm{j}\boldsymbol{G})\boldsymbol{K}$,并将 $(\boldsymbol{I}+\mathrm{j}\boldsymbol{G})\boldsymbol{K}$ 整体称为复刚度矩阵,那么式(1.229) 可以改写为

$$(\boldsymbol{M}s^2+(\boldsymbol{I}+\mathrm{j}\boldsymbol{G})\boldsymbol{K})\boldsymbol{X}(s)=\boldsymbol{F}(s) \tag{1.230}$$

令 $\boldsymbol{Z}(s)=(\boldsymbol{M}s^2+(\boldsymbol{I}+\mathrm{j}\boldsymbol{G})\boldsymbol{K})$,式(1.230) 可进一步简写为

$$\boldsymbol{Z}(s)\boldsymbol{X}(s)=\boldsymbol{F}(s) \tag{1.231}$$

$\boldsymbol{Z}(s)$ 也被称为系统的位移阻抗矩阵,$\boldsymbol{Z}(s)$ 的逆矩阵即为系统的传递函数矩阵,记为

$$\boldsymbol{H}(s)=\boldsymbol{Z}^{-1}(s)=(\boldsymbol{M}s^2+(\boldsymbol{I}+\mathrm{j}\boldsymbol{G})\boldsymbol{K})^{-1} \tag{1.232}$$

若用 $\mathrm{j}\omega$ 替换传递函数矩阵中的 s,则可得到系统的频响函数,表示为

$$\boldsymbol{H}(\omega)=((\boldsymbol{I}+\mathrm{j}\boldsymbol{G})\boldsymbol{K}-\omega^2\boldsymbol{M})^{-1} \tag{1.233}$$

与黏滞阻尼动力系统相类似,结构阻尼动力系统运动方程的解向量也具有正交性,具体为

$$\boldsymbol{\psi}^{\mathrm{T}}\boldsymbol{M}\boldsymbol{\psi}=\overline{\boldsymbol{M}}_r \tag{1.234}$$

$$\boldsymbol{\psi}^{\mathrm{T}}(\boldsymbol{I}+\mathrm{j}\boldsymbol{G})\boldsymbol{K}\boldsymbol{\psi}=\overline{\boldsymbol{K}}_r \tag{1.235}$$

式中，$\boldsymbol{\psi}$ 为复特征向量矩阵。令 $\widetilde{\boldsymbol{\psi}}_r=\dfrac{1}{\sqrt{\boldsymbol{M}_r}}\boldsymbol{\psi}_r$，那么上述正交性条件等价变为

$$\widetilde{\boldsymbol{\psi}}^{\mathrm{T}}\boldsymbol{M}\widetilde{\boldsymbol{\psi}}=\boldsymbol{I} \tag{1.236}$$

$$\widetilde{\boldsymbol{\psi}}^{\mathrm{T}}(\boldsymbol{I}+\mathrm{j}\boldsymbol{G})\boldsymbol{K}\widetilde{\boldsymbol{\psi}}=\mathrm{diag}(\lambda_r^2) \tag{1.237}$$

式中

$$\lambda_r^2=\frac{\overline{\boldsymbol{K}}_r}{\overline{\boldsymbol{M}}_r}=(1+\mathrm{j}g_r)\omega_r^2 \tag{1.238}$$

下面利用正交性条件对频响函数进行变形。首先，将式(1.233)所示的频响函数改写为

$$\boldsymbol{H}^{-1}(\omega)=[(\boldsymbol{I}+\mathrm{j}\boldsymbol{G})\boldsymbol{K}-\omega^2\boldsymbol{M}] \tag{1.239}$$

继而可以变形为

$$\begin{aligned}\widetilde{\boldsymbol{\psi}}^{\mathrm{T}}\boldsymbol{H}^{-1}(\omega)\widetilde{\boldsymbol{\psi}}&=\widetilde{\boldsymbol{\psi}}^{\mathrm{T}}((\boldsymbol{I}+\mathrm{j}\boldsymbol{G})\boldsymbol{K}-\omega^2\boldsymbol{M})\widetilde{\boldsymbol{\psi}}\\&=\widetilde{\boldsymbol{\psi}}^{\mathrm{T}}(\boldsymbol{I}+\mathrm{j}\boldsymbol{G})\boldsymbol{K}\widetilde{\boldsymbol{\psi}}-\omega^2\,\widetilde{\boldsymbol{\psi}}^{\mathrm{T}}\boldsymbol{M}\widetilde{\boldsymbol{\psi}}\end{aligned} \tag{1.240}$$

利用式(1.236)和式(1.237)所示的正交性条件，式(1.240)可以化简为

$$\widetilde{\boldsymbol{\psi}}^{\mathrm{T}}\boldsymbol{H}^{-1}(\omega)\widetilde{\boldsymbol{\psi}}=\mathrm{diag}(\lambda_r^2-\omega^2) \tag{1.241}$$

那么

$$\boldsymbol{H}(\omega)=\widetilde{\boldsymbol{\psi}}\mathrm{diag}((\lambda_r^2-\omega^2)^{-1})\,\widetilde{\boldsymbol{\psi}}^{\mathrm{T}} \tag{1.242}$$

利用该等式可以提取频响函数矩阵中的元素 $\boldsymbol{H}_{lp}(\omega)$，表示为

$$\begin{aligned}\boldsymbol{H}_{lp}(\omega)&=\sum_{r=1}^{N}\frac{\psi_{lr}\psi_{pr}}{\boldsymbol{M}_r[(1+\mathrm{j}g_r)\omega_r^2-\omega^2]}\\&=\sum_{r=1}^{N}\frac{1}{M_{er}[\omega_r^2-\omega^2+\mathrm{j}g_r\omega_r^2]}\\&=\sum_{r=1}^{N}\frac{1}{K_{er}[(1-\bar{\omega}_r^2)+\mathrm{j}g_r]}\end{aligned} \tag{1.243}$$

【例 1.6】 采用复模态理论求解例 6，假设系统为小阻尼，阻尼模型为瑞利阻尼。

解 $\boldsymbol{M}=\begin{bmatrix}100 & 0\\0 & 30\end{bmatrix},\quad \boldsymbol{C}=\begin{bmatrix}4 & -3\\-3 & 3\end{bmatrix},\quad \boldsymbol{K}=\begin{bmatrix}30\,000 & -5\,000\\-5\,000 & 5\,000\end{bmatrix}$ (1.244)

$$\boldsymbol{A}=\begin{bmatrix}\boldsymbol{C} & \boldsymbol{M}\\\boldsymbol{M} & \boldsymbol{0}\end{bmatrix},\quad \boldsymbol{B}=\begin{bmatrix}\boldsymbol{K} & \boldsymbol{0}\\\boldsymbol{0} & -\boldsymbol{M}\end{bmatrix} \tag{1.245}$$

根据$(s\boldsymbol{A}+\boldsymbol{B})\begin{bmatrix}\boldsymbol{\psi}\\ s\boldsymbol{\psi}\end{bmatrix}=\boldsymbol{0}$可得，特征方程为$|s\boldsymbol{A}+\boldsymbol{B}|=\boldsymbol{0}$，将已知数据代入特征方程并展开，得到

$$\begin{bmatrix}s\boldsymbol{C}+\boldsymbol{K} & s\boldsymbol{M}\\ s\boldsymbol{M} & -\boldsymbol{M}\end{bmatrix}\begin{bmatrix}\boldsymbol{\psi}\\ s\boldsymbol{\psi}\end{bmatrix}=\boldsymbol{0}\Rightarrow(s\boldsymbol{C}+\boldsymbol{K}+s^2\boldsymbol{M})\boldsymbol{\psi}=\boldsymbol{0} \tag{1.246}$$

$$|s\boldsymbol{C}+\boldsymbol{K}+s^2\boldsymbol{M}|=\boldsymbol{0}$$

$$\Leftrightarrow 3\,000s^4+420s^3+1\,400\,003s^2+80\,000s+125\,000\,000=0 \tag{1.247}$$

即

$$s^4+\frac{7}{50}s^3+\frac{1\,400\,003}{3\,000}s^2+\frac{80}{3}s+\frac{125\,000}{3}=0 \tag{1.248}$$

求解该方程得到两对共轭复根分别为

$$\begin{cases}s_1=-0.021\,730\,331\,495\,664\,6+10.967\,940\,941\,817\,9\mathrm{j}\\ s_2=-0.048\,269\,668\,504\,335\,4+18.610\,882\,309\,328\,2\mathrm{j}\\ s_3=s_1^*=-0.021\,730\,331\,495\,664\,6-10.967\,940\,941\,817\,9\mathrm{j}\\ s_4=s_2^*=-0.048\,269\,668\,504\,335\,4-18.610\,882\,309\,328\,2\mathrm{j}\end{cases} \tag{1.249}$$

将$s_1=-0.021\,730\,331\,495\,664\,6+10.967\,940\,941\,817\,9\mathrm{j}$，$\boldsymbol{\psi}_1=\begin{bmatrix}1+\alpha_1\mathrm{j}\\ 1+\beta_1\mathrm{j}\end{bmatrix}$，代入方程$(s\boldsymbol{C}+\boldsymbol{K}+s^2\boldsymbol{M})\boldsymbol{\psi}=\boldsymbol{0}$，求解得到

$$\alpha_1=-106.264\,371\,7,\quad \beta_1=-381.934\,706\,1 \tag{1.250}$$

即

$$\boldsymbol{\psi}_1=\begin{bmatrix}1-106.264\,371\,7\mathrm{j}\\ 1-381.934\,706\,1\mathrm{j}\end{bmatrix} \tag{1.251}$$

将$s_2=-0.048\,269\,668\,504\,335\,4+18.610\,882\,309\,328\,2\mathrm{j}$，$\boldsymbol{\psi}_2=\begin{bmatrix}1+\alpha_2\mathrm{j}\\ 1+\beta_2\mathrm{j}\end{bmatrix}$，代入方程$(s\boldsymbol{C}+\boldsymbol{K}+s^2\boldsymbol{M})\boldsymbol{\psi}=0$，求解得到

$$\alpha_2=180.319\,754\,1,\quad \beta_2=-167.245\,908\,6 \tag{1.252}$$

即

$$\boldsymbol{\psi}_2=\begin{bmatrix}1+180.319\,754\,1\mathrm{j}\\ 1-167.245\,908\,6\mathrm{j}\end{bmatrix} \tag{1.253}$$

故

$$\boldsymbol{\psi}=[\boldsymbol{\psi}_1\quad \boldsymbol{\psi}_2\quad \bar{\boldsymbol{\psi}}_1\quad \bar{\boldsymbol{\psi}}_2]^{\mathrm{T}}$$

$$=\begin{bmatrix}1-106.2643717\text{j} & 1-381.9347061\text{j}\\ 1+180.3197541\text{j} & 1-167.2459086\text{j}\\ 1+106.2643717\text{j} & 1+381.9347061\text{j}\\ 1-180.3197541\text{j} & 1+167.2459086\text{j}\end{bmatrix} \tag{1.254}$$

注意,以上求解得到的复特征向量可统一用以下矩阵形式表示

$$\boldsymbol{\eta}=\begin{bmatrix}\boldsymbol{\psi}\\ \boldsymbol{\psi}\text{diag}(s_i)\end{bmatrix},\quad i=1,2,\cdots,2n \tag{1.255}$$

由正交性条件

$$\boldsymbol{\eta}^{\mathrm{T}}\boldsymbol{A\eta}=\text{diag}(a_i) \tag{1.256}$$

可得

$$\begin{cases}a_1=(0.009688757173411-1.207620188550450\text{j})\times 10^8\\ a_2=(-0.009688757184681-1.522587924406283\text{j})\times 10^8\\ a_3=a_1^*=(0.009688757173411+1.207620188550450\text{j})\times 10^8\\ a_4=a_2^*=(-0.009688757184681+1.522587924406283\text{j})\times 10^8\end{cases} \tag{1.257}$$

基于复模态理论,一般黏性阻尼动力系统的频响函数矩阵为

$$\boldsymbol{H}(\omega)=\sum_{i=1}^{n}\left[\frac{\boldsymbol{\psi}_i\boldsymbol{\psi}_i^{\mathrm{T}}}{a_i(\text{j}\omega-s_i)}+\frac{\bar{\boldsymbol{\psi}}_i\boldsymbol{\psi}_i^{\mathrm{H}}}{a_i^*(\text{j}\omega-s_i^*)}\right] \tag{1.258}$$

即

$$H_{sr}(\omega)=\sum_{i=1}^{n}\left[\frac{\psi_{ri}\psi_{si}}{a_i(\text{j}\omega-s_i)}+\frac{\bar{\psi}_{ri}\bar{\psi}_{si}}{a_i^*(\text{j}\omega-s_i^*)}\right]$$

$$(r=1,2,\cdots,n;s=1,2,\cdots,n) \tag{1.259}$$

限于篇幅,仅给出 $H_{11}(\omega)$ 的具体计算结果,$H_{12}(\omega)$、$H_{21}(\omega)$ 和 $H_{22}(\omega)$ 可以按相似的方法计算得到

$$\begin{aligned}H_{11}(\omega)&=\frac{\psi_{11}\psi_{11}}{a_1(\text{j}\omega-s_1)}+\frac{\psi_{12}\psi_{12}}{a_2(\text{j}\omega-s_2)}+\frac{\bar{\psi}_{11}\bar{\psi}_{11}}{a_1^*(\text{j}\omega-s_1^*)}+\frac{\bar{\psi}_{12}\bar{\psi}_{12}}{a_2^*(\text{j}\omega-s_2^*)}\\ &=\frac{(0.1009688940-9.350700705\text{j})\times 10^{-5}}{\text{j}\omega+0.0217303314956646-10.9679409418179\text{j}}+\\ &\quad\frac{(-0.1009688939-21.35521468\text{j})\times 10^{-5}}{\text{j}\omega+0.0482696685043354-18.6108823093282\text{j}}+\\ &\quad\frac{(0.1009688940+9.350700705\text{j})\times 10^{-5}}{\text{j}\omega+0.0217303314956646+10.9679409418179\text{j}}+\\ &\quad\frac{(-0.1009688939+21.35521468\text{j})\times 10^{-5}}{\text{j}\omega+0.0482696685043354+18.6108823093282\text{j}}\end{aligned} \tag{1.260}$$

图 1.18 给出了该系统的复模态频响函数特性曲线。

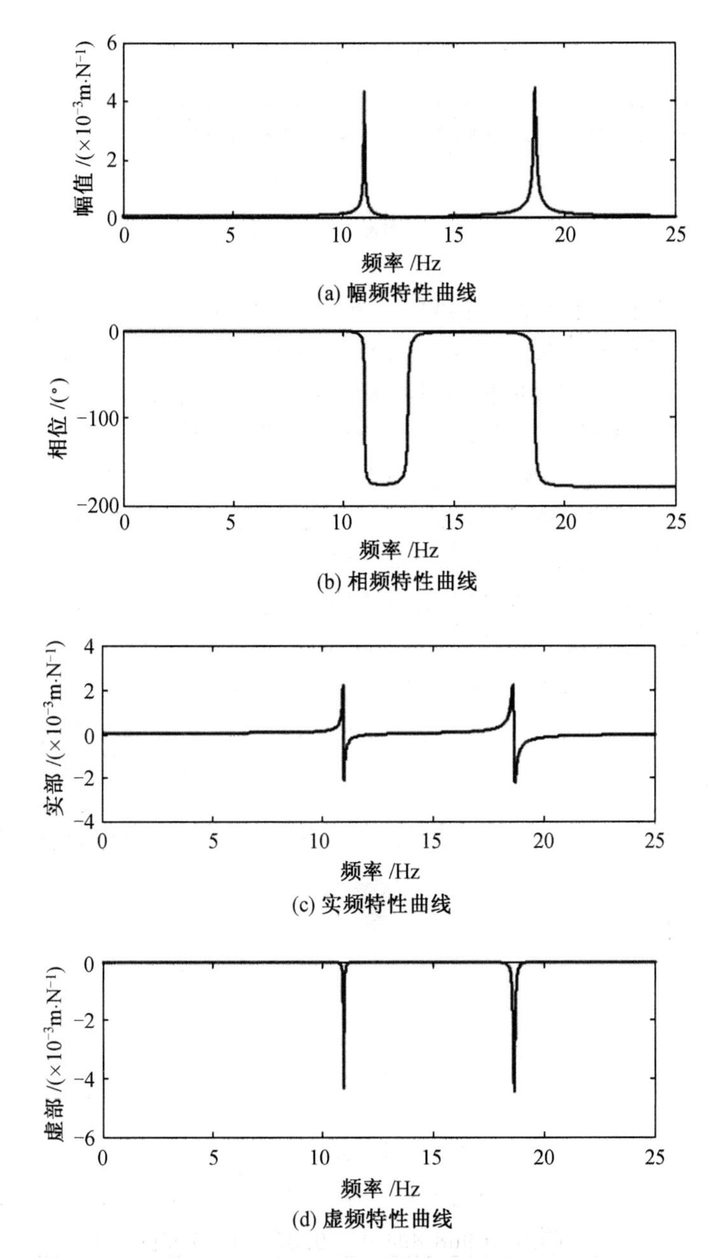

图 1.18　复模态频响函数特性曲线

第2章　结构实验模态测试技术

2.1　概　　述

结构模态分析是根据结构的频率、振型和阻尼等固有属性来描述结构动力特性的方法。马萨诸塞大学(University of Massachusetts Lowell)洛厄尔分校Avitabile教授以简单平板的振动模态来解释结构实验模态分析的基本概念。这里参考Avitabile教授的方式,用一悬臂梁来说明实验模态分析。考虑一个悬臂梁,在单点施加一个固定频率和幅值的正弦荷载激励,如图2.1所示。改变力的振荡频率,但不改变力的幅值,另在悬臂梁端点安装一加速度传感器测量激励引起的响应。注意到,当改变输入力的振荡频率时,悬臂梁响应幅值也发生变化。在频率升高的过程中,不同时刻点上,悬臂梁响应幅值有增也有减。当施加的力的振荡频率越来越接近于悬臂梁固有频率(或共振频率)时,响应增大;当振荡频率为平板固有频率时,响应达到最大值。

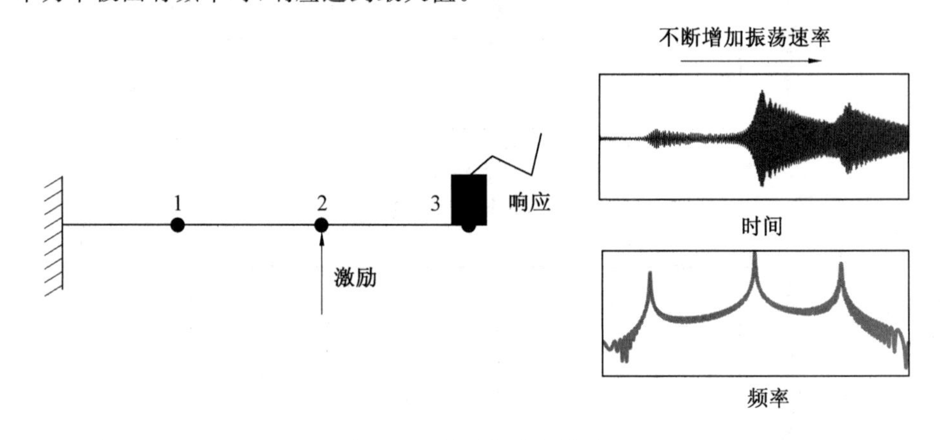

图2.1　悬臂梁模态测试

如果利用快速傅里叶变换将激励和响应变换到频域,则可以求得所谓的频响函数。如果将时域波形和频响函数图形叠加在一起,如图2.2所示,就可发现当时域波形达到最大值时悬臂梁的振动频率与频响函数峰值处的频率相一致。所以,既可以利用响应时域波形结合激励频率来确定振动幅值达到最大值处的悬臂梁固有频率,也可以利用频响函数来确定固有频率。显然,利用频响函数更方便。

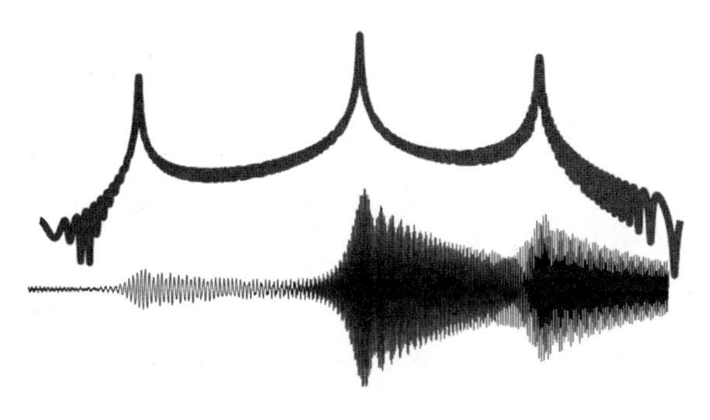

图 2.2　时域波形和频响函数

在此基础上，进一步探究每个固有频率处结构的变形形式，测量不同频率激励下的悬臂梁响应幅值。图 2.3 所示为按某一阶系统固有频率激励时，得到的悬臂梁振动模态的三种变形形式。这些变形形式称为结构的模态振型。

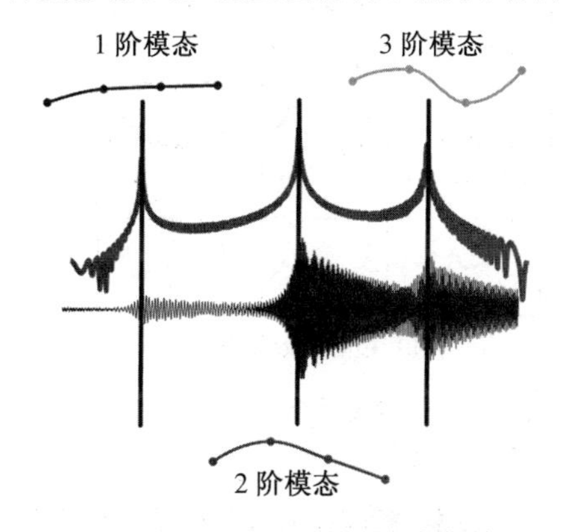

图 2.3　悬臂梁振动模态

所有结构都具有固有频率和模态振型，从本质上讲，这些特性依赖于结构的质量和刚度，作为设计工程师，需要确定这些频率，并且需要知道当外力激励结构时，它们是如何影响结构响应的。理解模态振型和受激结构如何振动，将有助于设计出更优的结构。

实验模态分析是描述、理解和模拟结构动态特性的有效工具。它既可以用来确定结构的固有频率和振型，也可以用来验证和校准有限元模型。实验模态分析的核心是通过已知的激励激起实验模型的响应，通过测量激励和响应信号获得频率响应函数。图 2.4 所示为悬臂梁模型频响函数测试，可以通过实验测试得到 9 个频响函数。

以上内容简单介绍实验模态分析的概念，下面从模态测试系统包括激励系统和测量系统，激振器实验和力锤实验等方面介绍实验条件下模态测试的基本知识。

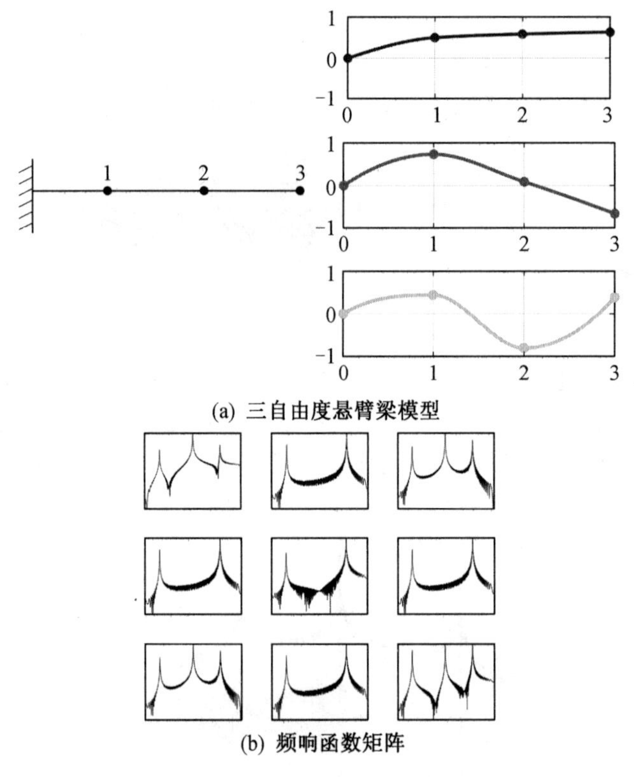

(a) 三自由度悬臂梁模型

(b) 频响函数矩阵

图 2.4 悬臂梁模型频响函数测试

2.2 结构模态测试系统介绍

结构模态测试系统主要包括激励系统、测量系统与数据采集系统。① 激励系统主要是激起结构的振动响应。激励方式有人工激励与自然激励，人工激励的主要设备有激振器、力锤，其中激振器一般需要配合功率放大器一起使用；自然激励则依靠环境荷载，激励信号不可测，往往只能得到响应信号。② 测量系统主要设备是传感器，在结构模态测试中，一般测量结构的加速度响应，因此常用加速度传感器。③ 数据采集系统主要作用是采集记录信号，并将模拟信号转化成计算机能处理的数字信号。曹树谦等人在《振动结构模态分析——理论、实验与应用》中对模态实验测试传感器、数据采集设备、实验过程等进行了详细的介绍。这里主要介绍实验模态测试的基本内容，数据采集设备等指标参数不再详述。

2.2.1　激励系统

采用激振器进行激励时，必须根据实验目的、被测结构的特点、测试环境、现有仪器条件、测试精度等诸多方面选用合适的激励信号。有时需要选择几种激励方式进行测试，以确定最优激励信号。激振器常用的激励信号分为纯随机信号、伪随机信号、正弦扫频信号、猝发随机信号和数字步进正弦信号。

(1) 纯随机信号。

纯随机信号又称白噪声信号，理论上的纯随机信号是具有高斯分布的白噪声，在整个时间历程上都是随机的，不具有周期性。理想的白噪声在频域上表现为一条平直的直线，包含 0 ～+∞ 的频率成分，且任何频率成分所包含的能量相等。但是，实际中没有理想的白噪声，都是在一定频率范围内具有高斯分布的平直谱特性的宽带随机信号。如图 2.5 所示，就是计算机产生的频率成分在 0 ～ 100 Hz 的白噪声信号。

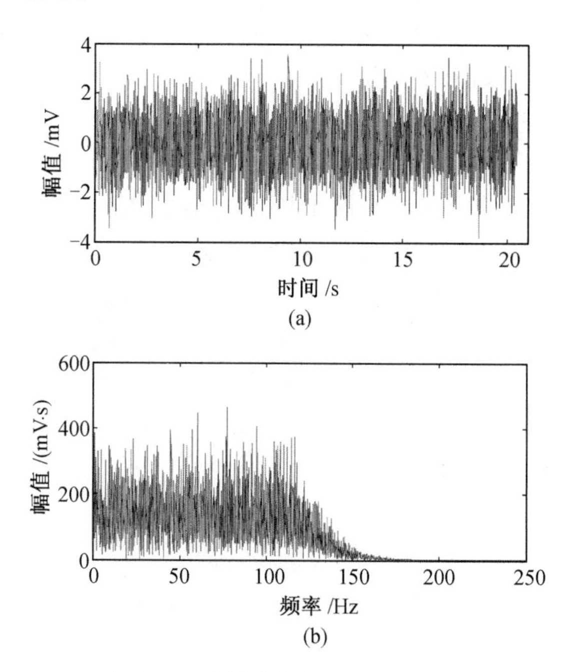

图 2.5　白噪声信号(0 ～ 100 Hz)

(2) 伪随机信号。

伪随机信号指感兴趣的频带内的一组频率谱线通过逆快速傅里叶变换到时域产生的激励信号，如图 2.6 所示。

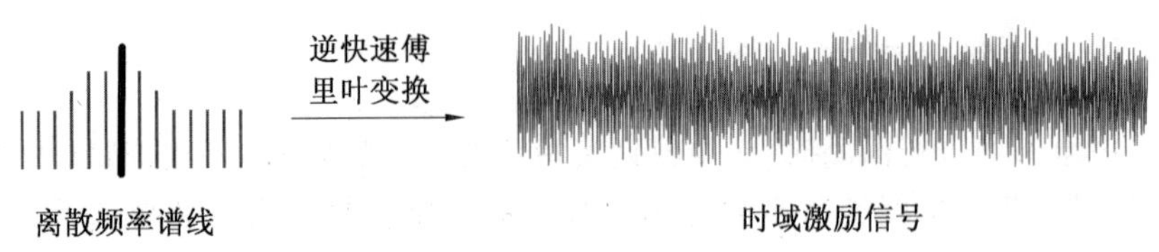

图 2.6　伪随机信号

(3) 正弦扫频信号。

在一个选定的时间周期内，正弦扫频信号的频率按照一定的扫频方式由某个值迅速增至另一个值，实现激励信号的宽频变化。这一变化的频带即为系统固有频率的范围。快速正弦扫频有两种方式，即线性扫频和对数扫频，其中，线性扫频为信号频率以线性规律增加的信号，对数扫频为信号频率以对数增长规律增加的信号。图 2.7 所示为快速正弦扫频信号。

(4) 猝发随机激励信号。

猝发随机激励是实验模态测试最常用的激励技术之一，也是绝大多数激振器模态实验采用的方法。猝发随机激励信号表示为一部分数据块在一定时间内生成的随机激励信号，如图 2.8 所示。

(5) 数字步进正弦信号。

数字步进正弦信号是模态实验最早采用的一种激励信号，通过缓慢改变正弦信号的频率，可以激发出系统的各阶主振动。优点是能量集中在单一频率上，测量信号具有很高的信噪比，因而测试精度很高。缺点是需逐个测量各个频率点上的稳态响应，测试周期长。数字步进正弦信号如图 2.9 所示。

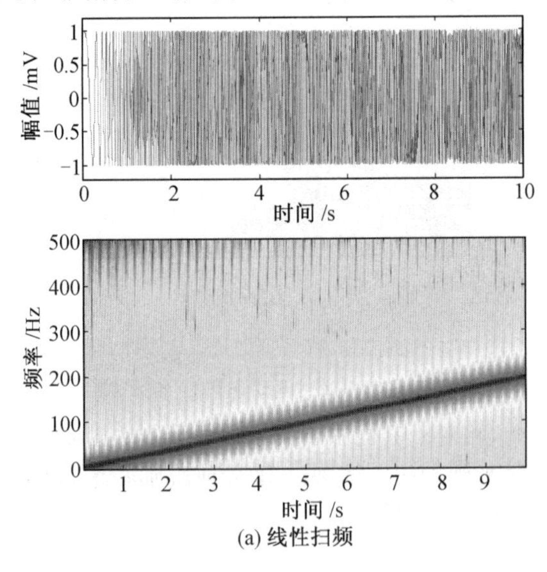

(a) 线性扫频

图 2.7　快速正弦扫频信号

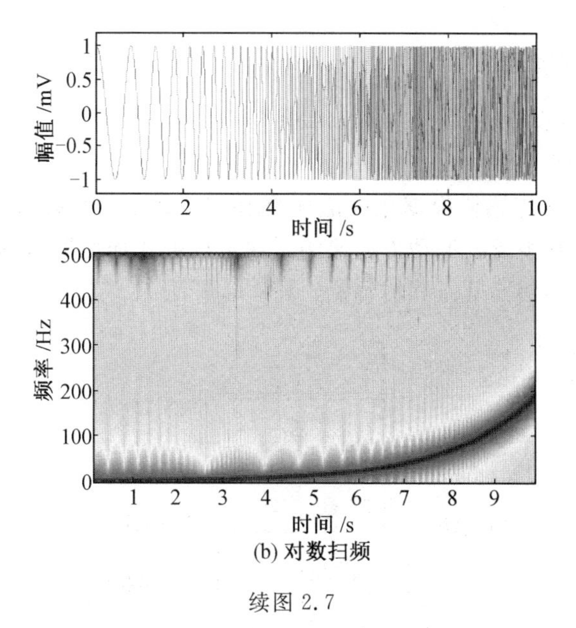

续图 2.7

施加激励　激励停止

图 2.8　猝发随机激励信号

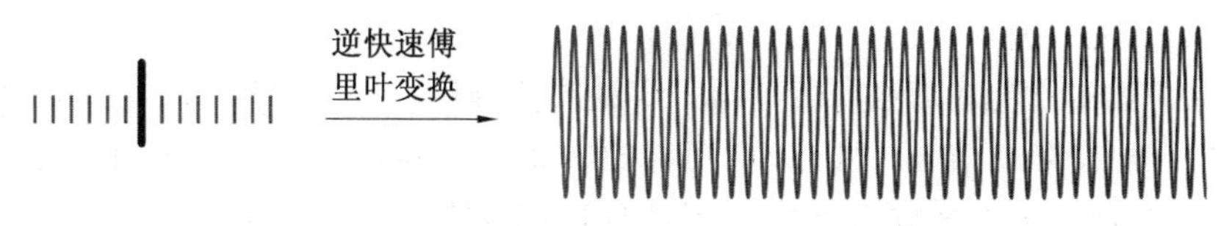

图 2.9　数字步进正弦信号

以上介绍了不同类型的激励信号，实际应用时还需要根据结构的特点合理选择。对于任一结构，相对于其他激励技术而言，总会选取出一种最佳的激励技术以提供效果最好的激励。因此需要比较多种激励技术，以确定哪种激励技术最合适。

2.2.2 测量系统

1. 压电式加速度传感器

(1) 工作原理。

压电式加速度传感器根据压电晶体具有压电效应的特性制成,使得传感器的电信号输出与其承受的振动力成比例。通常压电式加速度传感器包括压电晶体、振动质量块、传感器基座和传感器外壳4部分,压电式加速度传感器基本构成如图2.10所示。

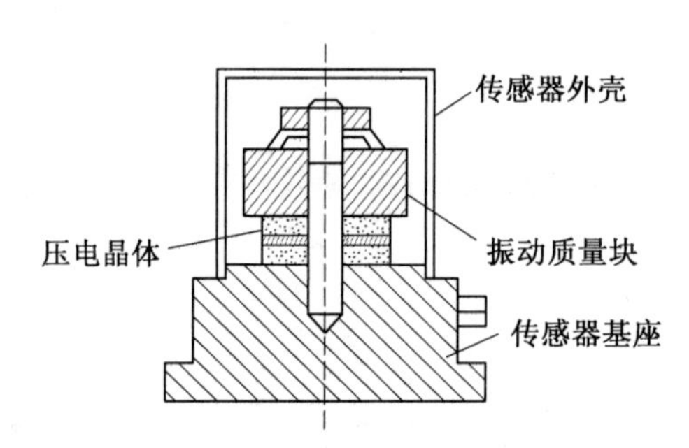

图2.10 压电式加速度传感器基本构成

根据输出信号不同,可将压电式加速度传感器分为电荷输出压电式加速度传感器和电压输出压电式加速度传感器。其中电荷输出压电式加速度传感器内部压电元件为压电陶瓷或压电石英,需要外接电荷放大器将高阻抗电荷信号转换为低阻抗电压信号提供给后续的数据采集系统;电压输出压电式加速度传感器则是将传统压电式加速度传感器和电荷放大器集于一体,直接输出低阻抗电压信号,与后续的信号采集系统相连。

(2) 性能特点。

电荷输出压电式加速度传感器工作温度范围广、可测量频率和幅值范围广,但不适合测量静态信号。此外,电荷输出压电式加速度传感器需要外接电荷放大器,且传感器和电荷放大器间需用低噪声同轴电缆连接。此外信号传输过程中容易受电缆移动、电磁干扰和无线电干扰的影响。

与电荷输出压电式加速度传感器相比,电压输出压电式加速度传感器具有低阻抗输出、抗干扰、噪声小、稳定可靠、性能价格比高、安装方便和可以进行长电缆传输等优点。但其工作温度范围小于电荷输出压电式加速度传感器(最高可达120 ℃)。

2. 压阻式加速度传感器

(1) 工作原理。

压阻式加速度传感器内部包括一个单晶硅悬臂梁、梁自由端的质量块和粘贴在悬臂梁上下表面的电阻应变片。电阻应变片组成惠斯通电桥。质量块和单晶硅悬臂梁的周围填充硅油等阻尼液来提供必要的阻尼力，压阻式加速度传感器基本构成如图 2.11 所示。被测物的振动将引起与其固定的传感器基座的振动，传感器基座又通过悬臂梁将振动传递给质量块，质量块的振动使得悬臂梁产生变形从而引起电阻应变片的电阻值变化，由电阻应变片组成的惠斯通电桥会产生与加速度成比例的电压输出信号，从而实现对振动的测量。

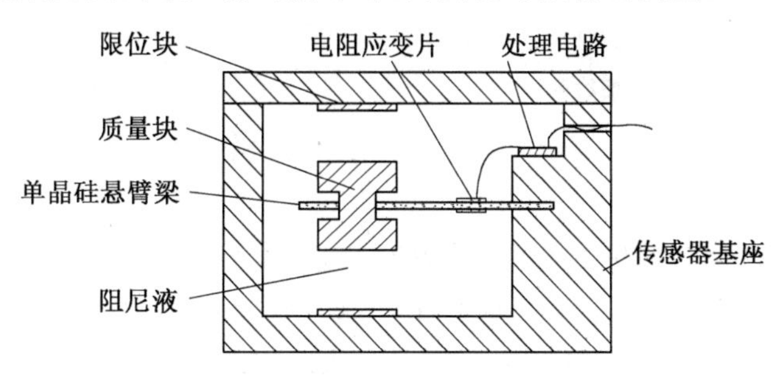

图 2.11　压阻式加速度传感器基本构成

(2) 性能特点。

压阻式加速度传感器的一个显著优点是可以测量低频振动信号，因此特别适合长期以中低频率振动的结构测试。

3. 差动电容力平衡式加速度传感器

(1) 工作原理。

差动电容力平衡式加速度传感器是目前发展比较成熟的一种低频振动传感器，它通过 3 块电容极板组成两个具有反向变化的可变电容，通过极板间距变化来改变电容值，并通过电子电路提取电容变化值，用以测量加速度等机械量。机械运动部件位移代表传感器安装位置的运动位移，通过一组差动电容转换为电量变化，通过高频载波电路、低频检波电路转化为低频电压输出。因此，该输出电压代表运动加速度。差动电容力平衡式加速度传感器机械结构如图 2.12 所示，其主要由磁钢、磁铁、反馈线圈和中间极板、上极板、下极板等部件组成。

(2) 性能特点。

差动电容力平衡式加速度传感器适合测量低频小幅值的振动信号，因此被广泛应用于周期较长的大跨度桥梁、大跨空间等结构的模态测试中。在实际工程的结构健康监测中，差动电容力平衡式加速度传感器是普遍应用的振动测试传感器。

4. 加速度传感器重要技术参数

(1) 幅值范围。

加速度传感器的振动测量幅值范围应根据被测结构的振动幅值来确定。

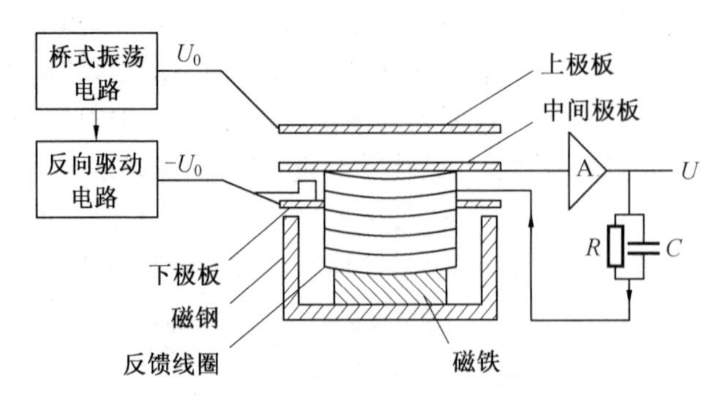

图 2.12　差动电容力平衡式加速度传感器机械结构

(2) 灵敏度。

应尽量选择灵敏度较高的加速度传感器,以提高其测量信号的信噪比;对于单向加速度传感器,应选择横向振动响应(传感器垂直振动方向的输出)小的产品,通常小于 5% 横向灵敏度系数即可满足大跨空间结构的健康监测需要。

(3) 频率范围。

加速度传感器的测量频率范围应包括被测结构全部模态频率,对于频率很低的结构如大跨空间结构可选择直流响应加速度传感器。选择加速度传感器频率范围还应同时兼顾传感器的灵敏度,通常频率范围较低的加速度传感器较不容易受振动噪声干扰并具有较高的灵敏度。

(4) 质量。

在结构实验模态测试时,应根据结构的特点,考虑加速度传感器质量的影响。加速度传感器本身的质量应远小于被测结构质量,以避免由于加速度传感器附加质量引起结构动态特性改变。因此当测量轻质结构时,应选择质量轻的加速度传感器。

(5) 工作温度范围。

应依照被测结构工作温度范围选用合适的加速度传感器,通常压电式加速度传感器工作温度范围为 $-50 \sim 150$ ℃,高温压电式加速度传感器最高工作温度可达 480 ℃。

(6) 传感器、接口和导线电缆封装。

加速度传感器外壳应尽量选择不锈钢或其他耐久性好的合金材料,并且对于长期监测系统中的加速度传感器还应外加保护罩。传感器接口及导线电缆也应采取很好的密封和保护措施以保证加速度信号测量的准确性。

(7) 安装。

加速度传感器可采用螺栓连接、黏结和磁铁黏结的方式固定在被测结构表面,在安装前应保证安装面的干净、光滑,以保证加速度传感器的安装质量。

(8) 导线选择及长度限制。

加速度传感器信号传输导线类型应与传感器类型匹配,如电压输出压电式加速度传感器应连接两芯电缆。导线长度也受加速度传感器类型的限制,如电荷输出压电式加速度传感器连接导线不宜过长,以避免信号衰减和噪声干扰;但电压输出压电式加速度传感器由于其输出电压很大,因此导线可以很长。

2.3　激振器实验

激振器实验是模态实验的主要形式,激励信号易于控制,测试速度快,广泛应用于结构实验模态测试。图 2.13 所示为单输入单输出激振器实验系统框图。激励信号由信号发生器发生,然后通过功率放大器放大信号能量,通过力传感器传到结构上,力传感器一般安装在激振器的顶杆与结构之间。布置在结构上的加速度传感器测量结构的振动信号,通过信号放大器和数据采集仪,将数据采集到计算机中。

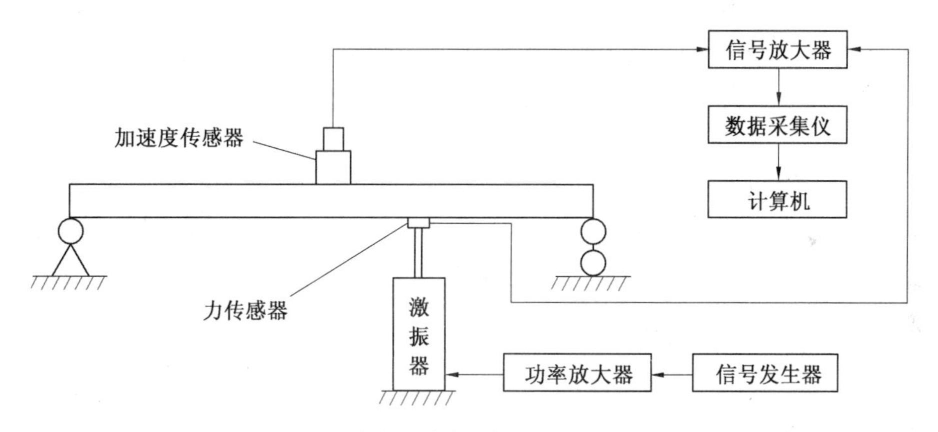

图 2.13　单输入单输出激振器实验系统框图

激振器实验需注意的几点问题。

(1) 激振器的支撑方式。

为使激振器产生的激振力能够有效地施加到结构上,应考虑测试结构的动态特性、激振器的动态特性、激振器的安装条件等众多因素。按照固定形式划分,激振器的支撑方式主要有刚性固定在基础上、弹性固定在基础上和弹性固定在实验结构上 3 种。

(2) 激振器与结构直接的连接方式。

激振器顶杆与结构之间一般都安装力传感器,此外,为保证实现单点激励,即保证在单一方向施加激振力,宜在激振器顶杆和力传感器之间加以细长的推力杆。

(3) 激振点的选择。

进行单点激励实验时，选择激振点应以能有效地激起各阶模态为原则。显然，如果激振点刚好选在结构某阶模态的节点上，则该阶模态不能被激发，即使激振点在节点附近，该阶模态的振动信号也很弱，所以应避免将激励点选在模态节点上。

2.4 力锤激励实验

力锤激励实验是单输入单输出或单输入多输出模态实验的主要方法之一，与激振器实验相比，其突出的优点是激振设备简单，对激振点的选择可以更加随意，特别适合现场测试。力锤激励实验测试系统框图如图 2.14 所示。

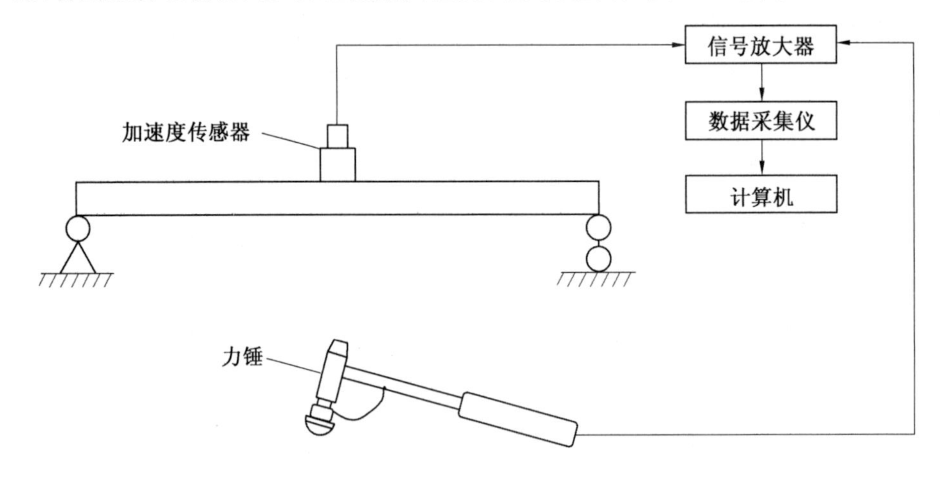

图 2.14 力锤激励实验测试系统框图

(1) 力锤。

力锤包括锤帽、力传感器、锤体以及锤柄，前端力传感器用以测量冲击激励信号，力锤示意图如图 2.15 所示。除锤体和锤柄外，其余部分均可更换。

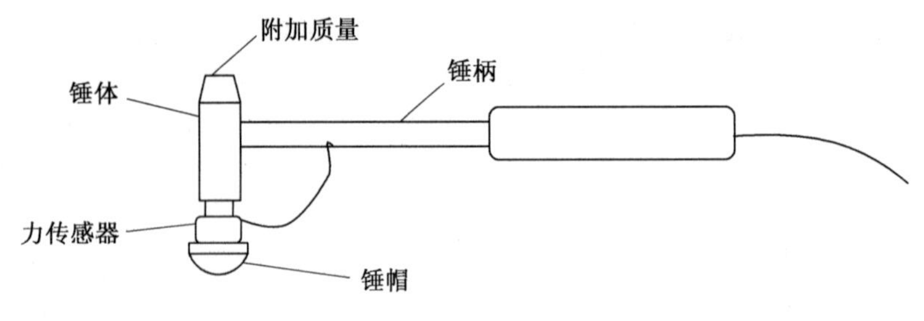

图 2.15 力锤示意图

(2) 力锤激励实验中的能量输入。

力锤激励是一种脉冲信号，理想的脉冲信号即为狄克拉 δ 函数，其频谱为一水平直线，包含所有的频率成分。但现实中无法激励出理想脉冲信号，冲击信号为有限宽度和高度的脉冲信号。

传统的冲击实验要靠手工完成，能量的控制与操作者的经验有很大的关系。因此在冲击实验中，最重要的是要保证冲击信号的质量，一般有经验的实验者都会进行多次实验，即锤击多次，然后对得到的频响函数曲线进行平均处理，降低实验的误差和噪声的影响。

力锤中，锤帽的材质通常有钢、铝、尼龙、橡胶等，还有充气锤帽等数种。3 种不同刚度的锤帽测得的时间历程和冲击力曲线谱示意图如图 2.16 所示。在实验中根据结构类型与实验目的来选择锤帽。

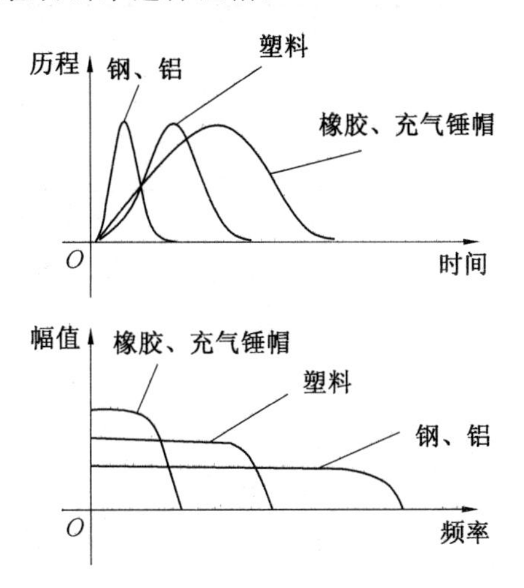

图 2.16　不同材质锤帽冲击力曲线谱示意图

下面通过一个悬臂梁的模拟的例子，说明力锤激励实验得到频响函数之后，如何进一步得到模态参数。

【例 2.1】　如图 2.17(a) 所示悬臂梁，有 3 个测量位置与力锤作用位置，对 $i(i=1,2,3)$ 点锤击，测量 $j(j=1,2,3)$ 点处的频响函数 $H_{j,i}(\omega)$，将其虚部图画在 j 行 i 列处，得到如图 2.17(b) 所示 9 张图，请画出其前三阶模态振型。

解　从图中频响曲线的峰值即可得到各阶频率，按照第 1 章介绍的半功率带宽的方法即可得到阻尼比，这里不再具体说明。此处主要说明如何得到振型。

图中第 3 行的 3 张图，将每张图中的第 1 阶频率对应的频响曲线峰值连线，即可得第 1 阶模态振型，如图 2.18 所示。

第 3 行的 3 张图，将每张图中的第 2 阶频率对应的频响曲线峰值连线，即可得第 2 阶模态振型，如图 2.19 所示。

同理可得第 3 阶模态振型，如图 2.20 所示。

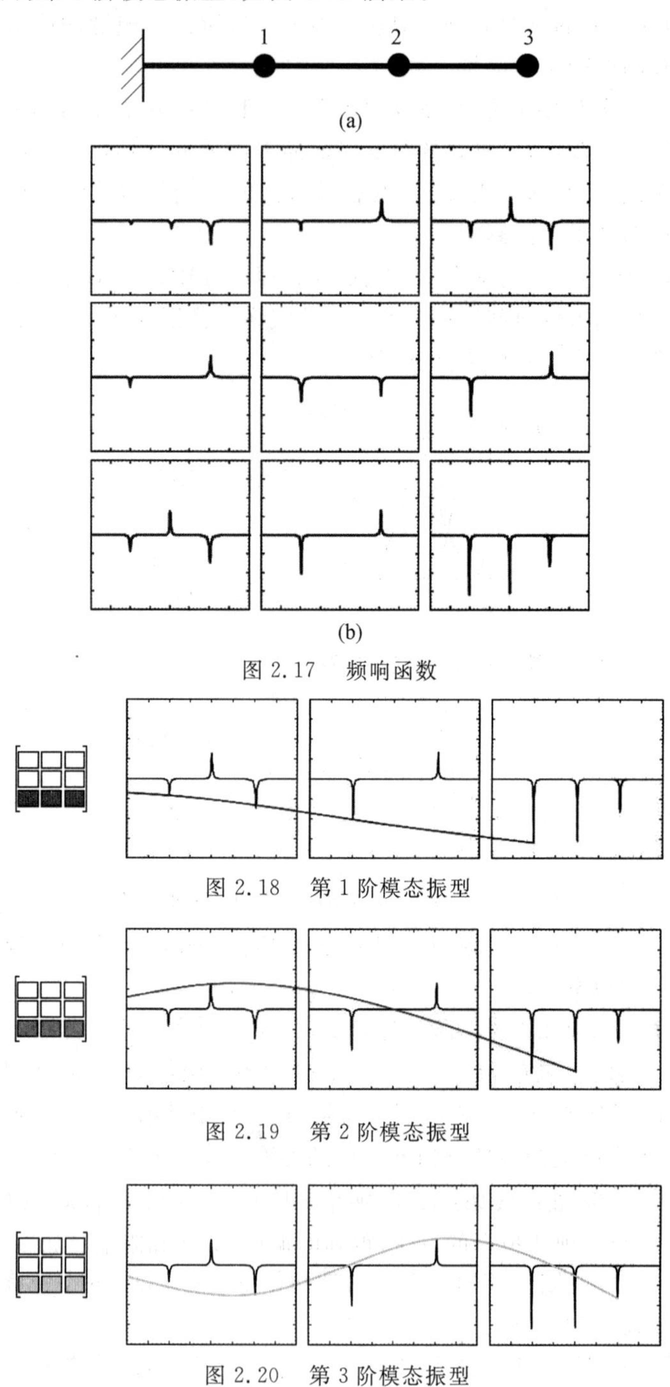

图 2.17 频响函数

图 2.18 第 1 阶模态振型

图 2.19 第 2 阶模态振型

图 2.20 第 3 阶模态振型

【例 2.2】 该例子来自参考文献[67]，为一力锤冲击实验。图 2.21 所示为两层钢框架结构模型。梁、柱截面分别为 50 mm × 8.8 mm 和 50 mm × 4.4 mm。质量密度为 7.67×10^3 kg/m^3，弹性模量为 2.0×10^5 MPa，框架的详细几何尺寸和传感器位置如图 2.21 所示。

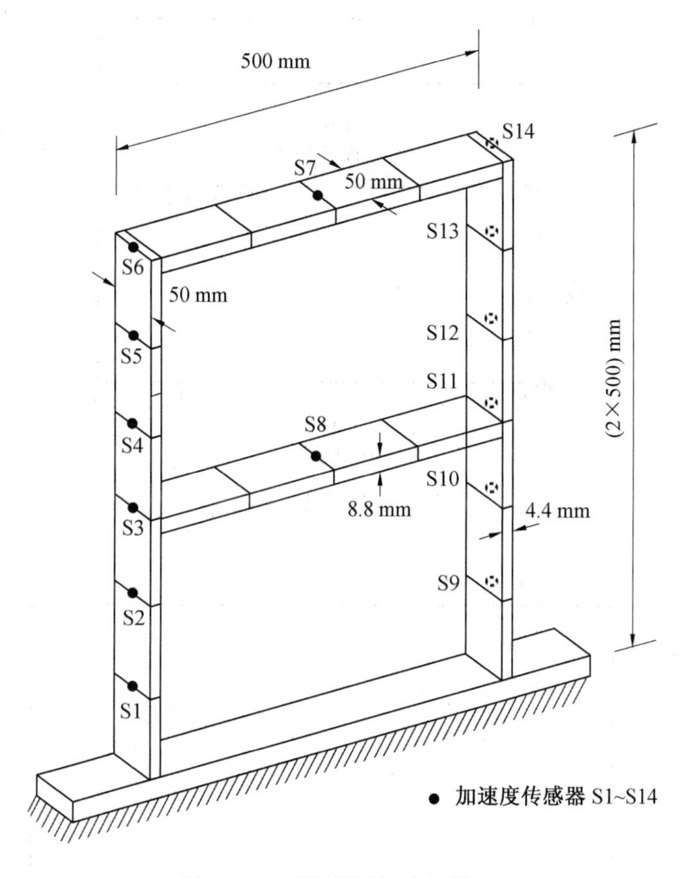

图 2.21　两层钢框架结构模型

采用力锤，在框架顶部进行激励，如图 2.22(a) 所示为激励信号，从图上可以看出，激励为一脉冲信号。在脉冲激励下结构的响应信号如图 2.22(b) 所示，其为一衰减的脉冲响应信号，得到的频响函数如图 2.23 所示。从频响函数图上可以清楚看出被激起的结构各阶模态，同时也能观察到测量噪声的干扰。截取 0 ～ 90 Hz 的频响函数曲线如图 2.24 所示，其中 5 个峰值即对应模型的前 5 阶模态，采用频响函数多项式拟合的方法，得到的振型、频率和阻尼比如图 2.25 所示，图中点和实线分别代表实验数据和理论分析的振型，虚线表示原始框架模型。可以看出，从实验数据得到的模态振型和理论分析的振型吻合很好。

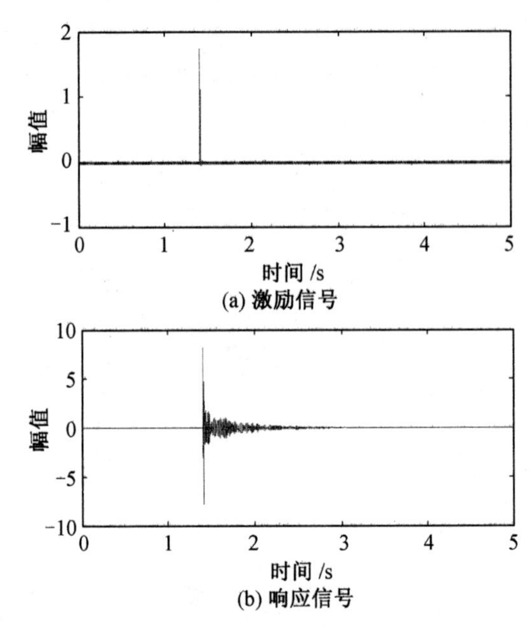

(a) 激励信号

(b) 响应信号

图 2.22　脉冲激励和响应信号

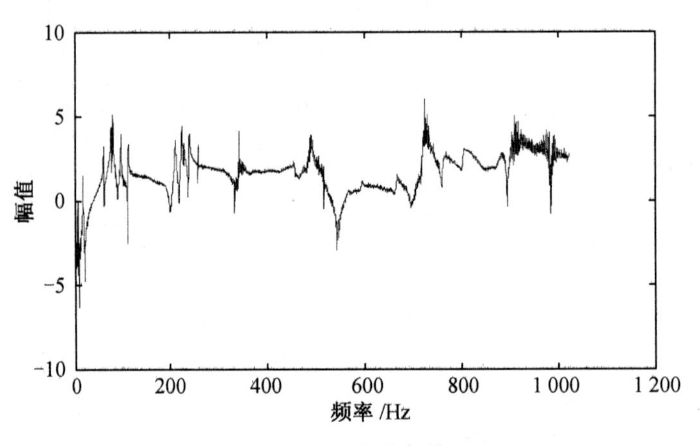

图 2.23　频响函数

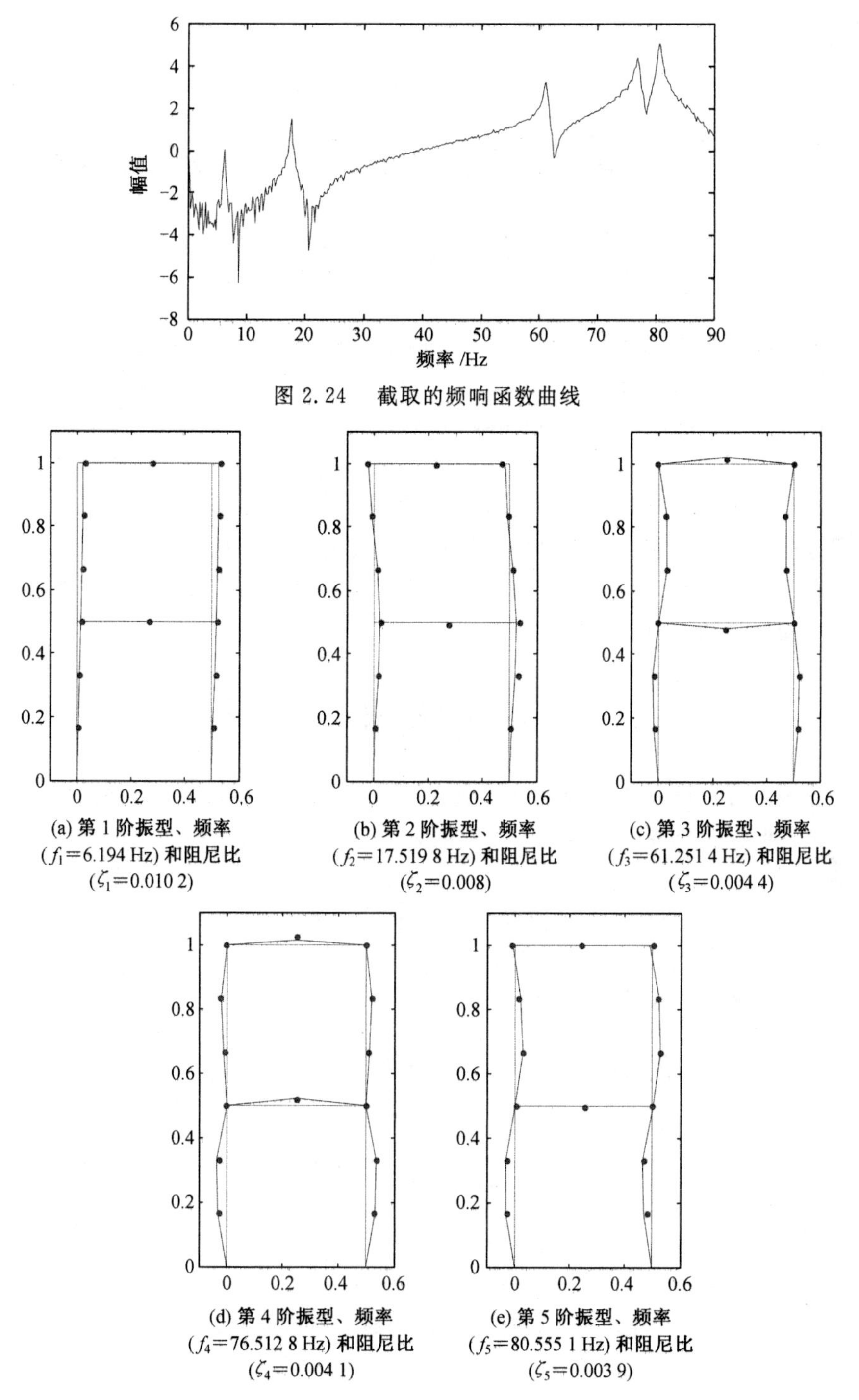

图 2.24　截取的频响函数曲线

(a) 第 1 阶振型、频率 (f_1=6.194 Hz) 和阻尼比 (ζ_1=0.010 2)

(b) 第 2 阶振型、频率 (f_2=17.519 8 Hz) 和阻尼比 (ζ_2=0.008)

(c) 第 3 阶振型、频率 (f_3=61.251 4 Hz) 和阻尼比 (ζ_3=0.004 4)

(d) 第 4 阶振型、频率 (f_4=76.512 8 Hz) 和阻尼比 (ζ_4=0.004 1)

(e) 第 5 阶振型、频率 (f_5=80.555 1 Hz) 和阻尼比 (ζ_5=0.003 9)

图 2.25　模态参数识别结果

第 3 章　结构模态参数识别的频域方法

3.1　概　　述

结构模态参数识别的频域方法是指从结构频响函数或响应的功率谱密度函数中识别出结构模态参数(振型、频率、阻尼比)的方法,本章主要介绍频响函数曲线拟合法、频域分解法(Frequency Domain Decomposition,FDD)和增强频域分解法(Enhance Frequency Domain Decomposition,EFDD)。频响函数曲线拟合法需要较准确地测量得到频响函数,因此需要已知激励信号,常用于结构实验模态分析。频域分解法和增强频域分解法是从响应的功率谱密度函数中分解得到模态参数,假设结构激励为白噪声,仅需要响应数据,常用于工作条件下或者环境激励下的结构模态参数识别。

3.2　频响函数曲线拟合法

频响函数曲线拟合法是用一条连续曲线去拟合一组离散的测试数据,然后利用拟合曲线识别有关联的模态参数的方法。它建立在各种优化计算的基础之上,采用优化算法可以在一定程度上减少误差,使识别结果尽可能反映实际系统。在实验模态测试中,频响函数曲线拟合法是精确度较高的一种结构模态参数识别方法。根据所采用拟合多项式的不同,又可分为多项式拟合(Levy 法),正交多项式曲线拟合等。

3.2.1　频响函数的有理分式多项式表示

传递函数 $\boldsymbol{H}(s)$ 为

$$\boldsymbol{H}(s) = \boldsymbol{Z}(s)^{-1} = \frac{\operatorname{adj} \boldsymbol{Z}(s)}{\det \boldsymbol{Z}(s)} \tag{3.1}$$

式中,阻抗矩阵 $\boldsymbol{Z}(s)$ 的维数为 $N \times N$,其中第 i 行、第 j 列的元素 Z_{ij} 为

$$Z_{ij}(s) = m_{ij}s^2 + c_{ij}s + k_{ij} \tag{3.2}$$

阻抗矩阵 $\boldsymbol{Z}(s)$ 行列式的展开式中,s 的最高阶次 $n = 2N$,可表示如下:

$$\det \boldsymbol{Z}(s) = b_0 + b_1 s + b_2 s^2 + \cdots + b_n s^n = D(s) \tag{3.3}$$

式中,$\det \boldsymbol{Z}(s)$ 为 $\boldsymbol{Z}(s)$ 行列式。

式(3.1)中 adj $\mathbf{Z}(s)$ 为 $\mathbf{Z}(s)$ 的伴随矩阵，根据伴随矩阵的定义可知，其元素 s 的最高阶次 $m=n-2$，因此传递函数矩阵中的第 l 行、第 p 列的元素为

$$H_{lp}(s)=\frac{N(s)}{D(s)}=\frac{a_0+a_1s+a_2s^2+\cdots+a_ms^m}{b_0+b_1s+b_2s^2+\cdots+b_ns^n} \tag{3.4}$$

将式(3.4)的分子分母各除以 b_n，且令

$$p_0(s)=1,\quad p_1(s)=s,\quad \cdots,\quad p_m(s)=s^m \tag{3.5}$$

$$q_0(s)=1,\quad q_1(s)=s,\quad \cdots,\quad q_n(s)=s^n \tag{3.6}$$

则

$$H_{lp}(s)=\frac{\sum_{k=0}^{m}c_kp_k(s)}{\sum_{k=0}^{n}d_kq_k(s)} \tag{3.7}$$

式中，$d_n=1$。

令 $s=\mathrm{j}\omega$，则

$$H_{lp}(\mathrm{j}\omega)=\frac{\sum_{k=0}^{m}c_kp_k(\mathrm{j}\omega)}{\sum_{k=0}^{n}d_kq_k(\mathrm{j}\omega)} \tag{3.8}$$

3.2.2　频响函数的极点与留数表示

在已知分子、分母的多项式之后，令分母的多项式为零，此时的 s 值即为极点，由极点可进一步求得固有频率和阻尼比。

$$H_{lp}(s)=\sum_{r=1}^{N}\left(\frac{A_{lpr}}{s-s_r}+\frac{A_{lpr}^*}{s-s_r^*}\right) \tag{3.9}$$

式中，A_{lpr} 是 $H_{lp}(s)$ 在极点 s_r 的留数。

在已知极点的情况下，把式(3.9)两边各乘$(s-s_r)$，并令 $s\to s_r$，则

$$A_{lpr}=\lim_{s\to s_r}H_{lp}(s)(s-s_r)=\lim_{s\to s_r}\frac{N(s)(s-s_r)}{D(s)} \tag{3.10}$$

s_r 是分母多项式的根，因此当 $s\to s_r$ 时，式(3.10)的分子分母均趋于零，根据洛比达法则可得

$$A_{lpr}=\lim_{s\to s_r}\frac{N(s)(s-s_r)}{D(s)}=\left.\frac{N(s)}{D'(s)}\right|_{s=s_r} \tag{3.11}$$

$D'(s)$ 为 $D(s)$ 对 s 的一阶导数，同理

$$A_{lpr}^*=H_{lpr}(s)(s-s_r^*)\big|_{s=s_r^*}=\left.\frac{N(s)}{D'(s)}\right|_{s=s_r^*} \tag{3.12}$$

下面举例说明，留数与极点的意义，对一个三自由度的系统，在 p 点激励 l 点响应的频响函数为

$$H_{lp}(\mathrm{j}\omega)=\sum_{r=1}^{3}\left(\frac{A_{lpr}}{\mathrm{j}\omega-s_r}+\frac{A_{lpr}^*}{\mathrm{j}\omega-s_r^*}\right) \tag{3.13}$$

可展开写成

$$H_{lp}(\mathrm{j}\omega)=\frac{A_{lp1}}{\mathrm{j}\omega-s_1}+\frac{A_{lp1}^*}{\mathrm{j}\omega-s_1^*}+\frac{A_{lp2}}{\mathrm{j}\omega-s_2}+\frac{A_{lp2}^*}{\mathrm{j}\omega-s_2^*}+\frac{A_{lp3}}{\mathrm{j}\omega-s_3}+\frac{A_{lp3}^*}{\mathrm{j}\omega-s_3^*} \tag{3.14}$$

极点直接与频率和阻尼比相关，留数对应模态振型，三自由度系统频响曲线极点留数如图 3.1 所示。

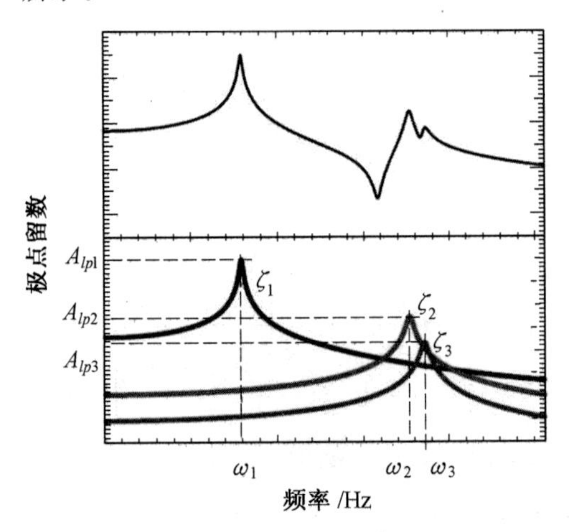

图 3.1　三自由度系统频响曲线极点留数

3.2.3　多项式曲线拟合

第 i 个频率点 ω_i 处的频响函数值为 $H_{lp}(\omega_i)$，其实测值用 $\widetilde{H}_{lp}(\omega_i)$ 表示，则实测频响函数和理论频率函数直接的误差 ε_i 为

$$\varepsilon_i=H_{lp}(\omega_i)-\widetilde{H}_{lp}(\omega_i)=\frac{N(\omega_i)}{D(\omega_i)}-\widetilde{H}_{lp}(\omega_i),\quad i=1,2,\cdots,L \tag{3.15}$$

若被拟合的频率点数为 L，引入负频率概念，使 ω 为 $\omega_{-L},\cdots,\omega_{-1},\omega_1,\cdots,\omega_L$ 共 $2L$ 个频率点，且令

$$\omega_{-i}=-\omega_i \tag{3.16}$$

则

$$H_{lp}(\mathrm{j}\omega_{-i})=H_{lp}(-\mathrm{j}\omega)=H_{lp}^*(\mathrm{j}\omega_i),\quad i=1,2,\cdots,L \tag{3.17}$$

对频响函数实测值，以 $\widetilde{H}_{lp}(\mathrm{j}\omega)$ 表示，则

$$\widetilde{H}_{lp}(\mathrm{j}\omega_{-i})=\widetilde{H}_{lp}(-\mathrm{j}\omega_i)=\widetilde{H}_{lp}^*(\mathrm{j}\omega_i),\quad i=1,2,\cdots,L \tag{3.18}$$

误差为

$$\bar{\varepsilon}_i = H_{lp}(\mathrm{j}\omega_i) - \widetilde{H}_{lp}(\mathrm{j}\omega_i) = \frac{\sum_{k=0}^{m} c_k p_k(\mathrm{j}\omega_i)}{\sum_{k=0}^{n} d_k q_k(\mathrm{j}\omega_i)} - \widetilde{H}_{lp}(\mathrm{j}\omega_i) \tag{3.19}$$

使误差对系数线性化，变换得

$$e_i = \bar{\varepsilon}_i \sum_{k=0}^{n} d_k q_k(\mathrm{j}\omega_i) = \sum_{k=0}^{m} c_k p_k(\mathrm{j}\omega_i) - \widetilde{H}_{lp}(\mathrm{j}\omega_i)\left[\sum_{k=0}^{n-1} d_k q_k(\mathrm{j}\omega_i) + q_n(\mathrm{j}\omega_i)\right] \tag{3.20}$$

定义总方差为

$$\boldsymbol{J} = \sum_{i=-L}^{L} e_i^* e_i = \boldsymbol{e}^{\mathrm{H}} \boldsymbol{e} \tag{3.21}$$

式中，$\boldsymbol{e} = [e_{-L} \quad \cdots \quad e_{-1} \quad e_1 \quad \cdots \quad e_L]^{\mathrm{T}}$，角标 H 表示共轭。

$$\boldsymbol{e} = \boldsymbol{Pc} - \boldsymbol{Qd} - \boldsymbol{w} \tag{3.22}$$

式中

$$\boldsymbol{P} = \begin{bmatrix} \boldsymbol{P}^{-1} \\ \boldsymbol{P}^{+} \end{bmatrix} = \begin{bmatrix} p_0(\mathrm{j}\omega_{-L}) & p_1(\mathrm{j}\omega_{-L}) & \cdots & p_m(\mathrm{j}\omega_{-L}) \\ \vdots & \vdots & & \vdots \\ p_0(\mathrm{j}\omega_{-1}) & p_1(\mathrm{j}\omega_{-1}) & \cdots & p_m(\mathrm{j}\omega_{-1}) \\ p_0(\mathrm{j}\omega_1) & p_1(\mathrm{j}\omega_1) & \cdots & p_m(\mathrm{j}\omega_1) \\ \vdots & \vdots & & \vdots \\ p_0(\mathrm{j}\omega_L) & p_1(\mathrm{j}\omega_L) & \cdots & p_m(\mathrm{j}\omega_L) \end{bmatrix} \tag{3.23}$$

$$\boldsymbol{Q} = \begin{bmatrix} \boldsymbol{Q}^{-1} \\ \boldsymbol{Q}^{+} \end{bmatrix} = \begin{bmatrix} \widetilde{H}_{lp}(\mathrm{j}\omega_{-L})q_0(\mathrm{j}\omega_{-L}) & \widetilde{H}_{lp}(\mathrm{j}\omega_{-L})q_1(\mathrm{j}\omega_{-L}) & \cdots & \widetilde{H}_{lp}(\mathrm{j}\omega_{-L})q_{n-1}(\mathrm{j}\omega_{-L}) \\ \vdots & \vdots & & \vdots \\ \widetilde{H}_{lp}(\mathrm{j}\omega_{-1})q_0(\mathrm{j}\omega_{-1}) & \widetilde{H}_{lp}(\mathrm{j}\omega_{-1})q_1(\mathrm{j}\omega_{-1}) & \cdots & \widetilde{H}_{lp}(\mathrm{j}\omega_{-L})q_{n-1}(\mathrm{j}\omega_{-L}) \\ \widetilde{H}_{lp}(\mathrm{j}\omega_1)q_0(\mathrm{j}\omega_1) & \widetilde{H}_{lp}(\mathrm{j}\omega_1)q_1(\mathrm{j}\omega_1) & \cdots & \widetilde{H}_{lp}(\mathrm{j}\omega_1)q_{n-1}(\mathrm{j}\omega_1) \\ \vdots & \vdots & & \vdots \\ \widetilde{H}_{lp}(\mathrm{j}\omega_L)q_0(\mathrm{j}\omega_L) & \widetilde{H}_{lp}(\mathrm{j}\omega_L)q_1(\mathrm{j}\omega_L) & \cdots & \widetilde{H}_{lp}(j\omega_{-L})q_{n-1}(\mathrm{j}\omega_L) \end{bmatrix} \tag{3.24}$$

$$\boldsymbol{c} = [c_0 \quad c_1 \quad \cdots \quad c_m]^{\mathrm{T}} \tag{3.25}$$

$$\boldsymbol{d} = [d_0 \quad d_1 \quad \cdots \quad d_{n-1}]^{\mathrm{T}} \tag{3.26}$$

$$
\begin{aligned}
\boldsymbol{w} &= \begin{bmatrix} \boldsymbol{w}^- \\ \boldsymbol{w}^+ \end{bmatrix} \\
&= [\widetilde{H}_{lp}(\mathrm{j}\omega_{-L})q_n(\mathrm{j}\omega_{-L}), \cdots, \widetilde{H}_{lp}(\mathrm{j}\omega_{-1})q_n(\mathrm{j}\omega_{-1}), \\
&\quad \widetilde{H}_{lp}(\mathrm{j}\omega_1)q_n(\mathrm{j}\omega_1) \cdots, \widetilde{H}_{lp}(\mathrm{j}\omega_L)q_n(\mathrm{j}\omega_L)]^{\mathrm{T}}
\end{aligned} \tag{3.27}
$$

为求得 $\boldsymbol{J}$ 的极小值,可使总方差 $\boldsymbol{J}$ 对向量 $\boldsymbol{c}$ 与 $\boldsymbol{d}$ 求偏导为零:

$$
\frac{\partial \boldsymbol{J}}{\partial \boldsymbol{c}} = \boldsymbol{0}, \quad \frac{\partial \boldsymbol{J}}{\partial \boldsymbol{d}} = \boldsymbol{0} \tag{3.28}
$$

因为

$$
\boldsymbol{J} = (\boldsymbol{Pc} - \boldsymbol{Qd} - \boldsymbol{w})^{\mathrm{H}}(\boldsymbol{Pc} - \boldsymbol{Qd} - \boldsymbol{w}) \tag{3.29}
$$

求导之后,实部虚部均为零,因此

$$
\boldsymbol{P}^{\mathrm{H}}\boldsymbol{Pc} - \mathrm{Re}(\boldsymbol{P}^{\mathrm{H}}\boldsymbol{Qd}) - \mathrm{Re}(\boldsymbol{P}^{\mathrm{H}}\boldsymbol{w}) = \boldsymbol{0} \tag{3.30}
$$

$$
\boldsymbol{Q}^{\mathrm{H}}\boldsymbol{Qd} - \mathrm{Re}(\boldsymbol{Q}^{\mathrm{H}}\boldsymbol{Pc}) - \mathrm{Re}(\boldsymbol{Q}^{\mathrm{H}}\boldsymbol{w}) = \boldsymbol{0} \tag{3.31}
$$

由式(3.29)可推得

$$
\begin{bmatrix} \boldsymbol{Y} & \boldsymbol{X} \\ \boldsymbol{X}^{\mathrm{T}} & \boldsymbol{Z} \end{bmatrix} \begin{Bmatrix} \boldsymbol{c} \\ \boldsymbol{d} \end{Bmatrix} = \begin{Bmatrix} \boldsymbol{g} \\ \boldsymbol{f} \end{Bmatrix} \tag{3.32}
$$

式中

$$
\boldsymbol{X} = -\mathrm{Re}(\boldsymbol{P}^{\mathrm{H}}\boldsymbol{Q}) \tag{3.33}
$$

$$
\boldsymbol{Y} = -\frac{1}{2}[\boldsymbol{P}^{\mathrm{H}}\boldsymbol{P} + \boldsymbol{P}^{\mathrm{T}}\boldsymbol{P}^*] \tag{3.34}
$$

$$
\boldsymbol{Z} = -\frac{1}{2}[\boldsymbol{Q}^{\mathrm{H}}\boldsymbol{Q} + \boldsymbol{Q}^{\mathrm{T}}\boldsymbol{Q}^*] \tag{3.35}
$$

$$
\boldsymbol{g} = -\mathrm{Re}(\boldsymbol{P}^{\mathrm{H}}\boldsymbol{w}) \tag{3.36}
$$

$$
\boldsymbol{f} = -\mathrm{Re}(\boldsymbol{Q}^{\mathrm{H}}\boldsymbol{w}) \tag{3.37}
$$

构造形如式(3.21)的目标函数

$$
\boldsymbol{E} = \boldsymbol{e}^{\mathrm{H}}\boldsymbol{e} = (\boldsymbol{Pc} - \boldsymbol{Qd} - \boldsymbol{w})^{\mathrm{H}}(\boldsymbol{Pc} - \boldsymbol{Qd} - \boldsymbol{w}) \tag{3.38}
$$

根据最小二乘法,令

$$
\frac{\partial \boldsymbol{E}}{\partial \boldsymbol{c}} = \boldsymbol{0}, \quad \frac{\partial \boldsymbol{E}}{\partial \boldsymbol{d}} = \boldsymbol{0} \tag{3.39}
$$

得方程组

$$
\begin{bmatrix} \boldsymbol{Y} & \boldsymbol{X} \\ \boldsymbol{X}^{\mathrm{T}} & \boldsymbol{Z} \end{bmatrix} \begin{bmatrix} \boldsymbol{c} \\ \boldsymbol{d} \end{bmatrix} = \begin{bmatrix} \boldsymbol{g} \\ \boldsymbol{f} \end{bmatrix} \tag{3.40}
$$

适当选取正交多项式 $p_i(\mathrm{j}\omega)$ 和 $q_r(\mathrm{j}\omega)$,可使 $\boldsymbol{Y}$ 和 $\boldsymbol{Z}$ 成为单位矩阵,即

$$
\begin{cases} \boldsymbol{Y} = \boldsymbol{P}^{\mathrm{H}}\boldsymbol{P} = \boldsymbol{I}, & (2n-1)\times(2n-1) \text{ 阶} \\ \boldsymbol{Z} = \boldsymbol{Q}^{\mathrm{H}}\boldsymbol{Q} = \boldsymbol{I}, & 2n \times 2n \text{ 阶} \end{cases} \tag{3.41}
$$

则式(3.40)成为

$$\begin{bmatrix} \boldsymbol{I} & \boldsymbol{X} \\ \boldsymbol{X}^{\mathrm{T}} & \boldsymbol{I} \end{bmatrix} \begin{bmatrix} \boldsymbol{c} \\ \boldsymbol{d} \end{bmatrix} = \begin{bmatrix} \boldsymbol{g} \\ \boldsymbol{f} \end{bmatrix} \tag{3.42}$$

展开得两个独立的方程组

$$\begin{aligned} (\boldsymbol{I} - \boldsymbol{X}\boldsymbol{X}^{\mathrm{T}})\boldsymbol{c} &= \boldsymbol{g} - \boldsymbol{X}\boldsymbol{f} \\ \boldsymbol{d} &= \boldsymbol{f} - \boldsymbol{X}^{\mathrm{T}}\boldsymbol{c} \end{aligned} \tag{3.43}$$

解得 $\boldsymbol{c}$ 和 $\boldsymbol{d}$ 的最小二乘估计为

$$\begin{cases} \boldsymbol{c} = (\boldsymbol{I} - \boldsymbol{X}\boldsymbol{X}^{\mathrm{T}})^{-1}(\boldsymbol{g} - \boldsymbol{X}\boldsymbol{f}) \\ \boldsymbol{d} = \boldsymbol{f} - \boldsymbol{X}^{\mathrm{T}}\boldsymbol{c} \end{cases} \tag{3.44}$$

由于$(\boldsymbol{I} - \boldsymbol{X}\boldsymbol{X}^{\mathrm{T}})$阶数为$(2n-1)\times(2n-1)$，与$\begin{bmatrix} \boldsymbol{Y} & \boldsymbol{X} \\ \boldsymbol{X}^{\mathrm{T}} & \boldsymbol{Z} \end{bmatrix}$相比，阶数几乎降低了一半，故大大减少了计算工作量，同时降低了病态矩阵出现的可能性。

3.2.4　模态参数估计

1. 固有频率与阻尼比

得到系数向量 $\boldsymbol{c}$ 和 $\boldsymbol{d}$ 之后，令分母多项式为 0，可求得 N 个共轭复根

$$s_r = -\alpha_r + \mathrm{j}\beta_r, \quad s_r^* = -\alpha_r - \mathrm{j}\beta_r \tag{3.45}$$

而

$$\alpha_r = \zeta_r\omega_r, \quad \zeta_r = \sqrt{1-\zeta_r^2}\,\omega_r \tag{3.46}$$

因此通过求解得到 N 个共轭复根，即可得到 ζ_r 和 $\omega_r(r=1,2,\cdots,N)$。

2. 模态振型

各频响函数的同一模态对应的留数所组成的向量即为该阶模态的固有振型。留数矩阵和振型之间的关系为

$$\boldsymbol{A}_r = \frac{1}{a_r}\boldsymbol{\varphi}_r\boldsymbol{\varphi}_r^{\mathrm{T}}, \quad \boldsymbol{A}_r^* = \frac{1}{a_r^*}\boldsymbol{\varphi}_r^*\boldsymbol{\varphi}_r^{*\mathrm{T}} \tag{3.47}$$

$$\begin{bmatrix} A_{11r} & A_{12r} & \cdots & A_{1Nr} \\ A_{21r} & A_{22r} & \cdots & A_{2Nr} \\ \vdots & \vdots & & \vdots \\ A_{N1r} & A_{N2r} & \cdots & A_{NNr} \end{bmatrix} = \frac{1}{a_r}\begin{bmatrix} \varphi_{1r}\varphi_{1r} & \varphi_{1r}\varphi_{2r} & \cdots & \varphi_{1r}\varphi_{Nr} \\ \varphi_{2r}\varphi_{1r} & \varphi_{2r}\varphi_{2r} & \cdots & \varphi_{2r}\varphi_{Nr} \\ \vdots & \vdots & & \vdots \\ \varphi_{N}\varphi_{1r} & \varphi_{Nr}\varphi_{2r} & \cdots & \varphi_{Nr}\varphi_{Nr} \end{bmatrix} \tag{3.48}$$

$$\begin{bmatrix} A_{11r} \\ A_{21r} \\ \vdots \\ A_{N1r} \end{bmatrix} = \frac{\varphi_{1r}}{a_r}\begin{bmatrix} \varphi_{1r} \\ \varphi_{2r} \\ \vdots \\ \varphi_{Nr} \end{bmatrix} \tag{3.49}$$

频响函数曲线拟合的方法在实验模态测试中经常使用，可以获得精度很高的模态参数，但前提是需要测得较好的频响函数曲线。曲线拟合法的实质就是对离散的测量数据，拟合得到频响函数曲线，获得最优的参数(极点和留数)。根

据模态的密集程度选择单自由度拟合和多自由度拟合，单自由度拟合只拟合单阶模态，多自由度拟合则可以拟合多阶的模态。图 3.2 所示为曲线拟合。拟合出分母多项式之后，即可求得极点，通过极点就可以得到固有频率和阻尼比。留数和振型相关，下面通过一个平板的例子，更好地解释如何从频响函数中获得模态振型。

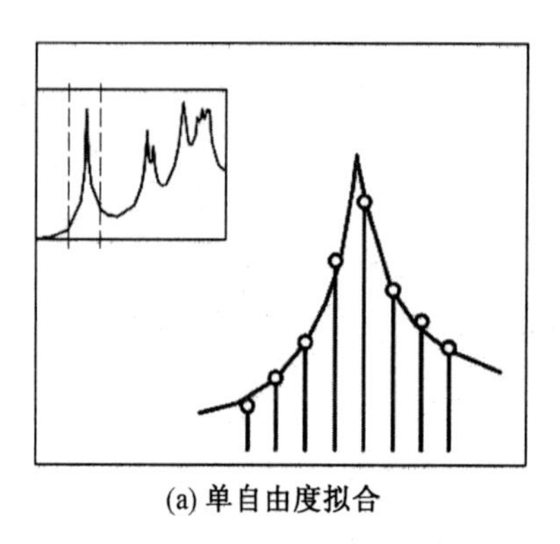
(a) 单自由度拟合

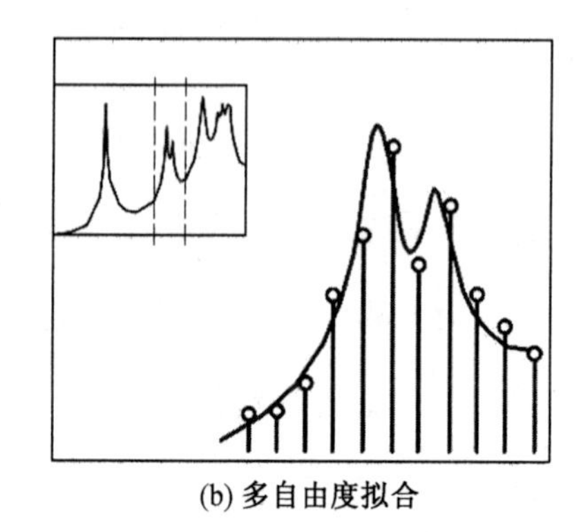
(b) 多自由度拟合

图 3.2　曲线拟合

如图 3.3 所示平板结构，有 6 个测点，通过测试频响函数，可以得到模态振型。

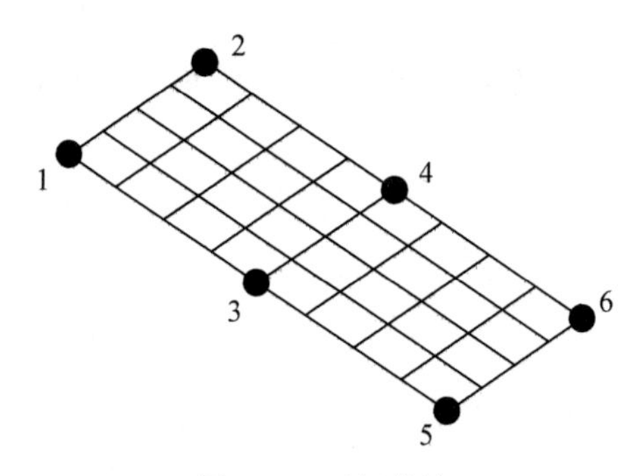

图 3.3　平板结构

频响函数虚频图包含了幅值和方向的信息，一般通过频响函数虚频图识别模态振型，频响函数和模态振型的关系如图 3.4 所示。显然，从图形上可以简单清晰地看出，6 个测点的频响函数虚频图上每阶模态对应的峰值即是振型，剩下的事情就是如何从拟合的频响函数上得到各阶模态对应的峰值点。

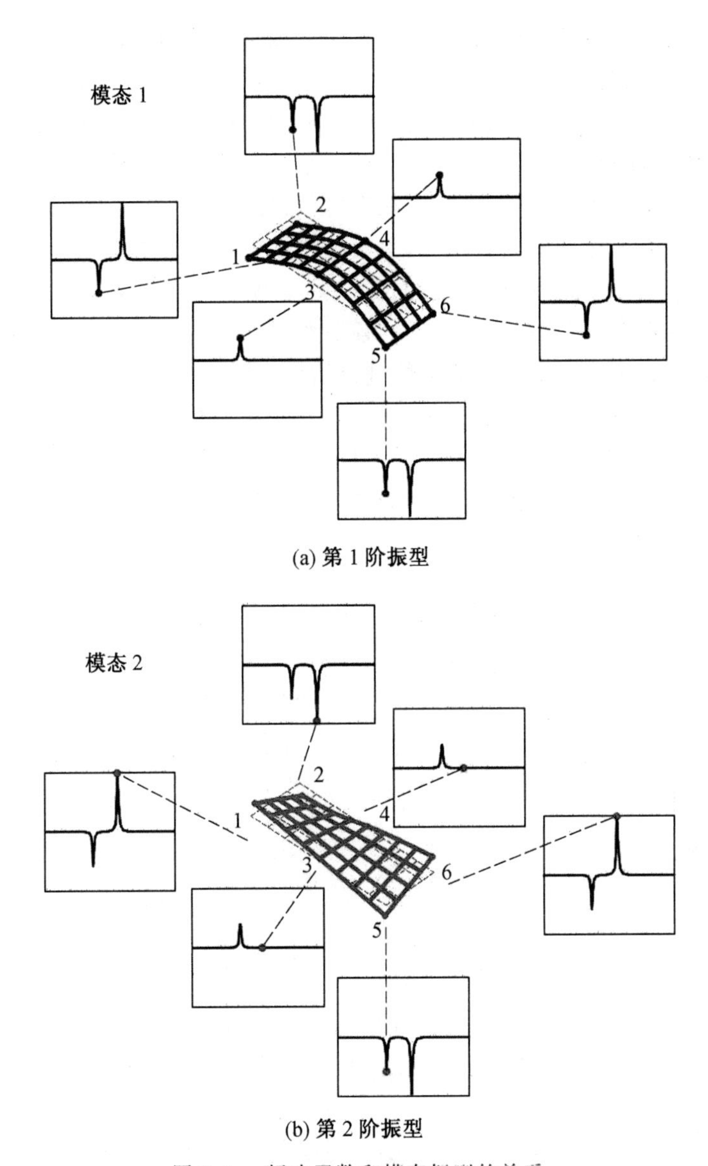

(a) 第 1 阶振型

(b) 第 2 阶振型

图 3.4　频响函数和模态振型的关系

3.2.5　总体曲线拟合

前面所述方法对每个测量的频响函数分别进行曲线拟合，因此是“局部”意义上的拟合方法。在一组测量中，每个测量的每一模态都将进行模态频率、阻尼以及留数的估计，这将导致未知参数过多，增加拟合误差。为了最终得到一个平滑自然的曲线拟合函数，未知参数的准确性通常会被权衡取舍。一般而言，对频率的估计往往比阻尼与留数的估计准确，而留数又总是和阻尼的估计紧密耦合。若阻尼的估计值存在较大误差,即使曲线拟合函数与实测数据非常接近,留数估计也会存在较大误差。

为了减少误差,可将曲线拟合过程分为两个步骤。第一步,进行频率和阻尼比的估计,不同测量点的同一模态的固有频率和阻尼应是相同的,利用一组测量的所有数据获得一个更加精准的"全局"频率和阻尼比估计,因为同一模态不同测点的频响函数表达式的分母相同,因而可以把所有测点的频响函数进行平均,由此得到的频响函数幅度将包含测量集中所有模态的共振峰值;然后对此频响函数进行曲线拟合,估计总体数据下的频率和阻尼。第二步,可以根据较为精准的频率和阻尼分别对各个测量的留数进行估计,最终计算振型。

假设第一步总体曲线拟合后所得的 N 个共轭频率与阻尼比为

$$\omega_r,\quad r=1,2,\cdots,N \tag{3.50}$$

$$\zeta_r,\quad r=1,2,\cdots,N \tag{3.51}$$

则测量 $H_{lp}(\omega_i)$ 可写为

$$H_{lp}(\omega_i)=\sum_{k=0}^{m} t_{i,k}a_k,\quad i=1,2,\cdots,L \tag{3.52}$$

式中

$$t_{i,k}=\frac{\mathrm{j}\omega_i}{\prod_{r=0}^{N}(\omega_r{}^2-\omega_i{}^2+\mathrm{j}2\zeta_r\omega_r\omega_i)} \tag{3.53}$$

改写为矩阵表示为

$$\begin{bmatrix} H_{lp}(\omega_1) \\ H_{lp}(\omega_2) \\ \vdots \\ H_{lp}(\omega_3) \end{bmatrix}=\begin{bmatrix} t_{1,0} & t_{1,1} & \cdots & t_{1,m} \\ t_{2,0} & t_{2,1} & \cdots & t_{2,m} \\ \vdots & \vdots & & \vdots \\ t_{L,0} & t_{L,1} & \cdots & t_{L,m} \end{bmatrix}\begin{bmatrix} a_1 \\ a_2 \\ \vdots \\ a_m \end{bmatrix} \tag{3.54a}$$

$$\boldsymbol{H}_{lp}=\boldsymbol{TA} \tag{3.54b}$$

第 i 个频率点ω_i 处的频响函数实测值用 $\widetilde{H}_{lp}(\omega_i)$ 表示,其排列构成的实测数据矩阵记为$\widetilde{\boldsymbol{H}}_{lp}$,则误差为

$$\boldsymbol{e}=\boldsymbol{H}_{lp}-\widetilde{\boldsymbol{H}}_{lp} \tag{3.55}$$

同式(3.21),定义总方差为

$$\boldsymbol{J}=(\boldsymbol{H}_{lp}-\widetilde{\boldsymbol{H}}_{lp})^{\mathrm{H}}(\boldsymbol{H}_{lp}-\widetilde{\boldsymbol{H}}_{lp}) \tag{3.56}$$

令对系数矩阵 $\mathbf{A}$ 求偏导为 $\mathbf{0}$,即

$$\frac{\partial \boldsymbol{J}}{\partial \mathbf{A}}=\mathbf{0} \tag{3.57}$$

可得

$$\boldsymbol{T}^{\mathrm{H}}\boldsymbol{T}\boldsymbol{A}=\mathrm{Re}(\boldsymbol{T}^{\mathrm{H}}\widetilde{\boldsymbol{H}}_{lp}) \tag{3.58}$$

式(3.58)右侧与频响函数测量数据相关，左侧只取决于频率范围和用于曲线拟合的数据点的个数，因此可以求解系数矩阵 $\boldsymbol{A}$，进而获得实测数据矩阵 $\boldsymbol{H}_{lp}$ 的分式表达并计算留数与振型。

【例 3.1】 对一个三自由度系统，以正交多项式对原点位移频响曲线 H_{11} 进行曲线拟合，拟合频段为 3.18 ～ 9.55 Hz 的频段。为说明该方法对具有一定噪声污染的测量数据的有效性，为此分别对频响函数的实部及虚部加以 5%、10% 的随机噪声。

解 表 3.1 列出了频率与阻尼比的拟合效果。图 3.5 所示为具有 5% 随机噪声的原点位移频响曲线 H_{11} 与拟合结果的比较。

表 3.1　频率与阻尼比的拟合效果

		0% 随机噪声	5% 随机噪声	10% 随机噪声
第 2 阶模态	频率 /Hz	5.034	5.033	5.034
	阻尼比 /%	2.0	1.8	1.9
第 3 阶模态	频率 /Hz	7.967	7.963	7.963
	阻尼比 /%	1.8	1.6	1.6

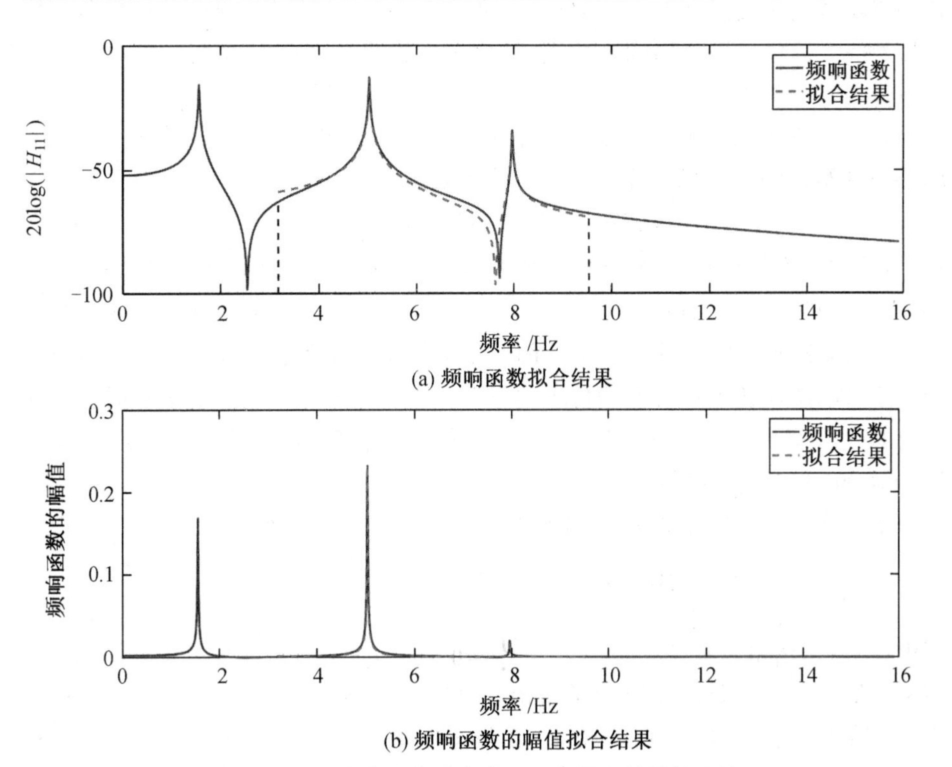

(a) 频响函数拟合结果

(b) 频响函数的幅值拟合结果

图 3.5　原点位移频响曲线 H_{11} 与拟合结果的比较

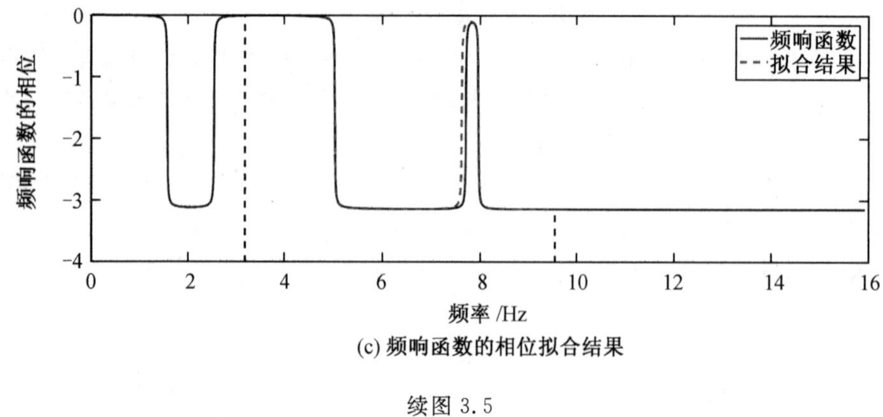

(c) 频响函数的相位拟合结果

续图 3.5

3.3 频域分解法

频域分解法(FDD)是由 Brinker 等人于 2000 年提出的。该方法假设结构激励为白噪声,仅采用测量的结构响应计算结构响应的功率谱密度函数;再利用结构响应功率谱密度函数包含结构模态参数的性质,识别结构的自振频率、阻尼比和振型等。因仅需要结构响应数据,频域分解法常用于环境激励下的结构模态参数识别。

假设一 N 自由度结构,在 l 个随机输入作用下,结构 M 个自由度上的响应为 $\boldsymbol{x}$,测量的结构响应 $\boldsymbol{x}$ 的功率谱密度矩阵可表示为

$$\boldsymbol{G}_{xx}(\mathrm{j}\omega)=\boldsymbol{H}(\mathrm{j}\omega)\boldsymbol{G}_{ff}(\mathrm{j}\omega)\boldsymbol{H}^{\mathrm{H}}(\mathrm{j}\omega) \tag{3.59}$$

式中,$\boldsymbol{H}$ 为结构频率响应函数矩阵,$\boldsymbol{H}\in\mathbf{C}^{M\times l}$;上标“H”表示矩阵的复共轭转置;$\boldsymbol{G}_{ff}$ 为输入的功率谱密度矩阵,$\boldsymbol{G}_{ff}\in\mathbf{C}^{l\times l}$;当输入为独立白噪声过程时,$\boldsymbol{G}_{ff}$ 为实常数对角矩阵;$\boldsymbol{G}_{xx}(\mathrm{j}\omega)$ 为结构响应的功率谱密度矩阵,$\boldsymbol{G}_{xx}(\mathrm{j}\omega)\in\mathbf{C}^{M\times M}$;其对角线为测量的结构各个自由度响应的自功率谱,非对角线元素为结构不同自由度响应的互功率谱。一般情况下,结构输入与结构响应功率谱密度矩阵均为 Hermitian(厄米特)矩阵。

根据式(3.9)可知,结构频响函数矩阵可表示为部分分式的形式

$$\boldsymbol{H}(\mathrm{j}\omega)=\sum_{r=1}^{\mathrm{N}}\left(\frac{\boldsymbol{A}_r}{\mathrm{j}\omega-\lambda_r}+\frac{\boldsymbol{A}_r^*}{\mathrm{j}\omega-\lambda_r^*}\right) \tag{3.60}$$

式中,λ_r 为结构第 r 阶极点,$\lambda_r=-\sigma_r+\mathrm{j}\omega_{\mathrm{d}r}=-\xi_r\omega_r+\mathrm{j}\sqrt{1-\xi_r^2}\,\omega_r$ 的实部 σ_r 与结构阻尼和频率有关,虚部 $\omega_{\mathrm{d}r}$ 是结构有阻尼的第 r 阶圆频率,$r=1,2,\cdots,N$;$\boldsymbol{A}_r$ 为第 r 阶留数矩阵,$\boldsymbol{A}_r\in\mathbf{C}^{M\times l}$ 是第 r 阶模态振型 $\boldsymbol{\varphi}_r\in\mathbf{C}^{M\times 1}$ 和模态参与系数向量 $\boldsymbol{\gamma}_r$ 的乘积,即 $\boldsymbol{A}_r=\boldsymbol{\varphi}_r\boldsymbol{\gamma}_r^{\mathrm{T}}$,$\boldsymbol{\gamma}_r=[\gamma_{1r}\quad\gamma_{2r}\quad\cdots\quad\gamma_{l-1r}\quad\gamma_{lr}]^{\mathrm{T}}$;上标“T”和“ * ”分别

为向量和矩阵的转置及复数的共轭。

假设输入为白噪声，将式(3.60) 代入式(3.59)，得到测量的结构响应谱密度矩阵为

$$\boldsymbol{G}_{xx}(\mathrm{j}\omega)=\sum_{r=1}^{N}\sum_{s=1}^{N}\left(\frac{\boldsymbol{A}_r}{\mathrm{j}\omega-\lambda_r}+\frac{\boldsymbol{A}_r^*}{\mathrm{j}\omega-\lambda_r^*}\right)\times \boldsymbol{G}_{ff}\left(\frac{\boldsymbol{A}_s}{\mathrm{j}\omega-\lambda_s}+\frac{\boldsymbol{A}_s^*}{\mathrm{j}\omega-\lambda_s^*}\right)^{\mathrm{H}} \tag{3.61}$$

式中，$\boldsymbol{G}_{ff}$ 为输入的功率谱密度矩阵。

通过进一步简化整理，可得

$$\boldsymbol{G}_{xx}(\mathrm{j}\omega)=\sum_{r=1}^{N}\left(\frac{\boldsymbol{B}_r}{\mathrm{j}\omega-\lambda_r}+\frac{\boldsymbol{B}_r^{\mathrm{H}}}{-\mathrm{j}\omega-\lambda_r^*}+\frac{\boldsymbol{B}_r^*}{\mathrm{j}\omega-\lambda_r^*}+\frac{\boldsymbol{B}_r^{\mathrm{T}}}{-\mathrm{j}\omega-\lambda_r}\right) \tag{3.62}$$

式中，$\boldsymbol{B}_r$ 为第 r 个极点的留数矩阵，$\boldsymbol{B}_r=\sum_{s=1}^{N}\left(\frac{\boldsymbol{A}_s^*\boldsymbol{G}_{ff}\boldsymbol{A}_r^{\mathrm{T}}}{-\lambda_s^*-\lambda_r}+\frac{\boldsymbol{A}_s\boldsymbol{G}_{ff}\boldsymbol{A}_r^{\mathrm{T}}}{-\lambda_s-\lambda_r}\right)$。

由于结构的阻尼一般较小，$\sigma_r \ll \omega_{\mathrm{d}r}$，因此 $\boldsymbol{B}_r$ 括号内第二项的分母远远大于第一项，于是可得到如下近似关系

$$\boldsymbol{B}_r\approx d_r\boldsymbol{\varphi}_r^*\boldsymbol{\varphi}_r^{\mathrm{T}}$$

由于 $\sigma_r \ll \omega_{\mathrm{d}r}$，式(3.62) 的后两项分母远远大于前两项分母，在求和运算中可以忽略后两项。因此，在第 r 阶模态频率 ω_r 的邻近谱曲线上，式(3.61) 可以进一步简化为

$$\begin{aligned}\boldsymbol{G}_{xx}(\mathrm{j}\omega)&=\sum_{r\in\mathrm{Sub}(\omega)}\left(\frac{d_r\boldsymbol{\varphi}_r^*\boldsymbol{\varphi}_r^{\mathrm{T}}}{\mathrm{j}\omega-\lambda_r}+\frac{d_r^*\boldsymbol{\varphi}_r^*\boldsymbol{\varphi}_r^{\mathrm{T}}}{-\mathrm{j}\omega-\lambda_r^*}\right)\\&=\boldsymbol{\varphi}_r^*\,\mathrm{diag}\left[2\mathrm{Re}\left(\frac{d_r}{\mathrm{j}\omega-\lambda_r}\right)\right]\boldsymbol{\varphi}_r^{\mathrm{T}}\end{aligned} \tag{3.63}$$

式中，d_r 是一个实数。

对测试的结构响应功率谱密度矩阵进行奇异值分解(Singular Value Decomposition，SVD)，则

$$\boldsymbol{G}_{xx}(\mathrm{j}\omega)=\boldsymbol{U}_r\boldsymbol{\Sigma}_r\boldsymbol{U}_r^{\mathrm{H}} \tag{3.64}$$

式中，$\boldsymbol{U}_r$ 为奇异值向量组成的酉矩阵，$\boldsymbol{U}_r\in\mathbf{C}^{M\times N}$，由标准正交基组成，$\boldsymbol{U}_r=[\boldsymbol{u}_{r1}\quad\boldsymbol{u}_{r2}\quad\cdots\quad\boldsymbol{u}_{rN}]^{\mathrm{T}}$，$\boldsymbol{u}_{rj}$ 为奇异值向量，$\boldsymbol{u}_{rj}\in\mathbf{C}^{M\times 1}$；$\boldsymbol{\Sigma}_r$ 为奇异值构成的实数对角矩阵，$\boldsymbol{\Sigma}_r\in\mathbf{R}^{N\times N}$。图 3.6 所示为功率谱矩阵奇异值分解曲线。

从式(3.63) 可以看出，在 $\omega=\omega_r$ 处，结构响应功率谱密度函数存在一个峰值，该峰值对应的频率即为结构第 r 阶自振频率 ω_r，此时对应式(3.64) 的第一个奇异值 $\lambda_r=-\xi_r\omega_r+\mathrm{j}\sqrt{1-\xi_r^2}\,\omega_r$；图 3.7 所示为功率谱矩阵第一个奇异值分解曲线，三个峰值对应三阶频率。再对比式(3.63) 和式(3.64) 可知，式(3.64) 的第一个奇异值向量即为该结构第 r 阶振型估计值

$$\hat{\boldsymbol{\varphi}}_r=\boldsymbol{u}_{r1} \tag{3.65}$$

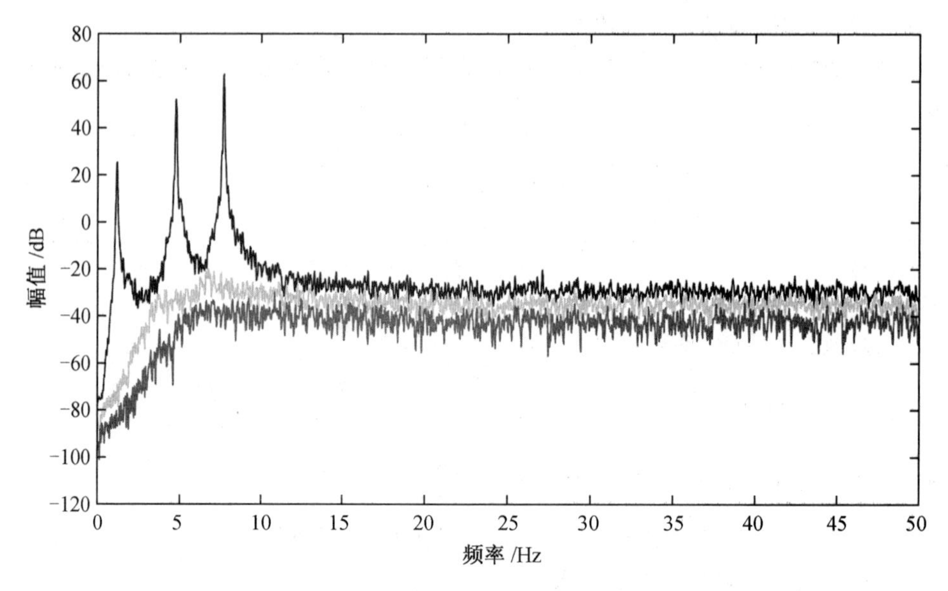

图 3.6　功率谱矩阵奇异值分解曲线

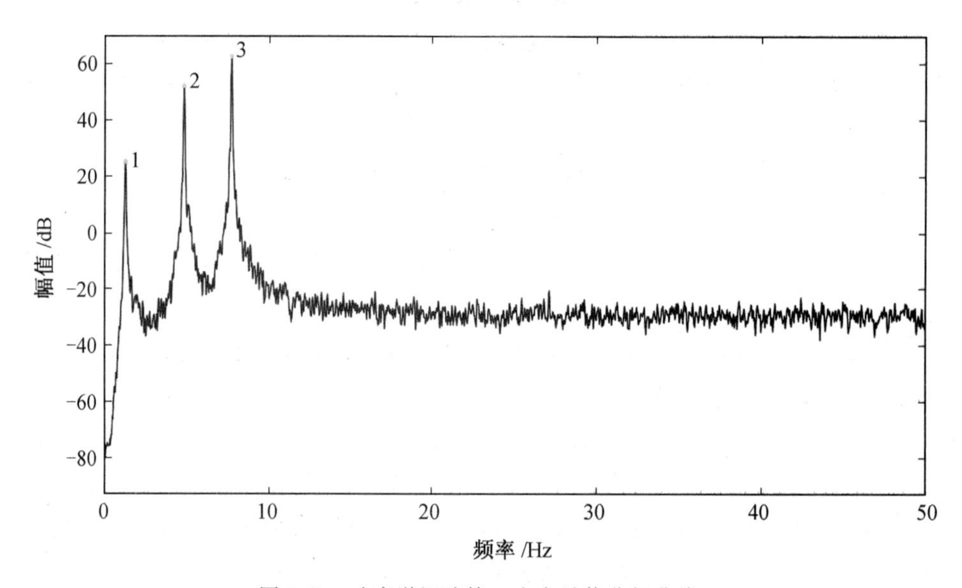

图 3.7　功率谱矩阵第一个奇异值分解曲线

计算式(3.65)识别振型的 MAC 值以判别其是否为虚假模态。结构的第 r 阶阻尼比可由频响函数峰值处的曲线形状确定。

下面进一步通过结构响应时域分析，阐述频域分解法识别结构模态参数的原理。

对线性时不变结构，在 M 个测量位置处结构响应 $\boldsymbol{x}(t)$ 可表示为

$$\boldsymbol{x}(t)=\sum_{r=1}^{N}\boldsymbol{\varphi}_r q_r(t)=\boldsymbol{\Phi}_{M\times N}\boldsymbol{q}(t) \tag{3.66}$$

式中，$q_r(t)$ 为结构第 r 阶振型广义坐标；$\boldsymbol{q}(t)$ 为结构广义振型坐标向量，$\boldsymbol{q}(t)\in\mathbf{R}^{N\times 1}$；$\boldsymbol{\Phi}_{M\times N}$ 为结构振型矩阵。

测量的结构响应的相关函数矩阵为

$$\boldsymbol{R}_{xx}(\tau)=E[\boldsymbol{x}(t+\tau)\boldsymbol{x}(t)^{\mathrm{T}}] \tag{3.67a}$$

由测量的结构响应数据样本，相关函数矩阵元素可采用下式计算：

$$R_{x_i x_j}(k)=\frac{1}{N_n}\sum_{n=1}^{N_n}x_i(n+k\Delta t)x_j(n) \tag{3.67b}$$

式中，$E[\cdot]$ 为均值；$\boldsymbol{R}_{xx}(\tau)$ 为结构响应相关函数矩阵，$\boldsymbol{R}_{xx}(\tau)\in\mathbf{R}^{M\times M}$，其中对角线元素为自相关函数，非对角线元素为互相关函数，τ 为时间延迟；$R_{x_i x_j}$ 为第 i 个测量位置结构响应和第 j 个测量位置结构响应的互相关函数，当 $i=j$ 时，则为结构响应的自相关函数；k 为时间延迟步数；Δt 为采样时间间隔。

将式(3.66)代入式(3.67a)，可得到

$$\begin{aligned}\boldsymbol{R}_{xx}(\tau)&=E[\boldsymbol{\Phi}\boldsymbol{q}(t+\tau)\boldsymbol{q}(t)^{\mathrm{T}}\boldsymbol{\Phi}^{\mathrm{T}}]\\&=\boldsymbol{\Phi}E[\boldsymbol{q}(t+\tau)\boldsymbol{q}(t)^{\mathrm{T}}]\boldsymbol{\Phi}^{\mathrm{T}}\\&=\boldsymbol{\Phi}\boldsymbol{R}_{qq}(\tau)\boldsymbol{\Phi}^{\mathrm{T}}\end{aligned} \tag{3.68}$$

式中，$\boldsymbol{R}_{qq}(\tau)$ 是广义坐标相关函数矩阵，$\boldsymbol{R}_{qq}(\tau)\in\mathbf{R}^{N\times N}$。

考虑相关函数和功率谱密度函数构成傅里叶变换对，对测量的结构响应的相关函数做傅里叶变换可得功率谱密度函数：

$$\begin{aligned}\boldsymbol{G}_{xx}(\mathrm{j}\omega)&=\int_{-\infty}^{\infty}\boldsymbol{R}_{xx}(\tau)\mathrm{e}^{-\mathrm{j}\omega\tau}\mathrm{d}\tau\\&=\boldsymbol{\Phi}\int_{-\infty}^{\infty}\boldsymbol{R}_{qq}(\tau)\mathrm{e}^{-\mathrm{j}\omega\tau}\mathrm{d}\tau\,\boldsymbol{\Phi}^{\mathrm{T}}\\&=\boldsymbol{\Phi}\boldsymbol{G}_{qq}(\mathrm{j}\omega)\boldsymbol{\Phi}^{\mathrm{T}}\end{aligned} \tag{3.69}$$

同样地，对结构响应的功率谱密度矩阵进行奇异值分解，在某一个频率处得到

$$\boldsymbol{G}_{xx}(\mathrm{j}\omega_r)=\boldsymbol{U}_r\boldsymbol{\Sigma}_r\boldsymbol{U}_r^{\mathrm{T}} \tag{3.70}$$

式中，符号含义同前。

对比式(3.69)和式(3.70)可知，在白噪声输入下，结构某一阶频率处，$\boldsymbol{G}_{qq}(\omega)$ 达到峰值，对应式(3.70)的奇异值取最大值，这个奇异值即为结构特征值；对应的奇异值向量矩阵与结构振型矩阵是相同的，奇异值向量矩阵第一列对应结构该阶频率的振型。这里需要指出的是，式(3.69)中的振型矩阵是在结构质量矩阵为单位矩阵下的归一化振型矩阵，为酉矩阵，即 $\boldsymbol{\Phi}\boldsymbol{\Phi}^{\mathrm{T}}=\boldsymbol{I}$，$\boldsymbol{I}$ 为单位矩阵。

3.4　增强频域分解法

增强频域分解法(EFDD)是Brinker等人为了克服频域分解法无法识别模态

阻尼比的缺点所提出的改进方法。EFDD将奇异值峰值曲线附近较大的频段近似为单自由度系统的频响函数，并对其进行逆傅里叶变换转换到时域上，然后利用对数衰减率识别模态频率与模态阻尼比。

对于结构响应功率谱密度函数某一峰值频率ω_r，其相应的第r阶振型估计值由式(3.69)确定为$\hat{\boldsymbol{\varphi}}_r$。为了确定$\omega_r$近似为单自由度系统的功率谱密度函数频段范围，常利用$\mathrm{MAC}(\boldsymbol{u}_j,\hat{\boldsymbol{\varphi}}_r)$值与给定的阈值$\theta_{\mathrm{MAC}}$保证频段内的特征向量$\boldsymbol{u}_j$与振型估计值$\hat{\boldsymbol{\varphi}}_r$具有强相关性，$\theta_{\mathrm{MAC}}$越接近1，相关性越强。

$$\mathrm{MAC}(\boldsymbol{u}_j,\hat{\boldsymbol{\varphi}}_r)=\frac{|\boldsymbol{u}_j^{\mathrm{H}}\hat{\boldsymbol{\varphi}}_r|^2}{(\boldsymbol{u}_j^{\mathrm{H}}\boldsymbol{u}_j)(\hat{\boldsymbol{\varphi}}_r^{\mathrm{H}}\hat{\boldsymbol{\varphi}}_r)}>\theta_{\mathrm{MAC}} \tag{3.71}$$

式中，$\boldsymbol{u}_j$为ω_r附近的频率ω_j进行如式(3.63)和式(3.64)奇异值分解所求得的特征向量。如图3.8所示中虚线为$\theta_{\mathrm{MAC}}=0.9$时此三自由度结构各阶模态有效奇异值曲线范围。

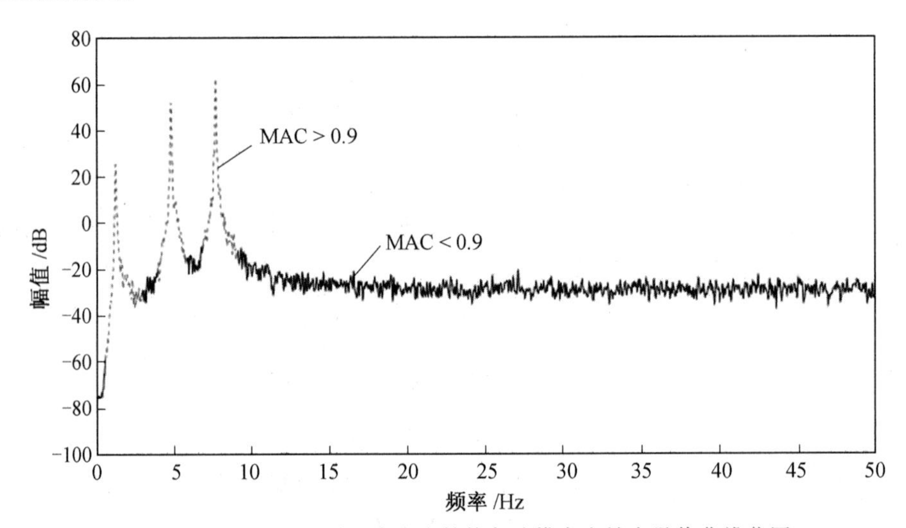

图3.8 $\theta_{\mathrm{MAC}}=0.9$时三自由度结构各阶模态有效奇异值曲线范围

对由式(3.71)确定的频段范围内功率谱密度函数进行逆傅里叶变换得到归一化的自相关函数，然后对选定范围内相关函数的穿零次数与对数衰减率进行线性拟合即可求出阻尼比$\hat{\zeta}_r$和有阻尼固有频率$\hat{\omega}_{\mathrm{d}}$。此三自由度结构第2阶模态逆傅里叶变换后所得归一化相关函数如图3.9所示。值得注意的是，由于频谱泄漏、相邻模态干扰等原因，阻尼比的识别结果有一定的误差。

设某一阶模态归一化的自相关函数初始值为r_0，经过k个峰值点(含负峰值点)衰减为r_k，则对数衰减率估计值$\hat{\delta}$的计算如式(3.72)所示，可由峰值点对数值与时间间隔散点图进行线性拟合求得平均值。阻尼比估计值可由式(3.73)确定。此三自由度结构线性拟合估计阻尼如图3.10所示。

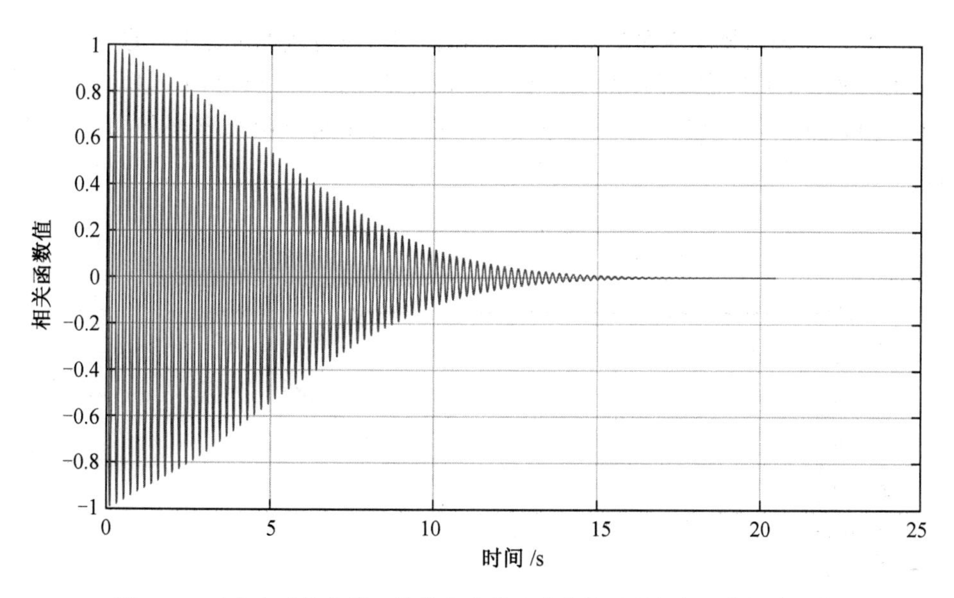

图 3.9　三自由度结构第 2 阶模态逆傅里叶变换后所得归一化相关函数

$$\hat{\delta}=\frac{2}{k}\ln\left(\frac{r_0}{|r_k|}\right) \tag{3.72}$$

$$\hat{\zeta}=\frac{\hat{\delta}}{\sqrt{\hat{\delta}^2+(2\pi)^2}} \tag{3.73}$$

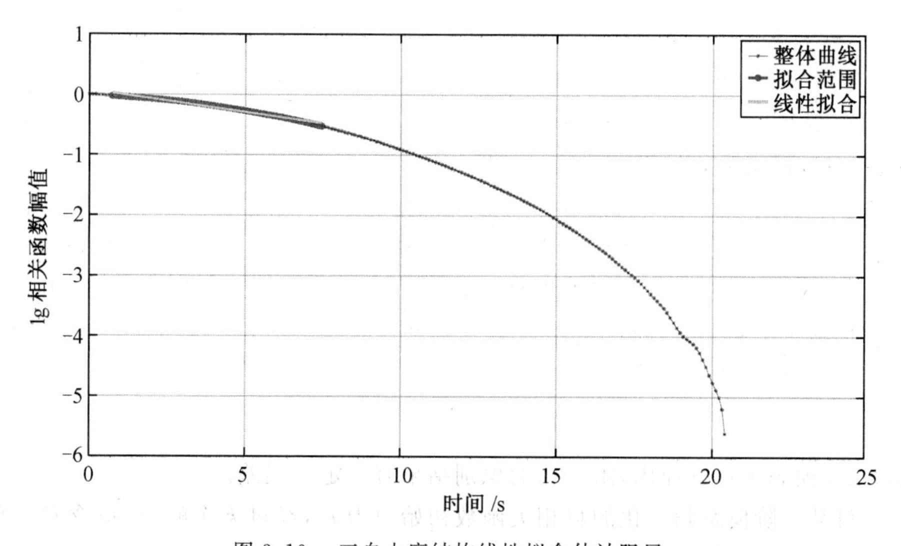

图 3.10　三自由度结构线性拟合估计阻尼

由自相关函数穿零次数与时间间隔散点图可进行线性拟合求得自相关函数一个周期的平均时间间隔，进而求得有阻尼固有频率 $\hat{\omega}_d$，可根据下式修正获得无阻尼固有频率 $\hat{\omega}_n$。使用穿零法估计此三自由度结构有阻尼频率如图 3.11 所示。

$$\hat{\omega}_n = \frac{\hat{\omega}_d}{\sqrt{1-\hat{\zeta}^2}} \tag{3.74}$$

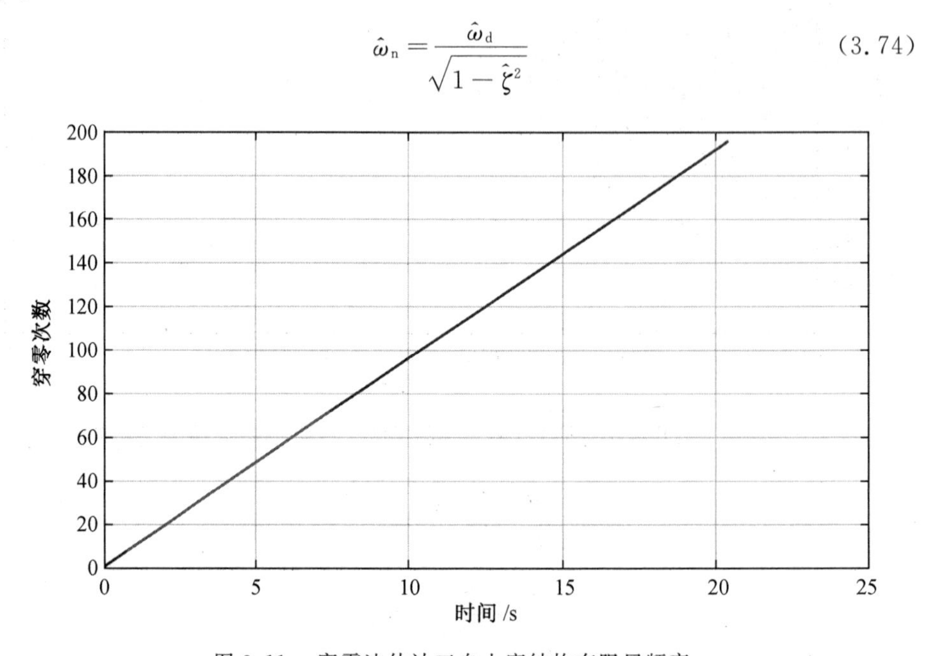

图 3.11　穿零法估计三自由度结构有阻尼频率

EFDD算法的基本流程图如图 3.12 所示。首先测量得到结构 M 个测点的时域响应信号 $x_i(t)(i=1,2,\cdots,M)$。然后计算测量结构响应的相关函数矩阵 $\boldsymbol{R}_{xx}(t)$；对相关函数矩阵做傅里叶变换，得到功率谱密度函数矩阵 $\boldsymbol{G}_{xx}(\mathrm{j}\omega)$；在不同频率下将功率谱矩阵进行奇异值分解，得到最大奇异值及其对应的奇异值特征向量。最后分别选取各阶模态奇异值峰值附近相关性较大的频段曲线，将其近似为单自由度系统(SPOF)的频响函数。对频段内的曲线进行逆傅里叶变换获得时域上的自相关函数，利用对数衰减率与穿零次数分别识别有阻尼固有频率与阻尼比，并修正固有频率。

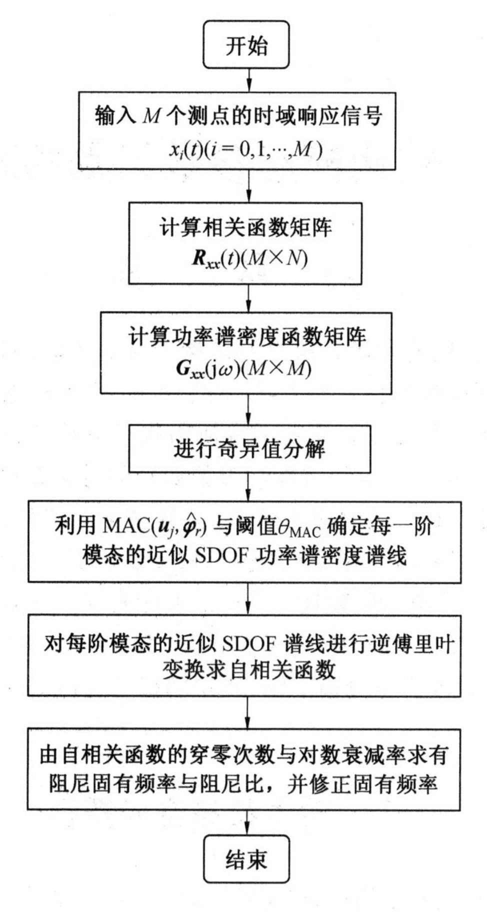

图 3.12　EFDD 算法的基本流程图

第4章　结构模态参数识别的时域方法

4.1　概　　述

结构模态参数识别的时域方法只需结构响应的数据，因此通常用于环境激励下的模态参数识别，对大型土木工程、大型机械、超大运输工具等结构进行人工激励很困难，只能依靠自然力或者正常使用状态下的动力荷载激励下的响应信号进行结构模态参数识别。结构模态参数识别的时域方法是模态分析理论中很重要的内容，并且具有广泛的应用价值，尤其在土木工程领域，随着结构监测技术的发展和应用，越来越多的实际工程结构安装了实时的监测系统，通过时域的监测数据识别结构的模态参数具有重要的实际意义。本章首先介绍动力状态空间模型，然后主要介绍结构模态参数识别时域方法中的随机子空间方法、NExT＋ERA方法以及盲源分离方法，其中随机子空间方法包括协方差驱动和数据驱动两种。

4.2　动力状态空间模型

动力学控制方程通常采用微分（连续时间）或差分（离散时间）方程描述。在时域中进行系统识别时，可以采用不同的数学模型，如Prony多项式模型、自回归模型（AR模型）、滑动平均模型（MA模型）以及自回归滑动平均模型（ARMA模型）等。不同的模型对应不同的算法和识别理论，随机子空间方法、NExT＋ERA方法的基础是系统状态空间模型，下面介绍动力学状态空间模型的相关内容。

4.2.1　连续时间状态空间模型

N个自由度的系统，其动力特性可用二阶振动微分方程式表示，即

$$\boldsymbol{M}\ddot{\boldsymbol{q}}(t)+\boldsymbol{C}\dot{\boldsymbol{q}}(t)+\boldsymbol{K}\boldsymbol{q}(t)=\boldsymbol{f}(t)=\boldsymbol{B}\boldsymbol{u}(t) \tag{4.1}$$

通过定义式，将二阶微分方程变成一阶微分方程，即

$$\boldsymbol{x}(t)=\begin{bmatrix}\boldsymbol{q}(t)\\ \dot{\boldsymbol{q}}(t)\end{bmatrix},\quad \boldsymbol{P}=\begin{bmatrix}\boldsymbol{C} & \boldsymbol{M}\\ \boldsymbol{M} & \boldsymbol{0}\end{bmatrix},\quad \boldsymbol{Q}=\begin{bmatrix}\boldsymbol{K} & \boldsymbol{0}\\ \boldsymbol{0} & -\boldsymbol{M}\end{bmatrix} \tag{4.2}$$

$$P\dot{x}(t)+Qx(t)=\begin{bmatrix}B\\0\end{bmatrix}u(t) \tag{4.3}$$

式(4.3)两边左乘P^{-1}：

$$P^{-1}=\begin{bmatrix}0 & M^{-1}\\M^{-1} & -M^{-1}CM^{-1}\end{bmatrix} \tag{4.4}$$

可以得到连续时间状态空间方程：

$$\dot{x}(t)=A_c x(t)+B_c u(t) \tag{4.5}$$

式中

$$A_c=-P^{-1}Q=\begin{bmatrix}0 & 1\\-M^{-1}K & -M^{-1}C\end{bmatrix} \tag{4.6}$$

$$B_c=P^{-1}\begin{bmatrix}B\\0\end{bmatrix}=\begin{bmatrix}0\\M^{-1}B\end{bmatrix} \tag{4.7}$$

在实际振动测试中，一般不会测量全部自由度的输出，而只检测其中的一部分。假定只有其中 l 个自由度处放置了传感器，则结构的输出可以表示为

$$y(t)=C_a\ddot{q}(t)+C_v\dot{q}(t)+C_d q(t) \tag{4.8}$$

式(4.8)为观测方程，式中，$y(t)$ 为结构响应数据；C_a、C_v、C_d 分别为响应加速度、速度、位移的输出矩阵，C_a、C_v、$C_d \in \mathbf{R}^{l\times N}$。这几个矩阵包含大量的零元素，仅在测量的 l 个自由度处不为零。在实际的应用中，根据式(4.1)和 $x(t)$ 的定义，可将式(4.8)变为

$$y(t)=C_c x(t)+D_c u(t) \tag{4.9}$$

式中，C_c 为连续时间输出矩阵，描述内部状态怎样转化到外界的测量值，$C_c \in \mathbf{R}^{l\times n}$；$D_c$ 为直馈矩阵，$D_c \in \mathbf{R}^{l\times m}$，它们分别为

$$C_c=[C_d-C_a M^{-1}KC_v-C_a M^{-1} C_2],\quad D_c=C_a M^{-1}B \tag{4.10}$$

在某些情况下，如在测量过程中使用速度传感器或者位移传感器，即系统确定性的连续时间状态空间模型为

$$\begin{cases}\dot{x}(t)=A_c x(t)+B_c u(t)\\y(t)=C_c x(t)+D_c u(t)\end{cases} \tag{4.11}$$

这里“确定性”指的是在式(4.11)中，输入 $u(t)$ 和输出的值可以通过测量得到，结构受到的激励是确定性的；“连续时间”指的是该表达式在任何 $t\in\mathbf{R}^{+}$ 瞬间都可以进行计算。

4.2.2　离散时间模型

在实际测试中，因为信号的测量都是在离散的时间点，因此需要将连续时间模型转换成离散时间模型。另外，如果需要对模型进行数值模拟计算，也需要使

用离散时间模型。如果能找到系统响应关于输入的解析解，当然解析表达式能够计算出任何时刻系统的响应，不需要离散模型，但是大部分情况不能得到解析模型，只能用数值模拟系统的响应。假定信号采样频率满足奈奎斯特－香农(Nyquist-Shannon)采样定理，设初始时间为 t_0，式(4.5)的一般解可表示为

$$\boldsymbol{x}(t)=\mathrm{e}^{\boldsymbol{A}_{\mathrm{c}}(t-t_0)}\boldsymbol{x}_0(t_0)+\int_{t_0}^{t}\mathrm{e}^{\boldsymbol{A}_{\mathrm{c}}(t-\tau)}\boldsymbol{B}_{\mathrm{c}}\boldsymbol{u}(\tau)\mathrm{d}\tau \tag{4.12}$$

设采样时间间隔为 Δt，k 为正整数，t 为时间，可以得到

$$t_0=k\Delta t,\quad t=(k+1)\Delta t \tag{4.13}$$

将式(4.13)代入式(4.12)得到

$$\begin{aligned}&\boldsymbol{x}((k+1)\Delta t)\\&=\mathrm{e}^{(\boldsymbol{A}_{\mathrm{c}}\Delta t)}\boldsymbol{x}(k\Delta t)+\int_{k\Delta t}^{(k+1)\Delta t}\mathrm{e}^{\boldsymbol{A}_{\mathrm{c}}((k+1)\Delta t-\tau)}\boldsymbol{B}_{\mathrm{c}}\boldsymbol{u}(\tau)\mathrm{d}\tau\end{aligned} \tag{4.14}$$

用 $\boldsymbol{x}_k=\boldsymbol{x}(k\Delta t)=(\boldsymbol{q}_k^{\mathrm{T}}\ \dot{\boldsymbol{q}}_k^{\mathrm{T}})^{\mathrm{T}}$ 表示由采样时刻的位移和速度向量组成的系统状态向量，$\boldsymbol{x}_{k+1}$ 表示在 $k+1$ 时刻系统的状态向量。令 $\tau'=(k+1)\Delta t-\tau$，式(4.14)可变为

$$\boldsymbol{x}_{k+1}=\mathrm{e}^{(\boldsymbol{A}_{\mathrm{c}}\Delta t)}\boldsymbol{x}_k+\int_0^{\Delta t}\mathrm{e}^{\boldsymbol{A}_{\mathrm{c}}\tau}\mathrm{d}\tau'\boldsymbol{B}_{\mathrm{c}}\boldsymbol{u}_k \tag{4.15}$$

即

$$\boldsymbol{x}_{k+1}=\boldsymbol{A}\boldsymbol{x}_k+\boldsymbol{B}\boldsymbol{u}_k \tag{4.16}$$

式中，

$$\begin{aligned}\boldsymbol{A}&=\mathrm{e}^{(\boldsymbol{A}_{\mathrm{c}}\Delta t)}\\\boldsymbol{B}&=\int_0^{\Delta t}\mathrm{e}^{\boldsymbol{A}_{\mathrm{c}}\tau'}\boldsymbol{B}_{\mathrm{c}}=(\boldsymbol{A}-\boldsymbol{I})\boldsymbol{A}_{\mathrm{c}}^{-1}\boldsymbol{B}_{\mathrm{c}}\end{aligned} \tag{4.17}$$

类似地，观测方程可变为

$$\boldsymbol{y}_k=\boldsymbol{C}\boldsymbol{x}_k+\boldsymbol{D}\boldsymbol{u}_k \tag{4.18}$$

式中，$\boldsymbol{C}=\boldsymbol{C}_{\mathrm{c}}$；$\boldsymbol{D}=\boldsymbol{D}_{\mathrm{c}}$；$\boldsymbol{u}_k$、$\boldsymbol{y}_k$ 分别表示采样时刻输入和输出。合并式(4.16)和式(4.17)就可得到确定性离散时间状态空间模型：

$$\begin{cases}\boldsymbol{x}_{k+1}=\boldsymbol{A}\boldsymbol{x}_k+\boldsymbol{B}\boldsymbol{u}_k\\\boldsymbol{y}_k=\boldsymbol{C}\boldsymbol{x}_k+\boldsymbol{D}\boldsymbol{u}_k\end{cases} \tag{4.19}$$

式中，$\boldsymbol{A}$ 为离散状态空间矩阵；$\boldsymbol{B}$ 为离散输入矩阵；$\boldsymbol{C}$ 为离散输出矩阵；$\boldsymbol{D}$ 为直馈矩阵。

4.3　随机子空间方法

4.3.1　协方差驱动的随机子空间方法

协方差驱动的随机子空间方法是以系统的离散时间随机状态空间模型为基础，输入和噪声项认为是理想白噪声，利用白噪声的统计特性，结合矩阵奇异值分解等来识别离散的系统状态空间矩阵，然后进一步识别结构的模态参数。

1. 离散时间随机状态空间模型

考虑某个线性时不变系统受到随机激励作用，假设其自由度为 N，那么其离散化状态方程可以写为

$$\boldsymbol{x}_{k+1}=\boldsymbol{A}\boldsymbol{x}_k+\boldsymbol{B}\boldsymbol{u}_k+\boldsymbol{w}_k \tag{4.20}$$

$$\boldsymbol{y}_k=\boldsymbol{C}\boldsymbol{x}_k+\boldsymbol{D}\boldsymbol{u}_k+\boldsymbol{v}_k \tag{4.21}$$

式中，$\boldsymbol{w}_k$、$\boldsymbol{v}_k$ 为两种不同的噪声项，其中 $\boldsymbol{w}_k$ 表示过程噪声和模型误差的叠加，$\boldsymbol{v}_k$ 表示观测噪声，其他符号的意义与前面一致。

将外部随机激励视为白噪声，并假设噪声 $\boldsymbol{w}_k$ 和 $\boldsymbol{v}_k$ 也为白噪声，那么可以将二者进行合并，此时式(4.20) 和式(4.21) 所示的状态方程变为

$$\boldsymbol{x}_{k+1}=\boldsymbol{A}\boldsymbol{x}_k+\boldsymbol{w}_k \tag{4.22}$$

$$\boldsymbol{y}_k=\boldsymbol{C}\boldsymbol{x}_k+\boldsymbol{v}_k \tag{4.23}$$

式中，$\boldsymbol{w}_k$ 为外部随机激励作用、过程噪声以及模型误差的叠加；$\boldsymbol{v}_k$ 为外部随机激励作用与观测噪声的叠加。为便于讨论，后面将 $\boldsymbol{w}_k$ 和 $\boldsymbol{v}_k$ 分别称为过程噪声和观测噪声。

假设 $\boldsymbol{w}_k$ 和 $\boldsymbol{v}_k$ 均为均值为零的白噪声，同时假设其与结构状态相互独立，那么有

$$E[\boldsymbol{w}_k]=0,\quad E[\boldsymbol{v}_k]=0 \tag{4.24}$$

$$E[\boldsymbol{x}_k\boldsymbol{w}_k^{\mathrm{T}}]=0,\quad E[\boldsymbol{x}_k\boldsymbol{v}_k^{\mathrm{T}}]=0 \tag{4.25}$$

根据线性时不变动力系统理论，当系统承受某均值为零的平稳随机过程激励时，系统的状态响应也是均值为零的平稳随机过程，那么有

$$E[\boldsymbol{x}_k\boldsymbol{x}_k^{\mathrm{T}}]=\boldsymbol{\Sigma}_\sigma,\quad E[\boldsymbol{x}_k]=0 \tag{4.26}$$

考虑任意时间间隔 i，观测到的结构响应的协方差矩阵 $\boldsymbol{R}_i$ 为

$$\boldsymbol{R}_i=E[\boldsymbol{y}_{k+i}\boldsymbol{y}_k^{\mathrm{T}}] \tag{4.27}$$

图 4.1 所示为某桥梁结构某测点加速度响应观测信号及其协方差，可见观测信号的协方差具有与自由振动类似的衰减特性。

系统状态向量 $\boldsymbol{x}_{k+1}$ 和系统响应观测向量 $\boldsymbol{y}_k$ 的协方差矩阵可以写为

$$\boldsymbol{G}=E[\boldsymbol{x}_{k+1}\boldsymbol{y}_k^{\mathrm{T}}] \tag{4.28}$$

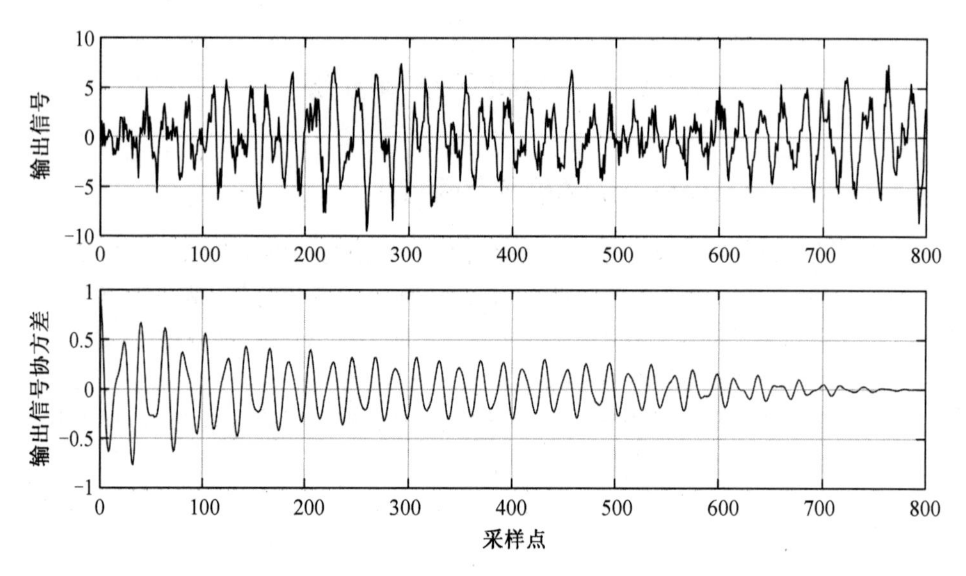

图 4.1　某桥梁结构某测点加速度响应观测信号及其协方差

将式(4.22)和式(4.23)代入式(4.27)和式(4.28)，即可得到系统响应协方差矩阵$\boldsymbol{R}_i(i=1,2,\cdots)$，即

$$\boldsymbol{R}_i=\boldsymbol{C}\boldsymbol{A}^{i-1}\boldsymbol{G} \tag{4.29}$$

可见系统响应的协方差矩阵 $\boldsymbol{R}_i$ 与系统矩阵 $\boldsymbol{A}$ 直接相关，从而可以利用系统响应对系统模态参数进行识别。

2. Hankel 矩阵

为利用系统响应协方差矩阵计算系统矩阵，首先利用系统响应创建分块 Hankel 矩阵，其具体形式为

$$\boldsymbol{Y}_{0|2i-1}=\frac{1}{\sqrt{j}}\left[\begin{array}{cccc}\boldsymbol{Y}_0 & \boldsymbol{Y}_1 & \cdots & \boldsymbol{Y}_{j-1}\\ \boldsymbol{Y}_1 & \boldsymbol{Y}_2 & \cdots & \boldsymbol{Y}_j\\ \vdots & \vdots & & \vdots\\ \boldsymbol{Y}_{i-1} & \boldsymbol{Y}_i & \cdots & \boldsymbol{Y}_{i+j-2}\\ \hline \boldsymbol{Y}_i & \boldsymbol{Y}_{i+1} & \cdots & \boldsymbol{Y}_{i+j-1}\\ \boldsymbol{Y}_{i+1} & \boldsymbol{Y}_{i+2} & \cdots & \boldsymbol{Y}_{i+j}\\ \vdots & \vdots & & \vdots\\ \boldsymbol{Y}_{2i-1} & \boldsymbol{Y}_{2i} & \cdots & \boldsymbol{Y}_{2i+j-2}\end{array}\right]=\frac{\boldsymbol{Y}_{0|i-1}}{\boldsymbol{Y}_{i|2i-1}}=\frac{\boldsymbol{Y}_{\mathrm{p}}}{\boldsymbol{Y}_{\mathrm{f}}} \tag{4.30}$$

这就是含有 $2i$ 个“块行”和 j 个列的分块 Hankel 矩阵，每个分块由 M 行数据构成列向量，$\boldsymbol{Y}_k=[y_{1,k}\quad y_{2,k}\quad\cdots\quad y_{M,k}]^{\mathrm{T}}$，$M$ 的值等于测点个数，k 表示采样时间，$\frac{1}{\sqrt{j}}$ 可以在随后的协方差矩阵计算中抵消掉。矩阵$\boldsymbol{Y}_{i|2i-1}$ 中下角标 i 和$(2i-1)$分别表示该矩阵首行和末行数据的采样时间；$\boldsymbol{Y}_{\mathrm{p}}$ 和$\boldsymbol{Y}_{\mathrm{f}}$ 分别表示以某时刻点为分

界的历史数据和未来数据，这样分块 Hankel 矩阵的信息可分为历史和未来两部分。若把历史和未来的界限向下移动一个块行，那么可以得到

$$\boldsymbol{Y}_{0|2i-1}=\frac{1}{\sqrt{j}}\left[\begin{array}{cccc}\boldsymbol{Y}_0 & \boldsymbol{Y}_1 & \cdots & \boldsymbol{Y}_{j-1}\\ \boldsymbol{Y}_1 & \boldsymbol{Y}_2 & \cdots & \boldsymbol{Y}_j\\ \vdots & \vdots & & \vdots\\ \boldsymbol{Y}_i & \boldsymbol{Y}_{i+1} & \cdots & \boldsymbol{Y}_{i+j-1}\\ \hline \boldsymbol{Y}_{i+1} & \boldsymbol{Y}_{i+2} & \cdots & \boldsymbol{Y}_{i+j}\\ \vdots & \vdots & & \vdots\\ \boldsymbol{Y}_{2i-1} & \boldsymbol{Y}_{2i} & \cdots & \boldsymbol{Y}_{2i+j-2}\end{array}\right]=\left(\frac{\boldsymbol{Y}_{0|i}}{\boldsymbol{Y}_{i+1|2i-1}}\right)=\left(\frac{\boldsymbol{Y}_{\mathrm{p}}^{+}}{\boldsymbol{Y}_{\mathrm{f}}^{-}}\right) \tag{4.31}$$

3. 系统响应协方差矩阵

利用式(4.27) 计算得到系统的响应协方差矩阵，再利用式(4.30) 所示的分块 Hankel 矩阵中的历史数据和未来数据可以构造出如下托普利兹(Toeplitz) 矩阵：

$$\boldsymbol{T}_{1|i}=\boldsymbol{Y}_{\mathrm{f}}\boldsymbol{Y}_{\mathrm{p}}^{\mathrm{T}}=\begin{bmatrix}\boldsymbol{R}_i & \boldsymbol{R}_{i-1} & \cdots & \boldsymbol{R}_1\\ \boldsymbol{R}_{i+1} & \boldsymbol{R}_i & \cdots & \boldsymbol{R}_2\\ \vdots & \vdots & & \vdots\\ \boldsymbol{R}_{2i-1} & \boldsymbol{R}_{2i-2} & \cdots & \boldsymbol{R}_i\end{bmatrix} \tag{4.32}$$

Toeplitz 矩阵$\boldsymbol{T}_{1|i}\in\mathbf{R}^{Mi\times Mi}$ 中所有对角线元素均相等。

将式(4.29) 中的系统响应协方差矩阵$\boldsymbol{R}_i$ 代入上述 Toeplitz 矩阵，可得

$$\boldsymbol{T}_{1|i}=\begin{bmatrix}\boldsymbol{C}\\ \boldsymbol{CA}\\ \vdots\\ \boldsymbol{CA}^{i-1}\end{bmatrix}[\boldsymbol{A}^{i-1}\boldsymbol{G}\quad \boldsymbol{A}^{i-2}\boldsymbol{G}\quad \cdots\quad \boldsymbol{G}]=\boldsymbol{P}_i\boldsymbol{\Gamma}_i \tag{4.33}$$

式中

$$\boldsymbol{P}_i=\begin{bmatrix}\boldsymbol{C}\\ \boldsymbol{CA}\\ \vdots\\ \boldsymbol{CA}^{i-1}\end{bmatrix},\quad \boldsymbol{\Gamma}_i=[\boldsymbol{A}^{i-1}\boldsymbol{G}\quad \boldsymbol{A}^{i-2}\boldsymbol{G}\quad \cdots\quad \boldsymbol{G}] \tag{4.34}$$

式中，$\boldsymbol{P}_i$、$\boldsymbol{\Gamma}_i$ 分别为系统的可观矩阵和反转可控矩阵，$\boldsymbol{P}_i\in\mathbf{R}^{iM\times 2N}$、$\boldsymbol{\Gamma}_i\in\mathbf{R}^{2N\times Mi}$。根据控制论知识，可知若矩阵$\boldsymbol{P}_i\in\mathbf{R}^{iM\times 2N}$ 为行满秩(即秩恰好为系统状态方程的阶数 $2N$)，则表明在有限的时间间隔内，系统的全部 $2N$ 阶模态都可以从结构观测响应中获得，此时称该动力系统是可观的；若矩阵$\boldsymbol{\Gamma}_i\in\mathbf{R}^{2N\times Mi}$ 为列满秩(即其秩恰好为系统状态方程的阶数 $2N$)，则意味着在有限的时间之内，系统的全部 $2N$ 阶模态均可以由随机激励激发，此时称该动力系统是可控的。

由式(4.34) 可知，系统可观性矩阵$\boldsymbol{P}_i\in\mathbf{R}^{iM\times 2N}$ 的首个分块行就是系统的观

测矩阵$\boldsymbol{C}$，即

$$\boldsymbol{C}=\boldsymbol{P}_i(1:M,1:2N) \tag{4.35}$$

为了获得动力系统的系统矩阵$\boldsymbol{A}$，可将$\boldsymbol{T}_{1|i}$变形为$\boldsymbol{T}_{2|i+1}$，那么

$$\boldsymbol{T}_{2|i+1}=\boldsymbol{Y}_{\mathrm{f}}\boldsymbol{Y}_{\mathrm{p}}^{\mathrm{T}}=\begin{bmatrix}\boldsymbol{R}_{i+1} & \boldsymbol{R}_i & \cdots & \boldsymbol{R}_2\\ \boldsymbol{R}_{i+2} & \boldsymbol{R}_{i+1} & \cdots & \boldsymbol{R}_3\\ \vdots & \vdots & & \vdots\\ \boldsymbol{R}_{2i} & \boldsymbol{R}_{2i-1} & \cdots & \boldsymbol{R}_{i+1}\end{bmatrix} \tag{4.36}$$

$$\boldsymbol{T}_{2|i+1}=\boldsymbol{P}_i\boldsymbol{A}\boldsymbol{\Gamma}_i \tag{4.37}$$

根据式(4.37)可以计算得到系统矩阵$\boldsymbol{A}$的表达式为

$$\boldsymbol{A}=\boldsymbol{P}_i^{\dagger}\boldsymbol{T}_{2|i+1}\boldsymbol{\Gamma}_i^{\dagger} \tag{4.38}$$

式中，$(\cdot)^{\dagger}$表示矩阵的广义逆矩阵(Moore-Penrose伪逆)。

4. Toeplitz 矩阵的分解

若动力系统同时满足可观性条件和可控性条件，那么上述Toeplitz矩阵的秩将恰好等于动力系统的模态阶数$2N$。此时，采用奇异值分解方法对Toeplitz矩阵进行矩阵分解时，可得到$2N$个非零的奇异值，具体分解结果为

$$\boldsymbol{T}_{1|i}=\boldsymbol{U\Sigma V}^{\mathrm{T}}=[\boldsymbol{U}_1\quad \boldsymbol{U}_2]\begin{bmatrix}\boldsymbol{\Sigma}_1 & \boldsymbol{0}\\ \boldsymbol{0} & \boldsymbol{\Sigma}_2\end{bmatrix}\begin{bmatrix}\boldsymbol{V}_1^{\mathrm{T}}\\ \boldsymbol{V}_2^{\mathrm{T}}\end{bmatrix} \tag{4.39}$$

式中，$\boldsymbol{U}$、$\boldsymbol{V}$均为酉矩阵，$\boldsymbol{U}\in\mathbf{R}^{Mi\times Mi}$、$\boldsymbol{V}\in\mathbf{R}^{Mi\times Mi}$，即分别满足$\boldsymbol{U}^{\mathrm{T}}\boldsymbol{U}=\boldsymbol{U}\boldsymbol{U}^{\mathrm{T}}=\boldsymbol{I}\in\mathbf{Z}^{Mi\times Mi}$和$\boldsymbol{V}^{\mathrm{T}}\boldsymbol{V}=\boldsymbol{V}\boldsymbol{V}^{\mathrm{T}}=\boldsymbol{I}\in\mathbf{Z}^{Mi\times Mi}$；$\boldsymbol{\Sigma}$为由全体奇异值构成的对角矩阵，$\boldsymbol{\Sigma}\in\mathbf{R}^{Mi\times Mi}$，根据奇异值是否取零值，可将对角矩阵$\boldsymbol{\Sigma}$分为两个子矩阵$\boldsymbol{\Sigma}_1$和$\boldsymbol{\Sigma}_2$，其中对角矩阵$\boldsymbol{\Sigma}_1\in\mathbf{R}^{+2N\times 2N}$由$2N$个非零奇异值构成，奇异值在对角线上按降序排列，对角矩阵$\boldsymbol{\Sigma}_2$为零矩阵，即

$$\boldsymbol{\Sigma}=\begin{bmatrix}\boldsymbol{\Sigma}_1 & \boldsymbol{0}\\ \boldsymbol{0} & \boldsymbol{\Sigma}_2\end{bmatrix}$$

$$\boldsymbol{\Sigma}_1=\mathrm{diag}[\lambda_i],\quad \lambda_1\geqslant\lambda_2\geqslant\cdots\geqslant\lambda_{2n},\quad \boldsymbol{\Sigma}_2=\boldsymbol{0} \tag{4.40}$$

可见，对角矩阵$\boldsymbol{\Sigma}_1\in\mathbf{R}^{+2N\times 2N}$的秩就是动力系统的模态阶数，换句话说，动力系统的模态阶数等于非零奇异值的数目。利用该结果，可以将式(4.39)改写为

$$\begin{aligned}\boldsymbol{T}_{1|i}&=\boldsymbol{U\Sigma V}^{\mathrm{T}}=[\boldsymbol{U}_1\quad \boldsymbol{U}_2]\begin{bmatrix}\boldsymbol{\Sigma}_1 & \boldsymbol{0}\\ \boldsymbol{0} & \boldsymbol{\Sigma}_2\end{bmatrix}\begin{bmatrix}\boldsymbol{V}_1^{\mathrm{T}}\\ \boldsymbol{V}_2^{\mathrm{T}}\end{bmatrix}\\ &=\boldsymbol{U}_1\boldsymbol{\Sigma}_1\boldsymbol{V}_1^{\mathrm{T}}\end{aligned} \tag{4.41}$$

比较式(4.33)和式(4.41)，可将式(4.41)进一步分解成如下两部分

$$\boldsymbol{P}_i=\boldsymbol{U}_1\boldsymbol{\Sigma}_1^{\frac{1}{2}}\boldsymbol{T},\qquad \boldsymbol{\Gamma}_i=\boldsymbol{T}^{-1}\boldsymbol{\Sigma}_1^{\frac{1}{2}}\boldsymbol{V}_1^{\mathrm{T}} \tag{4.42}$$

式中，$\boldsymbol{T}$为某可逆矩阵，其作用相当于对系统矩阵$\boldsymbol{A}$和观测矩阵$\boldsymbol{C}$做相似变换，具体操作中可以取$\boldsymbol{T}=\boldsymbol{I}$以简化计算。

求解得到矩阵 $\boldsymbol{P}_i$ 和 $\boldsymbol{\Gamma}_i$ 后，即可以利用式(4.35)计算系统的观测矩阵 $\boldsymbol{C}$，再利用式(4.38)确定系统矩阵 $\boldsymbol{A}$，在此基础之上即可进行模态参数识别。

5. 模态参数识别

在获得系统矩阵 $\boldsymbol{A}$ 后，可以进一步获得动力系统的离散状态方程的特征值和特征向量，离散状态矩阵 $\boldsymbol{A}$ 进行特征值分解：

$$\boldsymbol{A}=\boldsymbol{\Phi}\boldsymbol{\Lambda}\boldsymbol{\Phi}^{-1} \tag{4.43}$$

式中，$\boldsymbol{\Lambda}$ 为一个对角矩阵，$\boldsymbol{\Lambda}=\mathrm{diag}[\mu_i]$，由离散复特征值组成；$\boldsymbol{\Phi}$ 为特征向量组成的矩阵。

连续系统状态矩阵$\boldsymbol{A}_{\mathrm{c}}$ 与特征值和特征向量的关系为

$$\boldsymbol{A}_{\mathrm{c}}=\boldsymbol{\Phi}_{\mathrm{c}}\boldsymbol{\Lambda}_{\mathrm{c}}\boldsymbol{\Phi}_{\mathrm{c}}^{-1} \tag{4.44}$$

式中，$\boldsymbol{\Lambda}_{\mathrm{c}}$ 为特征值矩阵，$\boldsymbol{\Lambda}_{\mathrm{c}}=\mathrm{diag}[\lambda_i]$；$\boldsymbol{\Phi}_{\mathrm{c}}$ 为特征向量矩阵。

再按照式(4.17)，$\boldsymbol{A}$ 和 $\boldsymbol{A}_{\mathrm{c}}$ 的关系可得

$$\boldsymbol{A}=\mathrm{e}^{\boldsymbol{\Phi}_{\mathrm{c}}(\boldsymbol{\Lambda}_{\mathrm{c}}\Delta t)\boldsymbol{\Phi}_{\mathrm{c}}^{-1}}=\boldsymbol{\Phi}_{\mathrm{c}}\mathrm{e}^{(\boldsymbol{\Lambda}_{\mathrm{c}}\Delta t)}\boldsymbol{\Phi}_{\mathrm{c}}^{-1} \tag{4.45}$$

式(4.45)的推导过程如：

根据董增福《矩阵分析教程》130 页公式

$$\mathrm{e}^{\boldsymbol{A}}=\sum_{k=0}^{+\infty}\frac{\boldsymbol{A}^k}{k!},\quad \forall \boldsymbol{A}\in\mathbf{C}^{n\times n}$$

那么

$$\mathrm{e}^{\boldsymbol{\Phi}_{\mathrm{c}}(\boldsymbol{\Lambda}_{\mathrm{c}}\Delta t)\boldsymbol{\Phi}_{\mathrm{c}}^{-1}}=\sum_{k=0}^{+\infty}\frac{[\boldsymbol{\Phi}_{\mathrm{c}}(\boldsymbol{\Lambda}_{\mathrm{c}}\Delta t)\boldsymbol{\Phi}_{\mathrm{c}}^{-1}]^k}{k!}$$

注意

$$\begin{aligned}[\boldsymbol{\Phi}_{\mathrm{c}}(\boldsymbol{\Lambda}_{\mathrm{c}}\Delta t)\boldsymbol{\Phi}_{\mathrm{c}}^{-1}]^k&=\underbrace{\boldsymbol{\Phi}_{\mathrm{c}}(\boldsymbol{\Lambda}_{\mathrm{c}}\Delta t)\boldsymbol{\Phi}_{\mathrm{c}}^{-1}}_{j=1}\underbrace{\boldsymbol{\Phi}_{\mathrm{c}}(\boldsymbol{\Lambda}_{\mathrm{c}}\Delta t)\boldsymbol{\Phi}_{\mathrm{c}}^{-1}}_{j=2}\cdots\underbrace{\boldsymbol{\Phi}_{\mathrm{c}}(\boldsymbol{\Lambda}_{\mathrm{c}}\Delta t)\boldsymbol{\Phi}_{\mathrm{c}}^{-1}}_{j=k}\\&=\boldsymbol{\Phi}_{\mathrm{c}}\underbrace{(\boldsymbol{\Lambda}_{\mathrm{c}}\Delta t)(\boldsymbol{\Lambda}_{\mathrm{c}}\Delta t)\cdots(\boldsymbol{\Lambda}_{\mathrm{c}}\Delta t)}_{\text{共计}k\text{项}}\boldsymbol{\Phi}_{\mathrm{c}}^{-1}\\&=\boldsymbol{\Phi}_{\mathrm{c}}(\boldsymbol{\Lambda}_{\mathrm{c}}\Delta t)^k\boldsymbol{\Phi}_{\mathrm{c}}^{-1}\end{aligned}$$

那么，接着前一个式子有

$$\begin{aligned}&\mathrm{e}^{\boldsymbol{\Phi}_{\mathrm{c}}(\boldsymbol{\Lambda}_{\mathrm{c}}\Delta t)\boldsymbol{\Phi}_{\mathrm{c}}^{-1}}\\&=\sum_{k=0}^{+\infty}\frac{[\boldsymbol{\Phi}_{\mathrm{c}}(\boldsymbol{\Lambda}_{\mathrm{c}}\Delta t)\boldsymbol{\Phi}_{\mathrm{c}}^{-1}]^k}{k!}\\&=\sum_{k=0}^{+\infty}\frac{\boldsymbol{\Phi}_{\mathrm{c}}(\boldsymbol{\Lambda}_{\mathrm{c}}\Delta t)^k\boldsymbol{\Phi}_{\mathrm{c}}^{-1}}{k!}\\&=\boldsymbol{\Phi}_{\mathrm{c}}\sum_{k=0}^{+\infty}\frac{(\boldsymbol{\Lambda}_{\mathrm{c}}\Delta t)^k}{k!}\boldsymbol{\Phi}_{\mathrm{c}}^{-1}\\&=\boldsymbol{\Phi}_{\mathrm{c}}\mathrm{e}^{(\boldsymbol{\Lambda}_{\mathrm{c}}\Delta t)\boldsymbol{\Phi}_{\mathrm{c}}^{-1}}\end{aligned}$$

这样就得到了

$$e^{\boldsymbol{\Phi}_c(\boldsymbol{\Lambda}_c\Delta t)\boldsymbol{\Phi}_c^{-1}}=\boldsymbol{\Phi}_c e^{(\boldsymbol{\Lambda}_c\Delta t)\boldsymbol{\Phi}_c^{-1}}$$

$\boldsymbol{A}_c$ 与 $\boldsymbol{A}$ 具有相同的特征向量 $\boldsymbol{\Phi}_c=\boldsymbol{\Phi}$，两者特征值的关系为

$$\mu_i=e^{\lambda_i\Delta t}\Leftrightarrow\lambda_i=\frac{\ln\mu_i}{\Delta t}\tag{4.46}$$

系统的复特征值与固有频率及阻尼比之间的关系为

$$\lambda_i,\lambda_i^*=-\zeta_i\omega_i\pm j\omega_i\sqrt{1-\zeta_i^2}\tag{4.47a}$$

则频率 $\omega_i(i=1,\cdots,N)$ 为

$$\omega_i=\sqrt{(\lambda_i^R)^2+(\lambda_i^I)^2}\tag{4.47b}$$

式中，$\lambda_i^R=-\zeta_i\omega_i$，$\lambda_i^I=\omega_i\sqrt{1-\zeta_i^2}$。

阻尼比 $\zeta_i(i=1,\cdots,N)$ 为

$$\zeta_i=\frac{\lambda_i^R}{\omega_i}\tag{4.47c}$$

观测点处的振型为 $\hat{\boldsymbol{\Phi}}$（只在传感器布置位置处的振型）

$$\hat{\boldsymbol{\Phi}}=\boldsymbol{C\Phi}\in\mathbf{R}^{l_c\times n}\tag{4.48}$$

式中，振型 $\boldsymbol{C}$ 为观测矩阵，表示传感器的测量位置。

6. 稳定图理论

动力系统的模态阶数 $2N$ 是无法实际获得的，虽然可以通过上述构造的 Toeplitz 矩阵的非零奇异值来估计。但是，由于测量得到的系统响应数据往往受到测量噪声等干扰，计算得到的非零奇异值数目不一定恰好等于系统的模态阶数。同时，模态分析中关心的是模态参数的确定与提取，而非结构动力系统的确切阶数。在实际应用中，当动力系统的阶数不确定时，常常可以利用稳定图来剔除虚假模态，并直接提取系统的真实模态参数。因此，稳定图估计得到的系统模态阶数和提取得到的模态参数更加可靠。

稳定图理论的基本思想是将动力系统视为含有数个互异的模态阶数，因而可以获得数个阶数互异的状态模型，然后对这些模型分别进行模态参数辨识，并将识别得到的全体模态参数绘制在同一幅图上得到如图 4.2 所示的稳定图。在稳定图中，若频率、阻尼比和模态振型的差异不超过给定的界限值，则将该点视为稳定点，稳定点形成的轴则称为稳定轴，对应的模态就是要识别的系统模态。界限值的设定可视具体情况与经验来取。稳定轴一般需要满足的条件为

$$\begin{cases}\left|\dfrac{f_i-f_{i+1}}{f_i}\right|<[\Delta f_e]\\[2ex]\left|\dfrac{\zeta_i-\zeta_{i+1}}{\zeta_i}\right|<[\Delta\zeta_e]\\[2ex]|1-\mathrm{MAC}(i,i+1)|<[\Delta\,\mathrm{MAC}_e]\end{cases}\tag{4.49}$$

式中，i 为模态阶数；f、ζ 分别为识别得到的系统频率和阻尼比；MAC 为模态置信准则；[•] 为模态参数的界限值。图 4.3 所示为当参数为 $\Delta f_e = 5\%$，$\Delta\zeta_e = 15\%$，$\Delta \mathrm{MAC}_e = 5\%$ 时的频率稳定图。

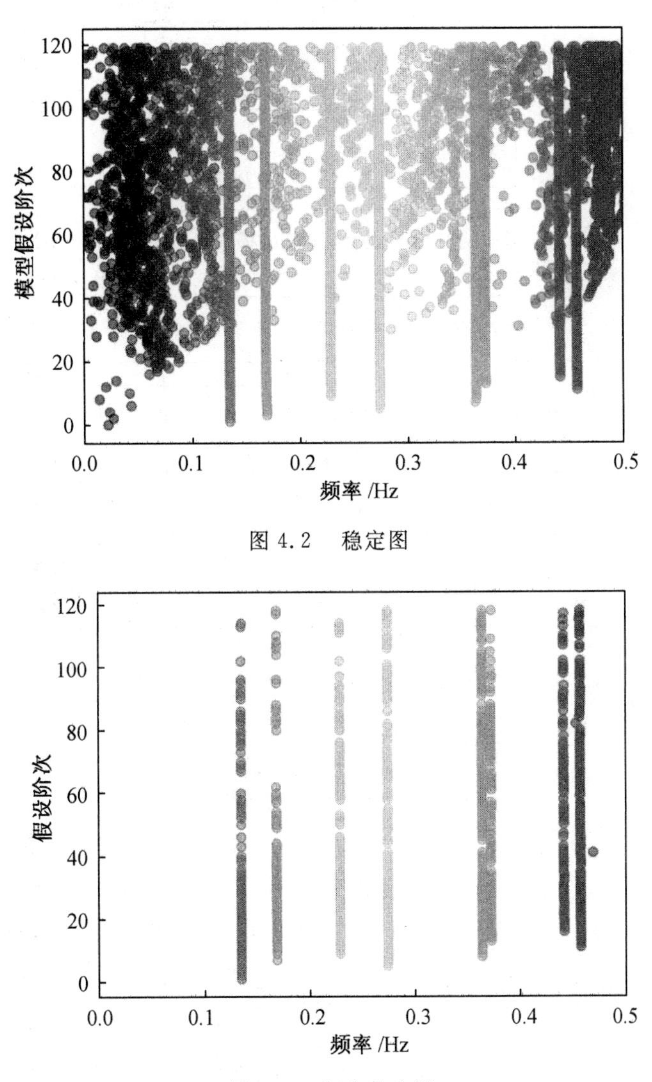

图 4.2　稳定图

图 4.3　频率稳定图

协方差驱动的随机子空间结构模态参数识别的基本流程如图 4.4 所示。首先依据观测的系统响应数据计算协方差矩阵，然后依据式(4.32) 构建 Toeplitz 矩阵，接着构建的 Toeplitz 矩阵执行 SVD 分解，再依据式(4.34) 确定系统的可观性矩阵和反转可控性矩阵，并基于系统矩阵与可观性矩阵和反转可控性矩阵三者之间的关系(即式(4.37) 和式(4.38)) 求解得到动力系统的系统矩阵，最后再利用其进行模态参数识别。

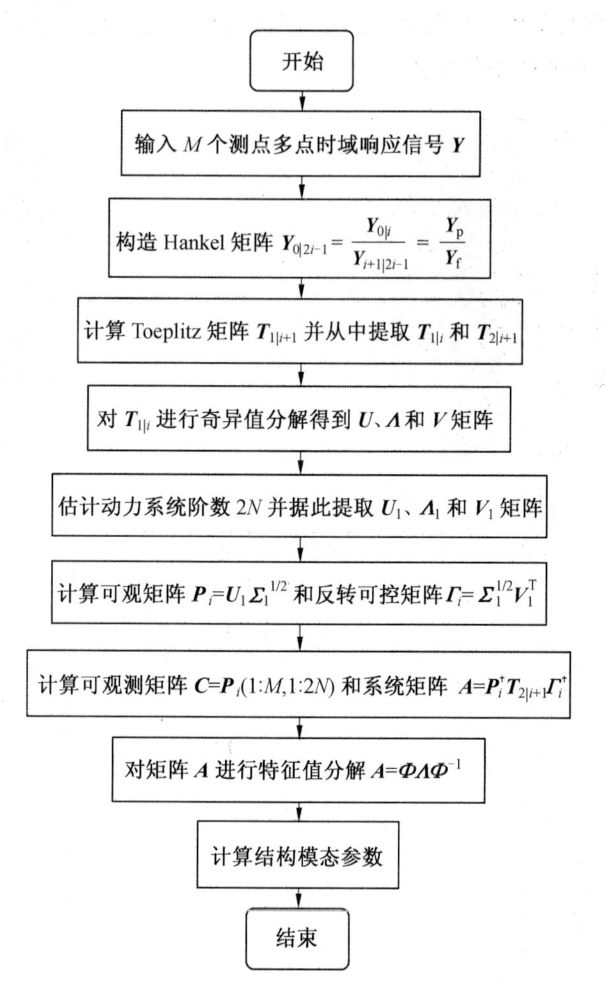

图 4.4　协方差驱动的随机子空间结构模态参数识别的基本流程

4.3.2　数据驱动的随机子空间方法

数据驱动的随机子空间方法与协方差驱动的随机子空间方法都是以线性结构的离散状态空间模型为基础，利用 Hankel 矩阵与系统可观可控矩阵的关系求解系统矩阵 $\boldsymbol{A}$ 与观测矩阵 $\boldsymbol{C}$，进一步求得结构系统的模态参数。因此，从式(4.20)结构的离散状态空间模型至式(4.31)构造 Hankel 矩阵的步骤都相同。然而数据驱动的随机子空间方法无须进行协方差的计算，而是通过 QR 分解实现了投影计算与数据的缩减，并利用卡尔曼滤波与最小二乘法求解系统矩阵。

1. 正交投影与 QR 分解

数据驱动的随机子空间方法把未来输出的行空间投影到过去输出的行空间上。某一矩阵的行空间投影到矩阵 $\boldsymbol{S}$ 的行空间上的投影算子数学表达为

$$\boldsymbol{\Pi}_S = \boldsymbol{S}^{\mathrm{T}} (\boldsymbol{S}\boldsymbol{S}^{\mathrm{T}})^{\dagger} \boldsymbol{S} \tag{4.50}$$

所以，$\boldsymbol{Y}_{\mathrm{f}}$ 在$\boldsymbol{Y}_{\mathrm{p}}$ 上的投影向量 $\boldsymbol{O}$ 可表示为

$$\boldsymbol{O}_i = \frac{\boldsymbol{Y}_{\mathrm{f}}}{\boldsymbol{Y}_{\mathrm{p}}} = \boldsymbol{Y}_{\mathrm{f}} \boldsymbol{Y}_{\mathrm{p}}^{\mathrm{T}} (\boldsymbol{Y}_{\mathrm{p}} \boldsymbol{Y}_{\mathrm{p}}^{\mathrm{T}})^{\dagger} \boldsymbol{Y}_{\mathrm{p}} \tag{4.51}$$

实际工程中，输出响应数据的采样时间一般较长，数据量较大，因此形成的 Hankel 矩阵的列数较大。为了提高计算效率，需要对数据进行缩减。协方差驱动的随机子空间算法利用协方差计算缩减数据，对应于数据驱动投影中的$\boldsymbol{Y}_{\mathrm{f}} \boldsymbol{Y}_{\mathrm{p}}^{\mathrm{T}}$ 与$\boldsymbol{Y}_{\mathrm{p}} \boldsymbol{Y}_{\mathrm{p}}^{\mathrm{T}}$ 协方差计算，然而直接采用式(4.32)计算效率较低，往往采用 QR 分解实现投影计算。

对 Hankel 矩阵进行 QR 分解可得

$$\boldsymbol{Y}_{0|2i-1} = \boldsymbol{R}\boldsymbol{Q}^{\mathrm{T}} = \begin{matrix} M(i-1) \\ M \\ M \\ M(i-1) \end{matrix} \begin{bmatrix} \boldsymbol{R}_{11} & \boldsymbol{0} & \boldsymbol{0} & \boldsymbol{0} \\ \boldsymbol{R}_{21} & \boldsymbol{R}_{22} & \boldsymbol{0} & \boldsymbol{0} \\ \boldsymbol{R}_{31} & \boldsymbol{R}_{32} & \boldsymbol{R}_{33} & \boldsymbol{0} \\ \boldsymbol{R}_{41} & \boldsymbol{R}_{42} & \boldsymbol{R}_{43} & \boldsymbol{R}_{44} \end{bmatrix} \begin{bmatrix} \boldsymbol{Q}_1^{\mathrm{T}} \\ \boldsymbol{Q}_2^{\mathrm{T}} \\ \boldsymbol{Q}_3^{\mathrm{T}} \\ \boldsymbol{Q}_4^{\mathrm{T}} \end{bmatrix} \tag{4.52}$$

式中，$M(i-1)$、M 表示 $\boldsymbol{R}$ 矩阵的行数；$\boldsymbol{R} \in \mathbf{R}^{2Mi \times j}$，$\boldsymbol{Q}^{\mathrm{T}} \in \mathbf{R}^{j \times j}$。

投影矩阵$\boldsymbol{O}_i$ 与$\boldsymbol{O}_{i-1}$ 可由此表示为式

$$\boldsymbol{O}_i = \frac{\boldsymbol{Y}_{\mathrm{f}}}{\boldsymbol{Y}_{\mathrm{p}}} = \begin{bmatrix} \boldsymbol{R}_{31} & \boldsymbol{R}_{32} \\ \boldsymbol{R}_{41} & \boldsymbol{R}_{42} \end{bmatrix} \begin{bmatrix} \boldsymbol{Q}_1^{\mathrm{T}} \\ \boldsymbol{Q}_2^{\mathrm{T}} \end{bmatrix} = \boldsymbol{R}_{[Mi+1:2Mi,1:Mi]} \boldsymbol{Q}_{[1:Mi,:]}^{\mathrm{T}} \tag{4.53}$$

$$\boldsymbol{O}_{i-1} = \frac{\boldsymbol{Y}_{\mathrm{f}}^{-}}{\boldsymbol{Y}_{\mathrm{p}}^{+}} = [\boldsymbol{R}_{41} \quad \boldsymbol{R}_{42} \quad \boldsymbol{R}_{43}] \begin{bmatrix} \boldsymbol{Q}_1^{\mathrm{T}} \\ \boldsymbol{Q}_2^{\mathrm{T}} \\ \boldsymbol{Q}_3^{\mathrm{T}} \end{bmatrix} = \boldsymbol{R}_{[M(i+1)+1:2Mi,1:M(i+1)]} \boldsymbol{Q}_{[1:M(i+1),:]}^{\mathrm{T}} \tag{4.54}$$

2. 卡尔曼滤波状态序列

卡尔曼滤波可利用 k 时刻的已知输出，系统矩阵及噪声协方差得到 k 时刻系统状态的最优估计$\hat{\boldsymbol{x}}_k$。在数据驱动的随机子空间算法计算中无须进行卡尔曼滤波的具体计算，但对证明和理解算法至关重要。下面介绍向前非稳态卡尔曼滤波定理，其有如下假定。

① 初始状态估计$\hat{\boldsymbol{x}}_0 = \boldsymbol{0}$。

② 初始状态协方差$\boldsymbol{\Lambda}_0 = E[\hat{\boldsymbol{x}}_0 \hat{\boldsymbol{x}}_0^{\mathrm{T}}] = \boldsymbol{0}$。

③ 输出为$\boldsymbol{y}_0, \boldsymbol{y}_1, \cdots, \boldsymbol{y}_{k-1}$。

卡尔曼滤波状态估计可表示为

$$\hat{\boldsymbol{x}}_k = \boldsymbol{A}\hat{\boldsymbol{x}}_{k-1} + \boldsymbol{K}_{k-1}(\boldsymbol{y}_{k-1} - \boldsymbol{C}\hat{\boldsymbol{x}}_{k-1}) \tag{4.55}$$

$$\boldsymbol{K}_k = (\boldsymbol{G} - \boldsymbol{A}\boldsymbol{\Lambda}_{k-1}\boldsymbol{C}^{\mathrm{T}})(\boldsymbol{R}_0 - \boldsymbol{C}\boldsymbol{\Lambda}_{k-1}\boldsymbol{C}^{\mathrm{T}})^{-1} \tag{4.56}$$

$$\boldsymbol{\Lambda}_k = \boldsymbol{A}\boldsymbol{\Lambda}_{k-1}\boldsymbol{A}^{\mathrm{T}} + (\boldsymbol{G} - \boldsymbol{A}\boldsymbol{\Lambda}_{k-1}\boldsymbol{C}^{\mathrm{T}})(\boldsymbol{R}_0 - \boldsymbol{C}\boldsymbol{\Lambda}_{k-1}\boldsymbol{C}^{\mathrm{T}})^{-1}(\boldsymbol{G} - \boldsymbol{A}\boldsymbol{\Lambda}_{k-1}\boldsymbol{C}^{\mathrm{T}})^{\mathrm{T}} \tag{4.57}$$

结合式(4.34)反转可控性矩阵$\boldsymbol{\Gamma}_i$，并定义$\boldsymbol{L}_i$矩阵为

$$\boldsymbol{L}_i = \boldsymbol{Y}_{\mathrm{f}}\boldsymbol{Y}_{\mathrm{f}}^{\mathrm{T}} = \boldsymbol{Y}_{\mathrm{p}}\boldsymbol{Y}_{\mathrm{p}}^{\mathrm{T}} = \begin{bmatrix} \boldsymbol{R}_0 & \boldsymbol{R}_{-1} & \cdots & \boldsymbol{R}_{1-i} \\ \boldsymbol{R}_1 & \boldsymbol{R}_0 & \cdots & \boldsymbol{R}_{2-i} \\ \vdots & \vdots & & \vdots \\ \boldsymbol{R}_{i-1} & \boldsymbol{R}_{i-2} & \cdots & \boldsymbol{R}_0 \end{bmatrix} \tag{4.58}$$

由式(4.55)～(4.58)推导证明可得

$$\hat{\boldsymbol{x}}_k = \boldsymbol{\Gamma}_k\boldsymbol{L}_k^{-1}\begin{bmatrix} \boldsymbol{y}_0 \\ \boldsymbol{y}_1 \\ \vdots \\ \boldsymbol{y}_{k-1} \end{bmatrix} \tag{4.59}$$

式(4.59)将过去的输出数据与未来的状态估计建立了联系。

将式(4.59)推广可得

$$\hat{\boldsymbol{x}}_{i+q} = \boldsymbol{\Gamma}_i\boldsymbol{L}_i^{-1}\begin{bmatrix} \boldsymbol{y}_q \\ \boldsymbol{y}_{q+1} \\ \vdots \\ \boldsymbol{y}_{q+i-1} \end{bmatrix} \tag{4.60}$$

将不同时刻卡尔曼滤波状态估计集合形成卡尔曼滤波状态序列$\hat{\boldsymbol{x}}$，可表示为

$$\hat{\boldsymbol{x}}_i = [\hat{\boldsymbol{x}}_i \quad \hat{\boldsymbol{x}}_{i+1} \quad \cdots \quad \hat{\boldsymbol{x}}_{i+j-1}] = \boldsymbol{\Gamma}_i\boldsymbol{L}_i^{-1}\boldsymbol{Y}_{\mathrm{p}} \tag{4.61}$$

式(4.53)投影公式可改写为

$$\boldsymbol{O}_i = \frac{\boldsymbol{Y}_{\mathrm{f}}}{\boldsymbol{Y}_{\mathrm{p}}} = \boldsymbol{Y}_{\mathrm{f}}\boldsymbol{Y}_{\mathrm{p}}^{\mathrm{T}}(\boldsymbol{Y}_{\mathrm{p}}\boldsymbol{Y}_{\mathrm{p}}^{\mathrm{T}})^{\dagger}\boldsymbol{Y}_{\mathrm{p}} = \boldsymbol{T}_{1|i}\boldsymbol{L}_i^{-1}\boldsymbol{Y}_{\mathrm{p}} = \boldsymbol{P}_i\boldsymbol{\Gamma}_i\boldsymbol{L}_i^{-1}\boldsymbol{Y}_{\mathrm{p}} \tag{4.62}$$

又由式(4.61)可知

$$\boldsymbol{O}_i = \boldsymbol{P}_i\boldsymbol{\Gamma}_i\boldsymbol{L}_i^{-1}\boldsymbol{Y}_{\mathrm{p}} = \boldsymbol{P}_i\hat{\boldsymbol{x}}_i \tag{4.63}$$

同理有

$$\boldsymbol{O}_{i-1} = \boldsymbol{P}_{i-1}\hat{\boldsymbol{x}}_{i+1} \tag{4.64}$$

式中，$\boldsymbol{P}_{i-1}$为$\boldsymbol{P}_i$剔除最后一个块行。

3. 投影矩阵的奇异值分解

对投影矩阵进行奇异值分解可得

$$\boldsymbol{O}_i=\boldsymbol{U\Sigma V}^{\mathrm{T}}=[\boldsymbol{U}_1 \quad \boldsymbol{U}_2]\begin{bmatrix}\boldsymbol{\Sigma}_1 & \boldsymbol{0}\\ \boldsymbol{0} & \boldsymbol{\Sigma}_2\end{bmatrix}\begin{bmatrix}\boldsymbol{V}_1^{\mathrm{T}}\\ \boldsymbol{V}_2^{\mathrm{T}}\end{bmatrix} \tag{4.65}$$

式中，$\boldsymbol{U}$、$\boldsymbol{V}$ 是酉矩阵，即$\boldsymbol{U}^{\mathrm{T}}\boldsymbol{U}=\boldsymbol{UU}^{\mathrm{T}}=\boldsymbol{I}$，$\boldsymbol{V}^{\mathrm{T}}\boldsymbol{V}=\boldsymbol{VV}^{\mathrm{T}}=\boldsymbol{I}$。

若假设结构状态方程的阶数为 $2N$，同时对奇异值降序排序，由$\boldsymbol{\Sigma}_1\in\mathbf{R}^{+2N\times 2N}$可得

$$\boldsymbol{O}_i=\boldsymbol{U\Sigma V}^{\mathrm{T}}=[\boldsymbol{U}_1 \quad \boldsymbol{U}_2]\begin{bmatrix}\boldsymbol{\Sigma}_1 & \boldsymbol{0}\\ \boldsymbol{0} & \boldsymbol{\Sigma}_2\end{bmatrix}\begin{bmatrix}\boldsymbol{V}_1^{\mathrm{T}}\\ \boldsymbol{V}_2^{\mathrm{T}}\end{bmatrix}=\boldsymbol{U}_1\boldsymbol{\Sigma}_1\boldsymbol{V}_1^{\mathrm{T}} \tag{4.66}$$

则扩展可观矩阵为

$$\boldsymbol{P}_i=\boldsymbol{U}_1\boldsymbol{\Sigma}_1^{\frac{1}{2}} \tag{4.67}$$

4. 系统矩阵的计算

由前述分析，可利用 QR 分解求得投影矩阵$\boldsymbol{O}_i$ 与$\boldsymbol{O}_{i-1}$，可利用奇异值分解求得扩展可观矩阵$\boldsymbol{P}_i$ 与$\boldsymbol{P}_{i-1}$，结合式(4.63)与式(4.64)可得卡尔曼滤波状态序列$\hat{\boldsymbol{x}}_i$与$\hat{\boldsymbol{x}}_{i+1}$ 为

$$\hat{\boldsymbol{x}}_i=\boldsymbol{P}_i^{\dagger}\boldsymbol{O}_i \tag{4.68}$$

$$\hat{\boldsymbol{x}}_{i+1}=\boldsymbol{P}_{i-1}^{\dagger}\boldsymbol{O}_{i-1} \tag{4.69}$$

将卡尔曼滤波的状态与输出代入系统状态方程可得

$$\begin{bmatrix}\hat{\boldsymbol{x}}_{i+1}\\ \hat{\boldsymbol{Y}}_i\end{bmatrix}=\begin{bmatrix}\boldsymbol{A}\\ \boldsymbol{C}\end{bmatrix}(\hat{\boldsymbol{x}}_i)+\begin{bmatrix}\boldsymbol{w}_i\\ \boldsymbol{v}_i\end{bmatrix} \tag{4.70}$$

由于卡尔曼滤波的状态序列与输出已知，干扰项$\boldsymbol{w}_i$ 与$\boldsymbol{v}_i$ 和状态$\hat{\boldsymbol{x}}_i$ 不相关，因此能求解系统矩阵 $\boldsymbol{A}$ 与观测矩阵 $\boldsymbol{C}$。

$$\begin{bmatrix}\boldsymbol{A}\\ \boldsymbol{C}\end{bmatrix}=\begin{bmatrix}\hat{\boldsymbol{x}}_{i+1}\\ \hat{\boldsymbol{Y}}_i\end{bmatrix}\hat{\boldsymbol{x}}_i^{\dagger} \tag{4.71}$$

在获得系统矩阵 $\boldsymbol{A}$ 与观测矩阵 $\boldsymbol{C}$ 后计算模态参数的过程与协方差驱动的随机子空间方法相同。数据驱动的随机子空间结构模态参数识别的基本流程如图 4.5 所示。

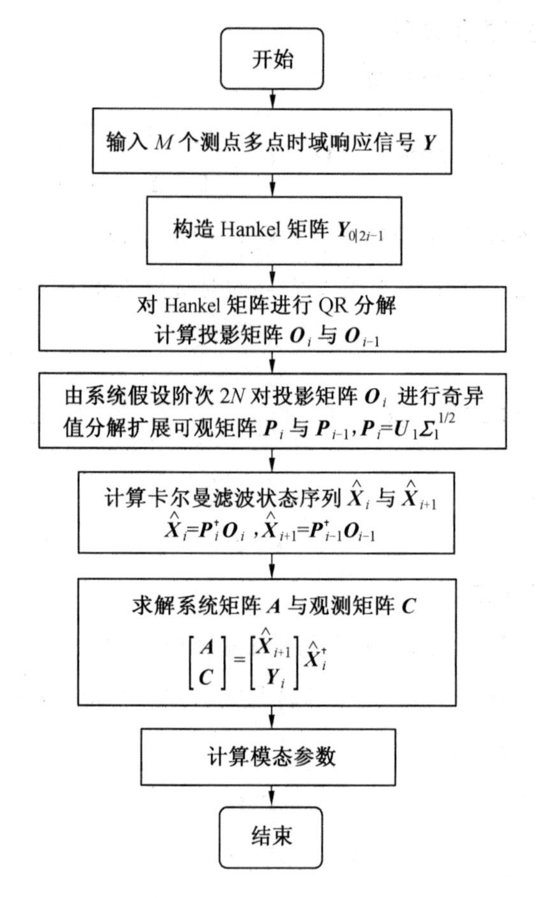

图 4.5　数据驱动的随机子空间结构模态参数识别的基本流程

4.4　NExT + ERA 方法

NExT 要求结构的外部激励为白噪声，最初由任职于美国桑迪亚国家实验室(Sandia National Laboratories，SNL)国家实验室的 James 等人提出。该方法直接从结构动力学和随机振动着手，分析系统脉冲响应和系统响应互相关函数的特点，揭示出二者在白噪声激励下具有相似的表达式。基于此，即可把系统响应互相关函数视为系统的脉冲响应，然后再采用时域方法进行模态参数识别。

特征系统实现算法(ERA) 本质上是一种多输入多输出的时域方法，并继承了自动控制论中的极小实现原则。该法的基本思想是基于系统脉冲响应建立 Hankel 矩阵，然后对构造的 Hankel 矩阵进行 SVD 分解，并参考 Hankel 矩阵 SVD 分解中的奇异值和特征向量以及系统矩阵之间的联系，来求取结构的系统矩阵以及该矩阵的特征值与特征向量，从而实现结构模态参数的识别。

从以上介绍中可以看出，可以把 NExT 方法和 ERA 方法结合在一起来进行结构模态参数识别，其基本思路如下。

① 采用观测得到的结构响应，执行 NExT 方法中的系统脉冲响应函数计算。

② 把第一步 NExT 方法计算得到的系统脉冲响应函数当作 ERA 方法的输入，并计算得到 Hankel 矩阵，最后即可采用 ERA 方法进行结构模态参数的识别。

4.4.1 NExT 方法

根据式(4.1)的运动方程，基于结构动力学中的模态分解方法，系统的位移响应向量可以写为

$$\boldsymbol{x}(t)=\boldsymbol{\Phi}q(t) \tag{4.72}$$

式中，$\boldsymbol{\Phi}$ 为由各阶振动组成的模态矩阵；$q(t)$ 为广义模态坐标。

将式(4.72)代入运动方程，并利用$\boldsymbol{\Phi}^{\mathrm{T}}$ 左乘方程两边，可以获得解耦后的系统振动方程为

$$\ddot{q}_r(t)+2\xi_r\omega_r\dot{q}_r(t)+\omega_r^2q_r(t)=\frac{1}{M_r^*}\boldsymbol{\varphi}_r^{\mathrm{T}}f(t) \tag{4.73}$$

式中，ω_r、ξ_r 分别为系统的第 r 阶自振频率和阻尼比；M_r^* 为系统第 r 阶模态对应的广义质量(也称模态质量)；$\boldsymbol{\varphi}_r$ 为系统第 r 阶模态振型，上标“T”表示转置操作。

通过杜哈梅(Duhamel)积分即可求解式(4.73)所示解耦后方程的显式解：

$$q_r(t)=\int_0^t\boldsymbol{\varphi}_r^{\mathrm{T}}f(\tau)g_r(t-\tau)\mathrm{d}\tau \tag{4.74}$$

式中，$g_r(t)$ 表示系统的单位脉冲响应函数，具体表达式为

$$g_r(t)=\frac{1}{M_r^*\omega_{\mathrm{d}r}}\mathrm{e}^{-\xi_r\omega_r t}\sin\omega_{\mathrm{d}r}t \tag{4.75}$$

式中，$\omega_{\mathrm{d}r}$ 表示动力系统的有阻尼模态频率，$\omega_{\mathrm{d}r}=\omega_r\sqrt{1-\xi_r^2}$。

假设系统的初始条件为

$$\boldsymbol{x}(t)\big|_{t=0}=0,\quad \dot{\boldsymbol{x}}(t)\big|_{t=0}=0$$

将式(4.75)代入式(4.72)，即可获得系统位移响应 $\boldsymbol{x}(t)$ 的显式表达式为

$$\boldsymbol{x}(t)=\sum_{r=1}^{N}\boldsymbol{\varphi}_r\boldsymbol{\varphi}_r^{\mathrm{T}}\int_0^t f(\tau)g_r(t-\tau)\mathrm{d}\tau \tag{4.76}$$

从而，系统在第 k 点受到外部激励，在第 i 点引起的位移响应 $x_{ik}(t)$ 可表示为

$$x_{ik}(t)=\sum_{r=1}^{N}\varphi_{ir}\varphi_{kr}\int_0^t f_k(\tau)g_r(t-\tau)\mathrm{d}\tau \tag{4.77}$$

式中，φ_{ir} 表示第 r 阶模态振型 $\boldsymbol{\varphi}_r$ 的第 i 个元素；$f_k(t)$ 表示系统在第 k 点受到的外

界荷载激励。

若假设系统在第k点承受的外界激励为脉冲荷载，此时$f(\tau)$可以用狄克拉δ函数表示，并假设该荷载作用的时刻为$\tau=0$，那么式(4.77)可以改写为

$$x_{ik}(t)=\sum_{r=1}^{N}\frac{\varphi_{ir}\varphi_{kr}}{M_r^*\omega_{dr}}e^{-\xi_r\omega_r t}\sin\omega_{dr}t \tag{4.78}$$

若假设系统在第k点承受的外部作用为白噪声激励，此时系统第i点和第j点位移响应的互相关函数可以表示为

$$R_{ijk}(t)=E[x_{ik}(t+T)x_{jk}(t)] \tag{4.79}$$

式中，T表示求互相关函数的时间间隔。

把式(4.77)代入式(4.79)，得到

$$R_{ijk}(t)=\sum_{r=1}^{N}\sum_{s=1}^{N}\varphi_{ir}\varphi_{kr}\varphi_{js}\varphi_{ks}\times \int_{-\infty}^{t}\int_{-\infty}^{t+T}g_r(t+T-\sigma)g_s(t-\tau)E[f_k(\sigma)f_k(\tau)]d\sigma d\tau \tag{4.80}$$

注意到$f(t)$为白噪声激励，那么根据自相关函数的定义有

$$R_{f(k)f(k)}(\tau-\sigma)=E[f_k(\sigma)f_k(\tau)]=\alpha_k\delta(\tau-\sigma) \tag{4.81}$$

式中，α_k为常系数；$\delta(t)$为狄克拉δ函数。

再将式(4.81)代入式(4.80)，可得

$$R_{ijk}(t)=\sum_{r=1}^{N}\sum_{s=1}^{N}\alpha_k\varphi_{ir}\varphi_{kr}\varphi_{js}\varphi_{ks}\int_{-\infty}^{t}g_r(t+T-\tau)g_s(t-\tau)d\tau \tag{4.82}$$

令$\lambda=t-\tau$，那么式(4.82)可简写为

$$R_{ijk}(t)=\sum_{r=1}^{N}\sum_{s=1}^{N}\alpha_k\varphi_{ir}\varphi_{kr}\varphi_{js}\varphi_{ks}\int_{0}^{\infty}g_r(\lambda+T)g_s(\lambda)d\lambda \tag{4.83}$$

注意式(4.78)，那么$g_r(\lambda+T)$可写为

$$g_r(\lambda+T)=[e^{-\xi_r\omega_r T}\cos\omega_{dr}T]\frac{e^{-\xi_r\omega_r\lambda}\sin\omega_{dr}\lambda}{M_r^*\omega_{dr}}+ [e^{-\xi_r\omega_r T}\sin\omega_{dr}T]\frac{e^{-\xi_r\omega_r\lambda}\cos\omega_{dr}\lambda}{M_r^*\omega_{dr}} \tag{4.84}$$

对函数$g_r(\lambda+T)$和$g_s(\lambda)$进行乘积计算，然后再对该乘积进行积分操作，得到

$$\begin{aligned}&\int_0^{\infty}g_r(\lambda+T)g_s(\lambda)d\lambda\\ =&\frac{e^{-\xi_r\omega_r T}\cos\omega_{dr}T}{M_r^*\omega_{dr}M_s^*\omega_{ds}}\int_0^{\infty}e^{(-\xi_r\omega_r-\xi_s\omega_s)\lambda}\sin\omega_{dr}\lambda\sin\omega_{ds}\lambda\, d\lambda+\\ &\frac{e^{-\xi_r\omega_r T}\sin\omega_{dr}T}{M_r^*\omega_{dr}M_s^*\omega_{ds}}\int_0^{\infty}e^{(-\xi_r\omega_r-\xi_s\omega_s)\lambda}\cos\omega_{dr}\lambda\sin\omega_{ds}\lambda\, d\lambda\end{aligned} \tag{4.85}$$

将式(4.85)代入式(4.83),并将与含有变量 T 的项提到积分号之外,得到

$$R_{ijk}(t)=\sum_{r=1}^{N}\left[G_{ijk,r}e^{-\xi_r\omega_r T}\cos\omega_{dr}T+H_{ijk,r}e^{-\xi_r\omega_r T}\sin\omega_{dr}T\right] \tag{4.86}$$

式中,$G_{ijk,r}$、$H_{ijk,r}$ 均与模态参数相关,而与 T 无关,且满足如下关系式

$$G_{ijk,r}=\sum_{s=1}^{N}\frac{\alpha_k\varphi_{ir}\varphi_{kr}\varphi_{js}\varphi_{ks}}{M_r^*\omega_{dr}M_s^*\omega_{ds}}\int_0^{\infty}e^{(-\xi_r\omega_r-\xi_s\omega_s)\lambda}\sin\omega_{ds}\lambda\sin\omega_{dr}\lambda\,d\lambda$$

$$H_{ijk,r}=\sum_{s=1}^{N}\frac{\alpha_k\varphi_{ir}\varphi_{kr}\varphi_{js}\varphi_{ks}}{M_r^*\omega_{dr}M_s^*\omega_{ds}}\int_0^{\infty}e^{(-\xi_r\omega_r-\xi_s\omega_s)\lambda}\sin\omega_{ds}\lambda\cos\omega_{dr}\lambda\,d\lambda \tag{4.87}$$

对式(4.87)进行积分计算之后,可获得 $G_{ijk,r}$ 的表达式为

$$\begin{aligned}G_{ijk,r}&=\sum_{s=1}^{N}\frac{\alpha_k\varphi_{ir}\varphi_{kr}\varphi_{js}\varphi_{ks}}{M_r^*\omega_{dr}M_s^*\omega_{ds}}\int_0^{\infty}e^{(-\xi_r\omega_r-\xi_s\omega_s)\lambda}\sin\omega_{ds}\lambda\sin\omega_{dr}\lambda\,d\lambda\\&=\sum_{s=1}^{N}\frac{\alpha_k\varphi_{ir}\varphi_{kr}\varphi_{js}\varphi_{ks}}{M_r^*\omega_{dr}M_s^*\omega_{ds}}\times\frac{1}{2}\times\\&\quad\frac{4\omega_{ds}\omega_{dr}(\xi_r\omega_r+\xi_s\omega_s)}{[(\xi_r\omega_r+\xi_s\omega_s)^2+(\omega_{ds}^2-\omega_{dr}^2)]^2+[2\omega_{dr}(\xi_r\omega_r+\xi_s\omega_s)]^2}\\&=\sum_{s=1}^{N}\frac{\alpha_k\varphi_{ir}\varphi_{kr}\varphi_{js}\varphi_{ks}}{M_r^*M_s^*\omega_{dr}}\frac{2\omega_{dr}(\xi_r\omega_r+\xi_s\omega_s)}{[(\xi_r\omega_r+\xi_s\omega_s)^2+(\omega_{ds}^2-\omega_{dr}^2)]^2+[2\omega_{dr}(\xi_r\omega_r+\xi_s\omega_s)]^2}\end{aligned} \tag{4.88}$$

不妨令 $I_{rs}=2\omega_{dr}(\xi_r\omega_r+\xi_s\omega_s)$,$J_{rs}=(\xi_r\omega_r+\xi_s\omega_s)^2+(\omega_{ds}^2-\omega_{dr}^2)$,那么 $G_{ijk,r}$ 可简写为

$$G_{ijk,r}=\sum_{s=1}^{N}\frac{\alpha_k\varphi_{ir}\varphi_{kr}\varphi_{js}\varphi_{ks}}{M_r^*M_s^*\omega_{dr}}\left[\frac{I_{rs}}{J_{rs}^2+I_{rs}^2}\right] \tag{4.89}$$

对 $G_{ijk,r}$ 也采用类似的推导计算过程,可以获得 $H_{ijk,r}$ 的表达式为

$$H_{ijk,r}=\sum_{s=1}^{N}\frac{\alpha_k\varphi_{ir}\varphi_{kr}\varphi_{js}\varphi_{ks}}{M_r^*M_s^*\omega_{dr}}\left[\frac{J_{rs}}{J_{rs}^2+I_{rs}^2}\right] \tag{4.90}$$

令

$$\tan\gamma_{rs}=\frac{I_{rs}}{J_{rs}} \tag{4.91}$$

利用该等式,式(4.89)和式(4.90)的表达式可改写为

$$G_{ijk,r}=\frac{\varphi_{ir}}{M_r^*\omega_{dr}}\sum_{s=1}^{N}\beta_{jk,rs}(J_{rs}^2+I_{rs}^2)^{-\frac{1}{2}}\sin\gamma_{rs} \tag{4.92}$$

$$H_{ijk,r}=\frac{\varphi_{ir}}{M_r^*\omega_{dr}}\sum_{s=1}^{N}\beta_{jk,rs}(J_{rs}^2+I_{rs}^2)^{-\frac{1}{2}}\cos\gamma_{rs} \tag{4.93}$$

式中

$$\beta_{jk,rs}=\frac{\alpha_k\varphi_{kr}\varphi_{js}\varphi_{ks}}{M_s^*} \tag{4.94}$$

把式(4.92)和式(4.93)代入式(4.86),并同时考虑全体激励荷载(假设该系统共承受 l 个外部荷载激励),可获得系统位移响应的互相关函数为

$$R_{ij}(t)=\sum_{r=1}^{N}\frac{\varphi_{ir}}{M_r^*\omega_{dr}}\sum_{s=1}^{N}\sum_{k=1}^{l}\beta_{jk,rs}\,(J_{rs}^2+I_{rs}^2)^{-\frac{1}{2}}\mathrm{e}^{-\xi_r\omega_r T}\sin\omega_{dr}T+\gamma_{rs}\quad(4.95)$$

注意,式(4.95)中的求和符号 $\sum_{s=1}^{N}\sum_{k=1}^{l}(\cdot)$ 仅对同一频率下不同幅值的三角函数进行求和(指数项不受求和的影响),因而,可以根据三角函数的性质对求和项进行合并,不妨用 θ_r 与 A_{jr} 分别表示相位与幅值,可以将式(4.95)化简为

$$R_{ij}(t)=\sum_{r=1}^{N}\frac{\varphi_{ir}A_{jr}}{M_r^*\omega_{dr}}\mathrm{e}^{-\xi_r\omega_r T}\sin(\omega_{dr}T+\theta_r)\quad(4.96)$$

比较式(4.78)和式(4.96)两个表达式,可发现系统位移响应的互相关函数(图4.6)与系统的脉冲响应函数的表达式相类似(二者均含有与阻尼比相关的指数衰减项以及谐波项),因而可利用上述互相关函数替代结构的脉冲响应函数来对结构的模态参数进行识别。

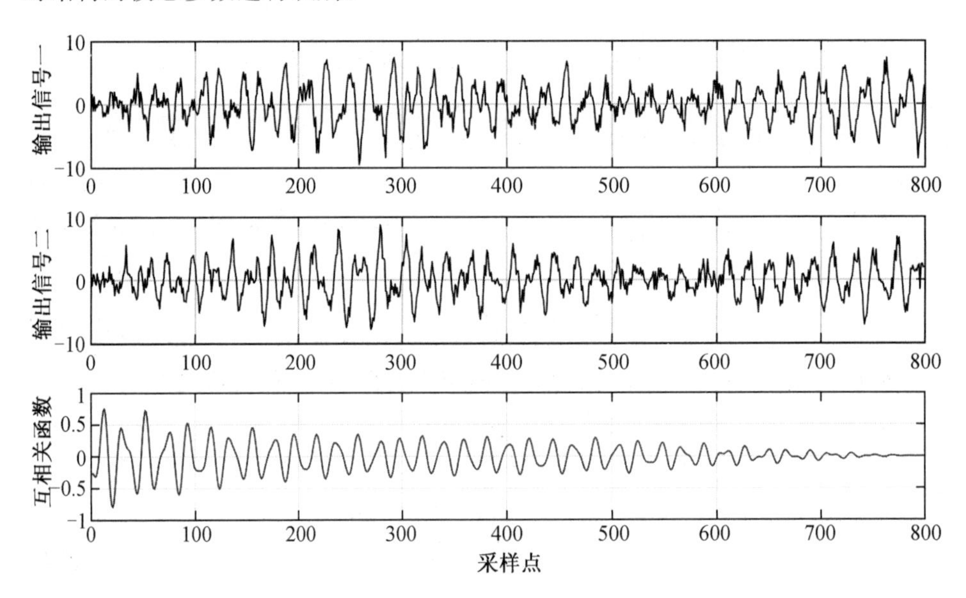

图4.6 某结构两加速度响应信号互相关函数

4.4.2 ERA方法

ERA方法通过系统脉冲响应函数构造Hankel矩阵,并依据该矩阵与结构系统矩阵的联系来实现结构模态参数的识别。仅由结构的脉冲响应函数无法计算出结构系统矩阵的唯一形式(事实上,系统阶次与参数均无法满足唯一性),ERA方法则可实现最小特征系统,并将该系统视为待动力识别的结构的一个近似。

待动力识别的结构和上述近似结构具有相同的脉冲响应函数，或者说这两个结构的动力特征相同。数学上可以证明，满足上述要求的特征系统其实也不是唯一的，但是 ERA 方法计算得到的特征系统具有最低的阶次，即带识别的结构的最小实现，虽然实际上系统的最小实现不唯一，但是这些特征系统的特征值是相同的。

下面将对该最小特征系统实现方法进行详细论述。

1. 方法理论基础

(1) 系统脉冲响应函数矩阵。

考虑某自由度为 N 的线性时不变结构，假设该系统第 l 个点处受到外部荷载激励作用，同时假设在系统 M 个不同的点上观测得到了系统的动力响应，该系统的离散状态空间方程可以写为

$$\boldsymbol{X}(k+1)=\boldsymbol{AX}(k)+\boldsymbol{BF}(k) \tag{4.97a}$$

$$\boldsymbol{Y}(k)=\boldsymbol{CX}(k) \tag{4.97b}$$

式中，$\boldsymbol{A}$ 为动力系统的系统矩阵，$\boldsymbol{A}\in\mathbf{R}_{2N\times 2N}$；$\boldsymbol{B}$ 为系统承受荷载作用的位置矩阵，$\boldsymbol{B}\in\mathbf{R}_{2N\times l}$；$\boldsymbol{C}$ 为系统响应观测位置矩阵，$\boldsymbol{C}\in\mathbf{R}_{M\times 2N}$；$\boldsymbol{X}(k)$ 为第 $k\Delta$ 时刻的系统状态向量，$\boldsymbol{X}(k)\in\mathbf{R}_{2N\times 1}$；$\boldsymbol{Y}(k)$ 为第 $k\Delta$ 时刻的系统响应向量，$\boldsymbol{Y}(k)\in\mathbf{R}_{M\times 1}$；$\boldsymbol{F}(k)$ 为第 $k\Delta$ 时刻的系统输入向量，$\boldsymbol{F}(k)\in\mathbf{R}_{l\times 1}$。可见 k 为采样点序号，Δ 则为采样时间间隔。

在第 $k\Delta$ 时刻，动力系统的脉冲响应函数矩阵的一般形式可写为

$$\overline{\boldsymbol{H}}(k)=\begin{bmatrix} h_{11}(k) & h_{12}(k) & \cdots & h_{1l}(k) \\ h_{21}(k) & h_{22}(k) & \cdots & h_{2l}(k) \\ \vdots & \vdots & & \vdots \\ h_{M1}(k) & h_{M2}(k) & \cdots & h_{Ml}(k) \end{bmatrix}_{M\times l} \tag{4.98}$$

式中，$h_{ij}(k)$ 表示系统在第 j 点受到外部激励、在 i 点观测到的系统脉冲响应函数，具体可采用前面介绍的 NExT 方法从系统响应中计算得到。

最小特征系统实现问题就是在 $\overline{\boldsymbol{H}}_k$ 已知的条件下，求解出具有最低阶次的特征系统矩阵 $\boldsymbol{A}$、$\boldsymbol{B}$、$\boldsymbol{C}$，并使得该系统的脉冲响应函数与观测得到的系统脉冲响应函数矩阵 $\overline{\boldsymbol{H}}_k$ 具有相同的值。

(2) Hankel 矩阵与动力系统的系统矩阵之间的关系。

把系统脉冲响应函数矩阵 $\overline{\boldsymbol{H}}_k$ 组建成如下 Hankel 分块矩阵：

$$\widetilde{\boldsymbol{H}}(k-1)=\begin{bmatrix} \overline{\boldsymbol{H}}(k) & \overline{\boldsymbol{H}}(k+1) & \cdots & \overline{\boldsymbol{H}}(k+\beta-1) \\ \overline{\boldsymbol{H}}(k+1) & \overline{\boldsymbol{H}}(k+2) & \cdots & \overline{\boldsymbol{H}}(k+\beta) \\ \vdots & \vdots & & \vdots \\ \overline{\boldsymbol{H}}(k+\alpha-1) & \overline{\boldsymbol{H}}(k+\alpha) & \cdots & \overline{\boldsymbol{H}}(k+\alpha+\beta-2) \end{bmatrix}_{M\alpha\times l\beta} \tag{4.99}$$

式中，$\widetilde{\boldsymbol{H}}(k-1)$ 为 Hankel 矩阵，$\widetilde{\boldsymbol{H}}(k-1) \in \mathbf{R}^{M\alpha \times l\beta}$；$\alpha$、$\beta$ 为取任意正整数的常值，α、$\beta \in \mathbf{Z}$。

根据控制理论的知识可知，线性时不变系统的脉冲响应函数矩阵与系统矩阵 $\boldsymbol{A}$、$\boldsymbol{B}$、$\boldsymbol{C}$ 之间具有如下关系：

$$\overline{\boldsymbol{H}}(k) = \boldsymbol{C}\boldsymbol{A}^{k-1}\boldsymbol{B} \tag{4.100}$$

把式(4.100)代入式(4.99)得

$$\widetilde{\boldsymbol{H}}(k-1) = \begin{bmatrix} \boldsymbol{C} \\ \boldsymbol{C}\boldsymbol{A} \\ \boldsymbol{C}\boldsymbol{A}^2 \\ \vdots \\ \boldsymbol{C}\boldsymbol{A}^{\alpha-1} \end{bmatrix} \boldsymbol{A}^{k-1} [\boldsymbol{B} \quad \boldsymbol{A}\boldsymbol{B} \quad \boldsymbol{A}^2\boldsymbol{B} \quad \cdots \quad \boldsymbol{A}^{\beta-1}\boldsymbol{B}] = \boldsymbol{P}\boldsymbol{A}^{k-1}\boldsymbol{Q} \tag{4.101}$$

式中，$\boldsymbol{P}_{M\alpha \times 2N}$ 为系统的可观性矩阵；$\boldsymbol{Q}_{2N \times l\beta}$ 为系统的可控性矩阵；α、β 分别为可观性和可控性指数。

式(4.100)和式(4.101)反映了系统脉冲响应函数、Hankel 分块矩阵与特征系统矩阵 $\boldsymbol{A}$、$\boldsymbol{B}$、$\boldsymbol{C}$ 之间的关系。基于这一关系，可以利用观测得到的系统响应识别出最小特征系统的矩阵 $\boldsymbol{A}$、$\boldsymbol{B}$、$\boldsymbol{C}$，继而可以得到结构的模态参数。

(3) 特征系统实现方法。

根据式(4.101)可知，当 $k=1$ 时

$$\widetilde{\boldsymbol{H}}(0) = \boldsymbol{P}\boldsymbol{Q} \tag{4.102}$$

显然如下关系成立

$$\widetilde{\boldsymbol{H}}(k) = \boldsymbol{P}\boldsymbol{A}^k\boldsymbol{Q} \tag{4.103}$$

对 $\widetilde{\boldsymbol{H}}(0)$ 进行 SVD 分解：

$$\widetilde{\boldsymbol{H}}(0) = \boldsymbol{U}\boldsymbol{\Sigma}\boldsymbol{V}^{\mathrm{T}} \tag{4.104}$$

式中，$\boldsymbol{U}$、$\boldsymbol{V}$ 分别为左、右奇异值矩阵，$\boldsymbol{U} \in \mathbf{R}^{M\alpha \times 2N}$、$\boldsymbol{V} \in \mathbf{R}^{l\beta \times 2N}$，二者均为酉矩阵，即分别满足$\boldsymbol{U}^{\mathrm{T}}\boldsymbol{U} = \boldsymbol{I}$，$\boldsymbol{V}^{\mathrm{T}}\boldsymbol{V} = \boldsymbol{I}$；$\boldsymbol{\Sigma} \in \mathbf{R}^{2N \times 2N}$ 为由奇异值组成的对角矩阵，具体为

$$\boldsymbol{\Sigma} = \mathrm{diag}[\lambda_1 \quad \lambda_2 \quad \cdots \quad \lambda_{2N}] \tag{4.105}$$

式中，λ_i 为第 i 个奇异值，矩阵对角线上的全体奇异值按照降序排列 $\lambda_1 \geqslant \lambda_2 \geqslant \lambda_3 \cdots \geqslant \lambda_{2N}$。$\widetilde{\boldsymbol{H}}(0)$ 矩阵的秩等于结构的阶次，它实际上也等于非零奇异值数目，但要注意的是实际应用中因受观测噪声的干扰，非零奇异值的个数不一定恰好等于结构的阶次(甚至全部奇异值均取非零值)，此时可依据某个奇异值突降性来判定结构的阶次。

假设存在某个矩阵$\boldsymbol{H}^{\#}$ 满足

$$\boldsymbol{Q}\boldsymbol{H}^{\#}\boldsymbol{P} = \boldsymbol{I} \tag{4.106}$$

那么，根据式(4.102)可得

$$\widetilde{\boldsymbol{H}}(0)\boldsymbol{H}^{\#}\widetilde{\boldsymbol{H}}(0)=\boldsymbol{PQH}^{\#}\boldsymbol{PQ}=\widetilde{\boldsymbol{H}}(0) \tag{4.107}$$

显然，$\boldsymbol{H}^{\#}$ 是 $\widetilde{\boldsymbol{H}}(0)$ 的广义逆矩阵。

根据广义逆矩阵的定义，$\boldsymbol{H}^{\#}$ 可以分为两种不同的形式。

①$\widetilde{\boldsymbol{H}}(0)$ 矩阵为列满秩，则

$$\boldsymbol{H}^{\#}=[\widetilde{\boldsymbol{H}}(0)^{\mathrm{T}}\widetilde{\boldsymbol{H}}(0)]^{-1}\widetilde{\boldsymbol{H}}(0)^{\mathrm{T}} \tag{4.108}$$

②$\widetilde{\boldsymbol{H}}(0)$ 矩阵为行满秩，则

$$\boldsymbol{H}^{\#}=\widetilde{\boldsymbol{H}}(0)^{\mathrm{T}}[\widetilde{\boldsymbol{H}}(0)\widetilde{\boldsymbol{H}}(0)^{\mathrm{T}}]^{-1} \tag{4.109}$$

接下来介绍导出基于Hankel矩阵的SVD分解矩阵以及奇异值向量矩阵$\boldsymbol{H}^{\#}$的具体表达式。

根据式(4.102)和式(4.104)，可得

$$\boldsymbol{PQ}=\widetilde{\boldsymbol{H}}(0)=\boldsymbol{U}_{\sigma}\boldsymbol{V}^{\mathrm{T}} \tag{4.110}$$

式中，$\boldsymbol{U}_{\sigma}=\boldsymbol{U\Sigma}$。

假设存在某个可逆矩阵 $\boldsymbol{T}$ 满足

$$\boldsymbol{TQ}=(\boldsymbol{U}_{\sigma}^{\mathrm{T}}\boldsymbol{U}_{\sigma})^{-1}\boldsymbol{U}_{\sigma}^{\mathrm{T}}\boldsymbol{PQ}=\boldsymbol{V}^{\mathrm{T}} \tag{4.111}$$

$$\boldsymbol{W}=\boldsymbol{QV}(\boldsymbol{V}^{\mathrm{T}}\boldsymbol{V})^{-1}=\boldsymbol{QV} \tag{4.112}$$

注意 $\boldsymbol{TW}=\boldsymbol{TQV}=\boldsymbol{V}^{\mathrm{T}}\boldsymbol{V}=\boldsymbol{I}=\boldsymbol{WT}$，那么有

$$\boldsymbol{Q}[\boldsymbol{V}(\boldsymbol{U}_{\sigma}^{\mathrm{T}}\boldsymbol{U}_{\sigma})^{-1}\boldsymbol{U}_{\sigma}^{\mathrm{T}}]\boldsymbol{P}=\boldsymbol{I} \tag{4.113}$$

对比式(4.113)与式(4.106)，可得如下根据奇异值向量矩阵和奇异值矩阵确定的矩阵$\boldsymbol{H}^{\#}$：

$$\boldsymbol{H}^{\#}=\boldsymbol{V}(\boldsymbol{U}_{\sigma}^{\mathrm{T}}\boldsymbol{U}_{\sigma})^{-1}\boldsymbol{U}_{\sigma}^{\mathrm{T}}=\boldsymbol{V\Sigma}^{-1}\boldsymbol{U}^{\mathrm{T}}=\boldsymbol{VU}_{\sigma}^{\#} \tag{4.114}$$

式中，$\boldsymbol{U}_{\sigma}^{\#}=(\boldsymbol{U\Sigma})^{-1}$。

接着将导出系统矩阵 $\boldsymbol{A}$、$\boldsymbol{B}$、$\boldsymbol{C}$ 与 Hankel 矩阵的奇异值向量矩阵以及奇异值矩阵 $\boldsymbol{U}$、$\boldsymbol{V}$、$\boldsymbol{\Sigma}$ 之间的关系，令

$$\boldsymbol{E}_{M}^{\mathrm{T}}=[I_{M}\quad 0_{M}\quad\cdots\quad 0_{M}]_{M\times M\alpha} \tag{4.115}$$

$$\boldsymbol{E}_{l}^{\mathrm{T}}=[I_{l}\quad 0_{l}\quad\cdots\quad 0_{l}]_{l\times l\beta} \tag{4.116}$$

与式(4.99)相类似，可得到矩阵：

$$\widetilde{\boldsymbol{H}}(k)=\begin{bmatrix}\overline{\boldsymbol{H}}(k+1) & \overline{\boldsymbol{H}}(k+2) & \cdots & \overline{\boldsymbol{H}}(k+\beta)\\ \overline{\boldsymbol{H}}(k+2) & \overline{\boldsymbol{H}}(k+3) & \cdots & \overline{\boldsymbol{H}}(k+\beta+1)\\ \vdots & \vdots & & \vdots\\ \overline{\boldsymbol{H}}(k+\alpha) & \overline{\boldsymbol{H}}(k+\alpha+1) & \cdots & \overline{\boldsymbol{H}}(k+\alpha+\beta-1)\end{bmatrix}_{M\alpha\times l\beta} \tag{4.117}$$

分别利用 $\boldsymbol{E}_{M}^{\mathrm{T}}$ 和 $\boldsymbol{E}_{l}$ 左乘和右乘式(4.117)等号两边得到

$$\boldsymbol{E}_{M}^{\mathrm{T}}\widetilde{\boldsymbol{H}}(k)\boldsymbol{E}_{l}=\overline{\boldsymbol{H}}(k+1) \tag{4.118}$$

把式(4.103)代入式(4.118)，可得

$$\overline{\boldsymbol{H}}(k+1)=\boldsymbol{E}_{M}^{\mathrm{T}}\boldsymbol{PA}^{k}\boldsymbol{QE}_{l} \tag{4.119}$$

在式(4.119)右边矩阵 $\boldsymbol{A}$ 的两边分别插入一个单位矩阵 $\boldsymbol{QH}^{\#}\boldsymbol{P}=\boldsymbol{I}$,得到

$$\begin{aligned}\overline{\boldsymbol{H}}(k+1) &= \boldsymbol{E}_M^{\mathrm{T}}\underbrace{\boldsymbol{PQ}}_{\widetilde{\boldsymbol{H}}(0)}\boldsymbol{H}^{\#}\boldsymbol{PA}^k\boldsymbol{QH}^{\#}\underbrace{\boldsymbol{PQ}}_{\widetilde{\boldsymbol{H}}(0)}\boldsymbol{E}_l \\ &= \boldsymbol{E}_M^{\mathrm{T}}\widetilde{\boldsymbol{H}}(0)\boldsymbol{H}^{\#}\boldsymbol{PA}^k\boldsymbol{QH}^{\#}\widetilde{\boldsymbol{H}}(0)\boldsymbol{E}_l\end{aligned} \tag{4.120}$$

注意到$\boldsymbol{H}^{\#}=\boldsymbol{V\Sigma}^{-1}\boldsymbol{U}^{\mathrm{T}}$ 与 $\widetilde{\boldsymbol{H}}(0)=\boldsymbol{U\Sigma V}^{\mathrm{T}}$,那么式(4.120)可变换为

$$\begin{aligned}\overline{\boldsymbol{H}}(k+1) &= \boldsymbol{E}_M^{\mathrm{T}}\widetilde{\boldsymbol{H}}(0)\boldsymbol{V}^{\mathrm{T}}\boldsymbol{\Sigma}^{-1}\boldsymbol{U}\widetilde{\boldsymbol{H}}(1)^k\boldsymbol{U}\widetilde{\boldsymbol{H}}(0)\boldsymbol{E}_l \\ &= \underbrace{\boldsymbol{E}_M^{\mathrm{T}}\boldsymbol{U\Sigma}^{\frac{1}{2}}}_{\boldsymbol{C}}\underbrace{(\boldsymbol{\Sigma}^{-\frac{1}{2}}\boldsymbol{U}^{\mathrm{T}}\widetilde{\boldsymbol{H}}(1)\boldsymbol{V\Sigma}^{-\frac{1}{2}})^k}_{\boldsymbol{A}^k}\underbrace{\boldsymbol{\Sigma}^{\frac{1}{2}}\boldsymbol{V}^{\mathrm{T}}\boldsymbol{E}_l}_{\boldsymbol{B}}\end{aligned} \tag{4.121}$$

对比式(4.121)与式(4.100),可得

$$\boldsymbol{C}=\boldsymbol{E}_M^{\mathrm{T}}\boldsymbol{U\Sigma}^{\frac{1}{2}} \tag{4.122}$$

$$\boldsymbol{A}=\boldsymbol{\Sigma}^{-\frac{1}{2}}\boldsymbol{U}^{\mathrm{T}}\widetilde{\boldsymbol{H}}(1)\boldsymbol{V\Sigma}^{-\frac{1}{2}} \tag{4.123}$$

$$\boldsymbol{B}=\boldsymbol{\Sigma}^{\frac{1}{2}}\boldsymbol{V}^{\mathrm{T}}\boldsymbol{E}_l \tag{4.124}$$

此时,系统的状态方程可改写为

$$\boldsymbol{X}(k+1)=(\boldsymbol{\Sigma}^{-\frac{1}{2}}\boldsymbol{U}^{\mathrm{T}}\widetilde{\boldsymbol{H}}(1)\boldsymbol{V\Sigma}^{-\frac{1}{2}})\boldsymbol{X}(k)+(\boldsymbol{\Sigma}^{\frac{1}{2}}\boldsymbol{V}^{\mathrm{T}}\boldsymbol{E}_l)\boldsymbol{F}(k) \tag{4.125}$$

$$\boldsymbol{Y}(k)=(\boldsymbol{E}_M^{\mathrm{T}}\boldsymbol{U\Sigma}^{\frac{1}{2}})\boldsymbol{X}(k) \tag{4.126}$$

根据式(4.123)易见,矩阵 $\boldsymbol{A}$ 的阶次与奇异值矩阵 $\boldsymbol{\Sigma}$ 的阶次相关。因为矩阵 $\boldsymbol{\Sigma}\in\mathbf{R}^{2N\times 2N}$,即使矩阵 $\widetilde{\boldsymbol{H}}(1)$ 的阶次 $M\alpha\times l\beta$ 非常高,那么其经 SVD 分解之后,$\boldsymbol{\Sigma}$ 的阶次也仅为 $2N$ 阶,即

$$\boldsymbol{\Sigma}=\boldsymbol{U}^{\mathrm{T}}\widetilde{\boldsymbol{H}}(1)\boldsymbol{V}=\begin{bmatrix}\boldsymbol{\Sigma}_{2N\times 2N} & \boldsymbol{0}\\ \boldsymbol{0} & \boldsymbol{0}\end{bmatrix} \tag{4.127}$$

式中,$\boldsymbol{\Sigma}_{2N\times 2N}$ 表示非零特征值矩阵的 $2N\times 2N$ 块。

可见,系统矩阵 $\boldsymbol{A}$ 为 $2N\times 2N$ 的方阵,对应的状态向量 $\boldsymbol{X}(k)$ 的阶次也必为 $2N$,显然其是刻画 $2N$ 阶结构的最低阶次,故得名最小实现。

从而利用以上识别得到的系统矩阵 $\boldsymbol{A}$ 的特征值及特征向量即可确定该结构的模态参数。对矩阵 $\boldsymbol{A}$ 进行特征值分解,计算出结构离散状态方程的特征值矩阵和特征向量矩阵为

$$\boldsymbol{\Phi}^{-1}\boldsymbol{A\Phi}=\boldsymbol{Z} \tag{4.128}$$

式中,$\boldsymbol{\Phi}$ 为特征向量矩阵,据此即可获得结构模态振型;$\boldsymbol{Z}$ 为特征值矩阵

$$\boldsymbol{Z}=\mathrm{diag}[z_1\quad z_2\quad\cdots\quad z_{2N}] \tag{4.129}$$

再依据离散状态方程与连续状态方程之间的关系,矩阵 $\boldsymbol{A}$ 的特征值与系统特征值有如下公式

$$z_r=\mathrm{e}^{\lambda_r\Delta t} \tag{4.130}$$

式中,z_r、λ_r 皆为复数,即

$$z_r=z_r^{\mathrm{R}}+\mathrm{j}z_r^{\mathrm{I}} \tag{4.131a}$$

$$\lambda_r = \lambda_r^{\mathrm{R}} + \mathrm{j}\lambda_r^{\mathrm{I}} \tag{4.131b}$$

继而根据下式就可以求出系统自振频率 ω_r 和阻尼比

$$\lambda_r = \frac{1}{\Delta t}\ln[z_r] = \lambda_r^{\mathrm{R}} + \mathrm{j}\lambda_r^{\mathrm{I}} \tag{4.131c}$$

$$\lambda_r^{\mathrm{R}} = -\xi_r\omega_r, \quad \lambda_r^{\mathrm{I}} = \sqrt{1-\xi_r^2}\,\omega_r \tag{4.131d}$$

$$\omega_r \approx \lambda_r^{\mathrm{I}}, \quad \xi_r = \frac{-\lambda_r^{\mathrm{R}}}{\sqrt{\lambda_r^{\mathrm{R}2} + \lambda_r^{\mathrm{I}2}}} \tag{4.131e}$$

观测到的系统模态振型则为

$$\hat{\boldsymbol{\Phi}} = \boldsymbol{C}\boldsymbol{\Phi} \tag{4.132}$$

式中，$\hat{\boldsymbol{\Phi}}$ 为识别得到的系统振型矩阵。

图 4.7 所示为 NExT＋ERA 方法的结构模态参数识别流程。① 根据观测的系统响应，选定具体点作为参考点，并计算系统响应的互相关函数；② 用计算得到的互相关函数替代脉冲响应函数，将其代入式(4.98) 和式(4.99)，构造

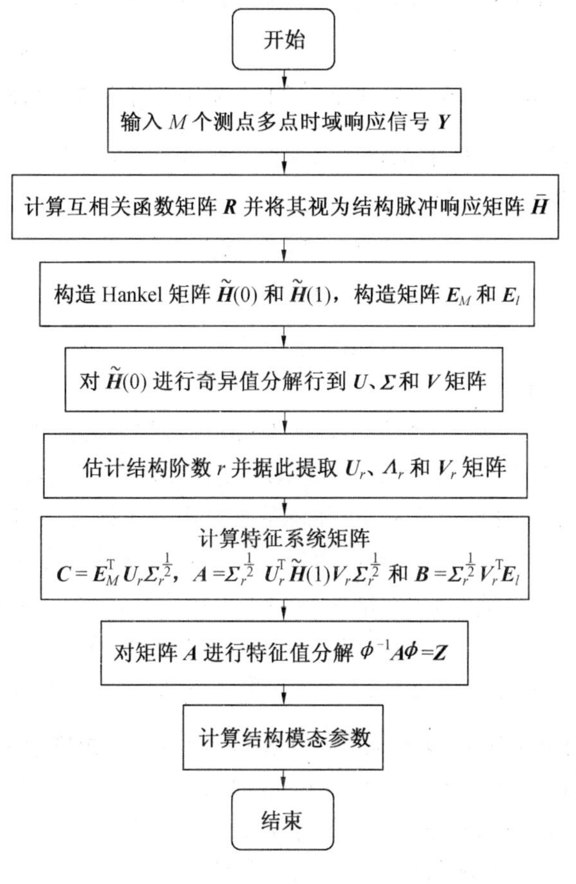

图 4.7　NExT＋ERA 方法的结构模态参数识别流程

Hankel 矩阵；③ 利用式(4.104) 对 Hankel 矩阵进行 SVD 分解，以获得奇异值矩阵和奇异值向量矩阵；④ 利用式(4.104) ～ (4.124) 识别得到结构矩阵，并计算出结构矩阵的特征值与特征向量，即可实现结构的模态参数识别。

2. 方法讨论

(1) 奇异值的确定。

理论上，利用式(4.46) 进行 SVD 分解应该得到如下形式的奇异值矩阵：

$$\boldsymbol{\Sigma}=\begin{bmatrix}\boldsymbol{\Sigma}_r & \mathbf{0}\\ \mathbf{0} & \mathbf{0}\end{bmatrix} \tag{4.133}$$

式中，$\boldsymbol{\Sigma}_r=\mathrm{diag}[\lambda_1 \quad \lambda_2 \quad \cdots \quad \lambda_r]$，$r=\mathrm{rank}(\boldsymbol{\Sigma})=2N$。但是，在实际应用中，因为受到监测系统的测点数目有限、观测噪声高等诸多因素的影响，$\boldsymbol{\Sigma}$ 往往为满秩矩阵，但是一般仅有前 r 个奇异值的精度可得到保证，第 r 个奇异值以后的奇异值则可能与虚假模态相对应，应视具体情况将其剔除。r 的值一般根据具体的问题来采用试算法来确定，即先取不同的 r 值识别得到不同的结果，再通过比较选择合理的 r 值。

注意 r 的值一般要小于 $2N$，那么 $\frac{N}{2}$ 可视为可识别出的最高模态阶次。因此，在实际应用时可取矩阵 $\boldsymbol{U}$、$\boldsymbol{V}$ 的前 r 列来替换矩阵 $\boldsymbol{U}$、$\boldsymbol{V}$，即 $\widetilde{\boldsymbol{H}}(0)=\boldsymbol{U}_r\boldsymbol{\Sigma}_r\boldsymbol{V}_r^{\mathrm{T}}$，那么式(4.122) ～ (4.124) 可分别改写为

$$\boldsymbol{C}=\boldsymbol{E}_M^{\mathrm{T}}\boldsymbol{U}_r\boldsymbol{\Sigma}_r^{\frac{1}{2}} \tag{4.134}$$

$$\boldsymbol{A}=\boldsymbol{\Sigma}_r^{-\frac{1}{2}}\boldsymbol{U}_r^{\mathrm{T}}\widetilde{\boldsymbol{H}}(1)\boldsymbol{V}_r\boldsymbol{\Sigma}_r^{-\frac{1}{2}} \tag{4.135}$$

$$\boldsymbol{B}=\boldsymbol{\Sigma}_r^{\frac{1}{2}}\boldsymbol{V}_r^{\mathrm{T}}\boldsymbol{E}_l \tag{4.136}$$

(2)α、β 的取值。

确定 α、β 取值的具体原则是尽量使 Hankel 分块矩阵的秩最小且相对不变，这个秩的具体大小为 $2N$，其中 N 为可识别的系统阶次。若观测得到的数据未被任何噪声干扰，那么理论上 Hankel 矩阵的秩是没有亏损的，此时 $\widetilde{\boldsymbol{H}}(0)$ 的最低维数应该为 $2N\times 2N$。若再假设矩阵 $\overline{\boldsymbol{H}}(k)$ 为 $M\times l$ 的矩阵，其中 M 表示观测点的数目，l 则表示激励点的数目(在结合 NExT 方法进行识别时，其应该为参考点数目)，那么根据矩阵 $\widetilde{\boldsymbol{H}}(0)$ 的维数 $M\alpha\times l\beta$ 可推知 $M\alpha\geqslant 2N$，$l\beta\geqslant 2N$。但在实际应用中，因受到噪声的干扰，将使 Hankel 矩阵出现秩亏损，从而需要适当提高 α 和 β 的取值来使矩阵 $\widetilde{\boldsymbol{H}}(0)$ 的秩达到相对稳定不变的要求。这里的相对稳定是指矩阵 $\widetilde{\boldsymbol{H}}(0)$ 小于第 r 个奇异值的其他奇异值的数值差不超过某个预先设定的界限值，这时当矩阵 $\widetilde{\boldsymbol{H}}(0)$ 的秩达到 r 时即可视为其已满足相对稳定的条件了。但是，ERA 方法中，界限值的选取具有一定的主观性。

融合 NExT 方法进行结构模态参数识别时，α、β 还要尽量取相同的值，并且

α、β 的值一般不宜太高，否则 ERA 方法将会对噪声更加敏感，从而更容易产生虚假模态。α、β 的推荐取值范围为 $\alpha \leqslant 2N$，$\beta \leqslant 2N$。

(3) 参考点的选取。

在使用 NExT + ERA 方法进行结构模态参数识别时，识别结果还将显著受到 NExT 方法中参考点的影响。一般地，选取的参考点不应位于任何待识别的各阶模态振型的节点处，相反需要尽可能选择各阶振型幅值较大的位置作为参考点，从而使响应数据中每个模态的特征信号更加显著，信噪比也将提高。

4.5　盲源分离方法

盲源分离方法可以仅利用观测信号恢复出其中包含的源信号，所以在结构模态参数识别领域，它也逐渐发挥了越来越大的作用。Kerschen 等人首先讨论了盲源分离用于结构模态参数识别的条件以及分离的效果。目前，独立分量分析 (Independent Component Analysis，ICA)、稀疏分量分析 (Sparse Component Analysis，SCA)、二阶盲识别(Second－Order Blind Identification，SOBI) 方法和复杂度追踪算法(Complexity Pursuit algorithm，CP) 等已经在仅利用输出的模态参数识别中得到了成功的运用。它将传感器采集到的振动数据看作盲源分离的观测信号，将模态响应看作目标信号的源信号，然后利用盲源分离方法进行求解。

4.5.1　盲源分离原理介绍

1. 盲源分离的基本问题

盲源分离是指在源信号和混合方式均未知的情况下，仅通过传感器的观测信号来估计源信号和混合方式的一种新兴的信号处理方法。这里的“盲”有两层含义：一是指源信号是未知的，无法被观测到；二是指混合方式是未知的。在实际生活中，很多的观测信号都可以看成是不可观测的源信号的混合。如“鸡尾酒会”就是一个典型的例子，即当很多人在同一个房间同时说话时，麦克风记录下来的是所有人的声音混合在一起的信号，也就是观测信号，而每一个的声音就可以作为源信号。当只能观测到麦克风采集到的所有人混合的声音信号，而无法获得混合系统的先验知识，要得到每个人单独的声音信号时，这便是一个典型的盲源分离问题。

2. 盲源分离的发展状况

混叠信号的分离问题一直是信号处理的难题。傅里叶变换、短时傅里叶变换和小波变换等信号处理方法很难对不同信号的混叠进行分离。而传统的信号分离和提取技术，如主成分分析(Principal Component Analysis，PCA)、奇异值分解(SVD) 只能分离得到不相关的信号,不能提取出信号中真正相互独立的成分。

盲源分离问题最早是在20世纪80年代由Linsker提出的,90年代Jutten给出了严格的数学描述。盲源分离涉及统计信号处理和信息论、人工神经网络的有关知识,近几十年成为研究热点。

盲源分离是指根据源信号的统计特性,仅由观测信号分理出源信号的过程。盲源分离的核心问题是寻找分离矩阵的算法。盲源分离主要分为线性混叠和非线性混叠两种情况,现在对盲源分离的分析主要是基于线性混叠的情况下进行的,但现实中非线性混叠情况更为普遍。线性混叠的盲源分离目前主要有利用信号独立性、信号稀疏性和信号时间结构特征等方法。

利用信号独立性的方法称为独立分量分析。独立分量分析的目的是,在假设源信号统计独立的情况下,利用基于独立性的统计学和数学原理,从由多个源信号组合而成的观察信号中,分离出独立成分。独立分量分析在生物医学信号与图像分析中应用广泛,也逐渐应用在机械、土木领域。

利用信号稀疏性的方法称为稀疏分量分析(SCA)。所谓稀疏性,是指某个序列,其数值大概率集中在特定值附近,仅有少量值偏离该特定值。由于观测信号是有限独立成分的线性混合,所以在某些域(如频域、时频域) 中其分布将会集中在这些有限处,呈现出稀疏性,所以可以利用这种特性将其分离。

利用信号时间结构特征的方法有二阶盲识别和复杂度追踪算法等,它们利用源信号与观测信号在二阶或者高阶统计量上不同的数学特征将源信号进行分离。

3. 盲源分离的数学模型

按照各源信号的混合方式不同,盲源分离问题可以分为三种类型,线性瞬时混合、线性卷积混合和非线性混合。不同的混合方式对应不同的混合模型,下面主要讲述最简单的线性瞬时混合模型。

(1) 线性瞬时混合模型。

当源信号线性混合得到混叠信号时,可表示为

$$\boldsymbol{X}(t)=\boldsymbol{A}\times\boldsymbol{S}(t)=\sum_{i=1}^{n}a_i s_i(t) \tag{4.137}$$

式中,$\boldsymbol{X}(t)$ 是被测混合信号;$\boldsymbol{S}(t)$ 是未知的独立源信号;$\boldsymbol{A}$ 是混合常量矩阵。

盲源分离问题就是已知混合信号 $\boldsymbol{X}(t)$,利用 $\boldsymbol{S}(t)$ 的统计学或数学特性,从 $\boldsymbol{X}(t)$ 中分离出源信号 $\boldsymbol{S}(t)$ 和观测矩阵 $\boldsymbol{A}$ 的问题。

要解决式(4.137) 的盲源分离问题,如果仅知道 $\boldsymbol{X}(t)$ 是不行的。大多数盲源分离的方法假设在每一个瞬时 t,源信号 $\boldsymbol{S}(t)$ 是统计独立的,并寻找一个适当的解混矩阵 $\boldsymbol{W}$,使独立成分 $\boldsymbol{y}$ 通过:

$$\boldsymbol{y}(t)=\boldsymbol{W}\boldsymbol{X}(t) \tag{4.138}$$

尽可能接近 $\boldsymbol{S}(t)$，即通过矩阵 $\boldsymbol{W}$ 对 $\boldsymbol{X}(t)$ 进行线性变换，$\boldsymbol{W}\approx\boldsymbol{A}^{-1}$。

(2) 卷积混合模型。

当源信号卷积混合得到混叠信号时，可表示为

$$\boldsymbol{X}(t)=\boldsymbol{A}(t)*\boldsymbol{S}(t)=\sum_{i=1}^{n}a_i(\tau)s_i(t-\tau) \tag{4.139}$$

式中，$\boldsymbol{A}(t)$ 为混合矩阵。

(3) 非线性混合模型。

实际环境中测得的观测信号可能是经过非线性混合的，这时线性混合的情况将不再适用，如果把非线性混合模型仍当作线性混合模型，并利用线性盲源分离的方法求解，可能导致完全错误的结果。当源信号非线性混合得到混叠信号时，可表示为

$$\boldsymbol{X}(t)=f(\boldsymbol{S}(t))=\sum_{i=1}^{n}f(s_i(t)) \tag{4.140}$$

式中，$f(\cdot)$ 是非线性函数。

4. 盲源分离的基本假设

由于盲源分离仅依靠观测信号来估计源信号及混合矩阵，如果缺少一定的先验知识，盲源分离问题通常是无解的。为了使盲源分离问题有解，即通过线性变换能从观测信号中分离出源信号和混合矩阵，通常作如下假设。

(1) 各源信号是实数随机变量，均值为零，且相互统计独立。

(2) 混合矩阵存在逆矩阵。

(3) 源信号中最多只有一个信号具有高斯分布。

(4) 噪声信号与各源信号相互统计独立，且为加性高斯白噪声。

5. 盲源分离的不确定性

事实上，盲源分离由于利用源信号的统计特性从观测信号中对源信号进行分离，分离结果只是对源信号的最佳估计结果，而且分离结果具有不确定性。

(1) 排列顺序的不确定性。

尽管利用源信号的统计特性可以将源信号分离出来，但这种分离结果源信号的顺序不是唯一的，每一次分离结果的顺序都是随机的。

(2) 幅值的不确定性。

对混合矩阵进行放大或者缩小，同时对源信号进行同等程度放大或者缩小，并不改变观测值大小：

$$\boldsymbol{X}(t)=\boldsymbol{A}\times\boldsymbol{S}(t)=\sum_{i=1}^{n}\frac{\boldsymbol{a}_i}{b_i}b_is_i(t) \tag{4.141}$$

式中，b_i 是任意乘积因子；$\boldsymbol{a}_i$ 是矩阵 $\boldsymbol{A}$ 的列矢量。

6. 盲源分离的预处理方法

一般地，盲源分离的预处理包括两个步骤，一是信号的中心化处理，也称去均值处理；二是白化处理，又称为球化。

(1) 中心化处理。

由于绝大多数盲源分离算法，为了简化问题，都是基于源信号是零均值的随机变量推导的算法。因此，在求解盲源分离问题之前，需要对观测信号进行分离前的去均值处理。假设随机变量 $\boldsymbol{s}(t)$ 的数学期望为 $E[\boldsymbol{s}(t)]$，则中心化处理为

$$\hat{\boldsymbol{s}}(t)=\boldsymbol{s}(t)-E[\boldsymbol{s}(t)] \tag{4.142}$$

实际运用中，由于传感器测得的信号长度是有限的，因此可以用样本的平均值代替该数据的数学期望，即

$$E[\boldsymbol{s}(t)]=\frac{1}{N}\sum_{t=0}^{N}\boldsymbol{s}(t) \tag{4.143}$$

(2) 白化处理。

白化处理的目的是使数据去除线性相关性，这样后续处理中数据更接近相互独立，更容易分离得到相互独立的成分。根据线性不相关的定义，当随机变量 $\boldsymbol{s}(t)$ 满足 $E[\boldsymbol{s}(t)\boldsymbol{s}(t)^{\mathrm{T}}]=\boldsymbol{I}$ 时，认为 $\boldsymbol{X}(t)$ 中各个成分是线性不相关的。

一般采用如下方法对观测数据进行白化处理。首先求数据的协方差矩阵，并定义

$$\hat{\boldsymbol{R}}(0)=\frac{1}{N}\sum_{t=0}^{N}\boldsymbol{s}(t)\boldsymbol{s}^{\mathrm{T}}(t) \tag{4.144}$$

然后对 $\hat{\boldsymbol{R}}(0)$ 进行特征值分解：

$$\hat{\boldsymbol{R}}(0)=\boldsymbol{V\Lambda V}^{\mathrm{T}} \tag{4.145}$$

白化处理后的数据为

$$\bar{\boldsymbol{s}}(t)=\boldsymbol{\Lambda}^{-\frac{1}{2}}\boldsymbol{V}^{\mathrm{T}}\boldsymbol{s}(t) \tag{4.146}$$

7. 盲源分离的数学基础

(1) 矩与累积量。

设 $p(s)$ 为随机变量 s 的概率密度函数，则其特征函数为

$$\Phi(\omega)=\int p(s)\mathrm{e}^{\mathrm{j}\omega s}\mathrm{d}s=E[\mathrm{e}^{\mathrm{j}\omega s}] \tag{4.147}$$

对特征函数进行取对数运算，得到累积量函数为

$$\psi(\omega)=\ln\Phi(\omega) \tag{4.148}$$

将特征函数和累积量函数按照泰勒级数展开，得到其 k 阶矩 m_k 和 k 阶累积量 c_k 为

$$m_k=\left.\frac{\mathrm{d}^k\Phi(\mathrm{j}\omega)}{\mathrm{d}\,(\mathrm{j}\omega)^k}\right|_{\mathrm{j}\omega=0}=\int x^4 p(x)\mathrm{d}x=E[x^k] \tag{4.149}$$

$$c_k = \left.\frac{\mathrm{d}^k \psi(\mathrm{j}\omega)}{\mathrm{d}\,(\mathrm{j}\omega)^k}\right|_{\mathrm{j}\omega=0} \tag{4.150}$$

其中,矩又称为原点矩,累积量又称为中心矩。一阶累积量为随机变量的数学期望;二阶累积量为随机变量的方差,描述了随机变量概率分布的离散程度;三阶累积量反映了概率分布的非对称性(偏斜度);四阶累积量(又称为峭度)展现的是概率密度函数偏离高斯信号的程度。

(2) 熵。

熵是指蕴含于信号中的平均信息,假设一个随机变量 s 的概率密度函数为 $p(s)$,则它的熵值 $H(s)$ 定义为

$$H(s) = -\int p(s)\log p(s)\mathrm{d}s \tag{4.151}$$

相对熵又称 KL 散度,是衡量两个概率密度函数相似程度的标准。假设随机变量 s 的两个概率密度函数为 $p(s)$ 和 $q(s)$,则它的 KL 散度定义为

$$D_{\mathrm{KL}}(p \parallel q) = \int p(s)\log \frac{p(s)}{q(s)}\mathrm{d}s \tag{4.152}$$

交叉熵主要用于衡量两个概率密度函数的差异性。假设随机变量 s 的两个概率密度函数为 $p(s)$ 和 $q(s)$,则它的交叉熵定义为

$$H(p,q) = \int p(s)\log \frac{1}{q(s)}\mathrm{d}s \tag{4.153}$$

(3) 高斯性与非高斯性。

实际生活中大多数随机信号都是超高斯信号或者是亚高斯信号,很少有满足高斯分布的信号。根据概率论中的中心极限定理,在一定条件下若干个相互独立的随机变量和的概率分布比其中任何一个随机变量都更接近高斯分布,也就是具有更强的高斯性。所以混合矩阵使得观测信号比源信号更具高斯性。所以可以对分离结果的非高斯性(独立性)进行度量,当其非高斯性(独立性)达到最大时,可认为是最接近源信号的结果,实现了最佳分离。而当其高斯性最大时,认为是最接近混合信号的结果。

有两种方法可以度量随机变量的非高斯性。一种是峭度(kurtosis,也称为峰度);另一种是负熵(negentropy)。

峭度是一个随机变量的四阶累积量。均值为零的随机变量 s 的峭度定义为

$$\mathrm{kurt}(s) = E[s^4] - 3\,(E[s^2])^2 \tag{4.154}$$

式中,$E[\cdot]$ 表示求随机变量的期望;s 表示随机变量。

高斯随机变量的峭度为零,绝大部分非高斯随机变量的峭度为非零值。峭度为正值的变量称为超高斯分布,为负值的称为亚高斯分布,且非高斯性越强,峭度的绝对值越大。超高斯信号和亚高斯信号都是普遍存在的,音频信号一般为超高斯分布,自然景物图像一般为亚高斯分布。使用峭度度量非高斯性的主

要问题是它对奇异点非常敏感，也就是说峭度不是对非高斯性的鲁棒度量。

另外一种可用于度量非高斯性的是负熵。熵是信息论中最基本的概念，它反映了一个随机变量携带信息的多少。一般认为随机变量变杂乱是熵增的过程，越不可预测的随机变量其熵值越大。

信息论中的一个基本结论是，在等方差的情况下，高斯随机变量在所有随机变量中具有最大的熵值，也就是说高斯分布是所有分布中最随机的分布。这也就意味着熵可用于度量非高斯性。

为了得到一个非负值来度量非高斯性且使得当随机变量服从高斯分布时该值为零，可以使用熵的归一化版本，即负熵。负熵 J 的定义如下：

$$J(s) = H(s_{\text{gauss}}) - H(s) \tag{4.155}$$

式中，s_{gauss} 是一个高斯随机变量，它与 s 具有相同的协方差分布。从式(4.155)可以发现负熵总是非负的，当且仅当 s 服从高斯分布时，负熵的值为零。使用负熵作为非高斯性度量的优点是它有统计理论作为支撑，在一定意义上负熵是对非高斯性的最优度量。使用负熵的主要问题是它的计算非常困难，因为它要求估计概率密度函数。那么，对负熵的简单近似就变得非常有必要。

Hyvärinen 提出了一个更加便捷、鲁棒的计算负熵的方法，即

$$J(s_i) \approx (E[G(s_i)] - E[G(v)])^2 \tag{4.157}$$

式中，$E[\cdot]$ 表示求期望；s_i 表示均值为 0 单位方差的随机变量；v 表示均值为 0 单位方差的高斯随机变量；$G(\cdot)$ 表示对比函数。

实际运算中，一般取以下函数：

$$G_1(s) = \frac{1}{a_1}\log_2 \cosh(a_1 s) \tag{4.158}$$

$$G_2(s) = -e^{-\frac{s^2}{2}} \tag{4.159}$$

$$G_3(s) = \frac{s^4}{4} \tag{4.160}$$

式中，$1 \leqslant a_1 \leqslant 2$，一般取 1；$G_1$ 适用于超高斯信号和亚高斯信号并存的情况；G_2 适用于分离超高斯信号；G_3 适用于分离亚高斯信号。

(4) 相关与独立。

两个随机过程 $s_1(t)$ 和 $s_2(t)$，若它们的期望满足：

$$E[s_1(t)s_2(t)] = E[s_1(t)]E[s_2(t)] \tag{4.161}$$

则认为它们是线性不相关的。

相关与独立的关系是如果两个随机变量满足线性不相关和非线性不相关，那么认为它们是相互独立的，即

$$E[s_1(t)s_2(t)] = E[s_1(t)]E[s_2(t)] \tag{4.162}$$

$$E[f(s_1(t))g(s_2(t))] = E[f(s_1(t))]E[g(s_2(t))] \tag{4.163}$$

式中，$f(\cdot)$、$g(\cdot)$ 是非线性变换函数。

(5) 互信息。

互信息的作用是衡量两个任意概率密度函数之间的相互独立程度。假设随机变量 s 和 v 各自的概率密度函数为 $p(s)$ 和 $p(v)$，它们的联合概率密度函数为 $p(s,v)$。当它们相互独立时，有 $p(s,v)=p(s)p(v)$。一般来说，s 和 v 并不相互独立，所以可以用它们的 KL 散度来度量它们之间的互信息，则有

$$
\begin{aligned}
I[p(s,v),p(s)p(v)] &= D_{\mathrm{KL}}(p(s,v)\parallel p(s)p(v)) \\
&= \iint p(s,v)\log\frac{p(s,v)}{p(s)p(v)}\mathrm{d}s\mathrm{d}v
\end{aligned}
\tag{4.164}
$$

4.5.2　复杂度追踪算法原理

统计学中用 Kolmogorov 复杂度测定信号的复杂度，然而由于其难以估计，英国谢菲尔德大学 Stone 教授提出了一种更加鲁棒的测量信号复杂度的方法，即时间预测，其定义如下：

$$
F(y_i)=\log\frac{V(y_i)}{U(y_i)}=\log\frac{\sum\limits_{t=1}^{N}(\bar{y}_i(t)-y_i(t))^2}{\sum\limits_{t=1}^{n}(\tilde{y}_i(t)-y_i(t))^2}
\tag{4.165}
$$

式中

$$
\begin{cases}
\bar{y}_i(t)=\lambda_{\mathrm{L}}\bar{y}_i(t-1)+(1-\lambda_{\mathrm{L}})y_i(t-1), & 0\leqslant\lambda_{\mathrm{L}}\leqslant 1 \\
\tilde{y}_i(t)=\lambda_{\mathrm{S}}\tilde{y}_i(t-1)+(1-\lambda_{\mathrm{S}})y_i(t-1), & 0\leqslant\lambda_{\mathrm{S}}\leqslant 1
\end{cases}
\tag{4.166}
$$

令 $\lambda=2^{\frac{-1}{h}}$，其中 h 可取 $h_{\mathrm{S}}=1$，h_{L} 为远大于 h_{S} 的值，如 $h_{\mathrm{L}}=900\ 000$。$V(\cdot)$ 用来衡量 $y_i(t)$ 的总体变化，表示 $y_i(t)$ 根据长期变化均值 $\bar{y}_i(t)$ 预测得到的程度；$U(\cdot)$ 用来衡量 $y_i(t)$ 的局部平滑度，表示 $y_i(t)$ 根据短期变化均值 $\tilde{y}_i(t)$ 预测得到的程度。

将式(4.166) 代入式(4.165) 得

$$
F(y_i)=F(\boldsymbol{w}_i,\boldsymbol{x})=\log\frac{V(\boldsymbol{w}_i,\boldsymbol{x})}{U(\boldsymbol{w}_i,\boldsymbol{x})}=\log\frac{\boldsymbol{w}_i\bar{\boldsymbol{R}}\ \boldsymbol{w}_i^{\mathrm{T}}}{\boldsymbol{w}_i\hat{\boldsymbol{R}}\ \boldsymbol{w}_i^{\mathrm{T}}}
\tag{4.167}
$$

式中，$\boldsymbol{R}$ 为混合信号的协方差矩阵，其元素定义为

$$
\begin{cases}
\bar{r}_{ij}(t)=\sum\limits_{i=1}^{N}(x_i(t)-\bar{x}_i(t))(x_j(t)-\bar{x}_j(t)) \\
\hat{r}_{ij}(t)=\sum\limits_{i=1}^{N}(x_i(t)-\hat{x}_i(t))(x_j(t)-\hat{x}_j(t))
\end{cases}
\tag{4.168}
$$

当 F 达到最大值时，认为对 y_i 中信号的总体可变性与局部平滑度达到了最佳预测，此时的解混矩阵 $\boldsymbol{w}_i$ 是最佳的解混矩阵。根据最值的数学特性，可以利用

其导数对最值进行估计。

对式(4.167)两边求导可得

$$\nabla_{w_i}F=\frac{2\,\boldsymbol{w}_i}{V_i}\bar{\boldsymbol{R}}-\frac{2\,\boldsymbol{w}_i}{U_i}\hat{\boldsymbol{R}} \tag{4.169}$$

令其等于零,得

$$\boldsymbol{w}_i\bar{\boldsymbol{R}}=\frac{V_i}{U_i}\boldsymbol{w}_i\hat{\boldsymbol{R}} \tag{4.170}$$

此即转化为求矩阵$\hat{\boldsymbol{R}}^{-1}\bar{\boldsymbol{R}}$的特征值问题。矩阵$\hat{\boldsymbol{R}}^{-1}\bar{\boldsymbol{R}}$的特征向量,即为要求的解混向量$\boldsymbol{w}_i$,从而可以得到源信号为

$$\boldsymbol{S}(t)=\boldsymbol{y}(t)=\boldsymbol{Wx}(t) \tag{4.171}$$

4.5.3 模态参数识别

由结构模态分析理论中的模态叠加理论,系统响应

$$\boldsymbol{x}(t)=[x_1(t)\quad x_2(t)\quad \cdots\quad x_n(t)]^{\mathrm{T}}$$

可以表示为

$$\boldsymbol{x}(t)=\boldsymbol{\Phi q}(t)=\sum_{i=1}^{n}\boldsymbol{\varphi}_i q_i(t) \tag{4.172}$$

式中,$\boldsymbol{\Phi}$为模态振型向量,$\boldsymbol{\Phi}\in\mathbf{R}^{n\times n}$;$\boldsymbol{q}(t)$为模态响应,也即模态坐标,$\boldsymbol{q}(t)=[q_1(t)\quad\cdots\quad q_n(t)]^{\mathrm{T}}$。

对于自由振动,$f(t)=0$,$q_i(t)$可以表示为单调指数衰减正弦曲线:

$$q_i(t)=u_i\,\mathrm{e}^{-\zeta_i\omega_i t}\cos(\omega_{\mathrm{d}i}t+\theta_i),\quad i=1,\cdots,n \tag{4.173}$$

式中,ω_i是自然频率;ζ_i是阻尼比;$\omega_{\mathrm{d}i}$是阻尼频率,$\omega_{\mathrm{d}i}=\omega_i\sqrt{1-\zeta_i^2}$;$u_i$、$\theta_i$由初始状态确定。

对于受迫振动,$q_i(t)$由包络函数$e_i(t)$调制:

$$q_i(t)\cong e_i(t)u_i\,\mathrm{e}^{-\zeta_i\omega_i t}\cos(\omega_{\mathrm{d}i}t+\theta_i),\quad i=1,\cdots,n \tag{4.174}$$

因此,问题在于如何从系统响应$\boldsymbol{x}(t)$中获得模态响应$\boldsymbol{q}(t)$和模态振型$\boldsymbol{\Phi}$。对比式(4.137)和式(4.172)发现,是否可以把模态响应$\boldsymbol{q}(t)$看作盲源分离的源信号,把模态振型$\boldsymbol{\Phi}$看作盲源分离的混合矩阵,利用盲源分离的方法从系统响应$\boldsymbol{x}(t)$中获得模态响应$\boldsymbol{q}(t)$和模态振型$\boldsymbol{\Phi}$是问题的关键,Stone在其研究中已经证明了复杂度追踪算法可以用于土木领域结构模态参数识别问题,并且给出了数值算例和实际结构的识别结果。频率可以由求得的模态响应$\boldsymbol{q}(t)$进行傅里叶变换变换得到,阻尼比可以由$\boldsymbol{q}(t)$利用对数衰减技术或者半功率带宽法求得。

【例 4.1】 采用一个三自由度线性时不变弹簧质量阻尼模型进行数值模拟例子,说明盲源分离方法的模态参数识别效果,模型如图 4.8 所示。

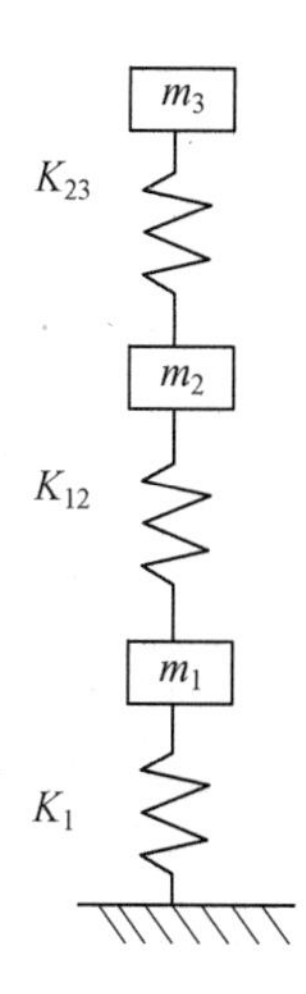

图 4.8　三自由度弹簧质量模型

结构的质量、刚度、阻尼矩阵定义如下：

$$\boldsymbol{M}=\begin{bmatrix}1 & & \\ & 1 & \\ & & 1\end{bmatrix},\quad \boldsymbol{K}=\begin{bmatrix}1\,000 & -800 & 0 \\ -800 & 1\,600 & -800 \\ 0 & -800 & 800\end{bmatrix},\quad \boldsymbol{C}=\alpha\boldsymbol{M}+\beta\boldsymbol{K}$$

在该数值示例中，将阻尼设置为比例阻尼，并且 $\alpha=0.1$，$\beta=0$。外部激励为平稳的高斯白噪声激励，用 Newmark-beta 算法计算结构的响应，并以 100 Hz 的采样频率采样。振动数据系统响应如图 4.9 所示，该图分别显示了时域、频域的响应数据。从图中一个自由度处结构振动数据的频域可以看出，该结构有 3 阶模态频率，其中第 1 阶模态频率不是特别明显，其他各阶模态频率均比较明显。由此可以大致判断出结构的各阶模态频率均集中在 0 ～ 10 Hz 之间。然后利用提出的方法从 3 个测点的系统响应得到各阶模态参数。

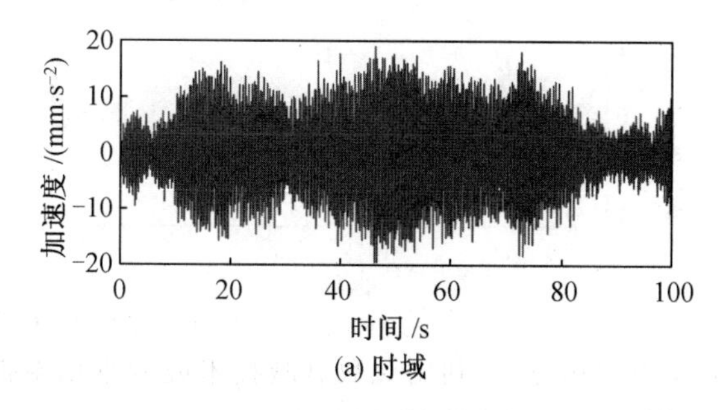

图 4.9　振动数据系统响应

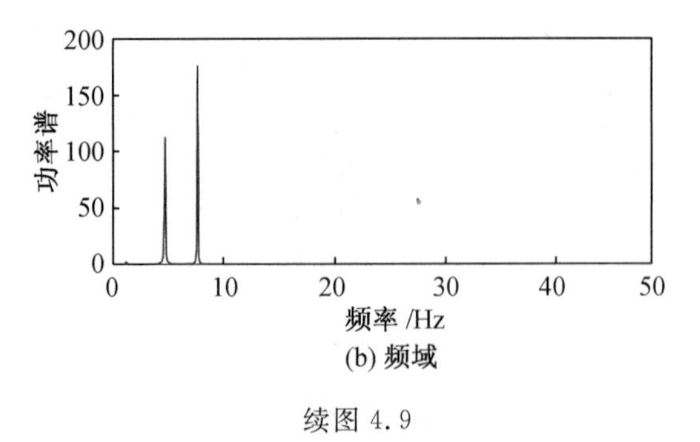

(b) 频域

续图 4.9

所提方法识别得到的各阶模态响应如图 4.10 所示。时域、频域的结果表明模态响应是准确估计的。

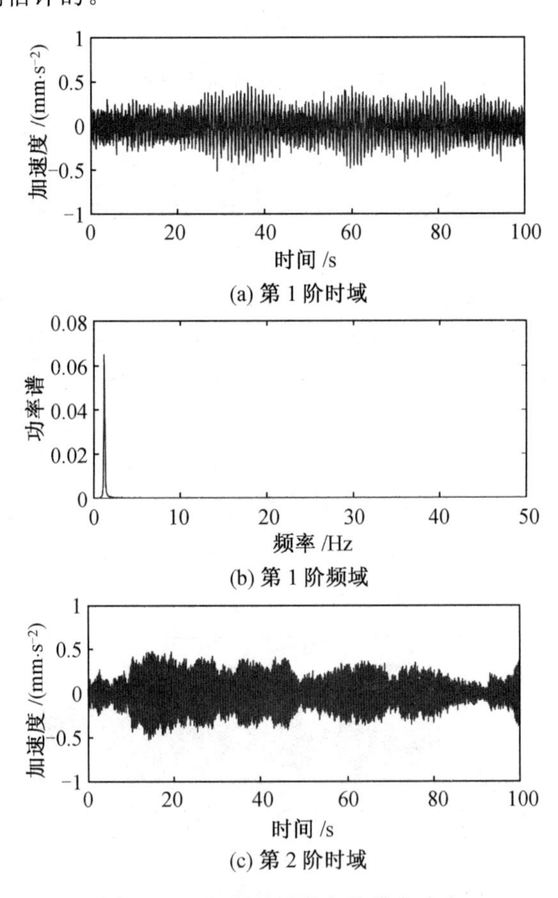

(a) 第 1 阶时域

(b) 第 1 阶频域

(c) 第 2 阶时域

图 4.10　识别得到的各阶模态响应

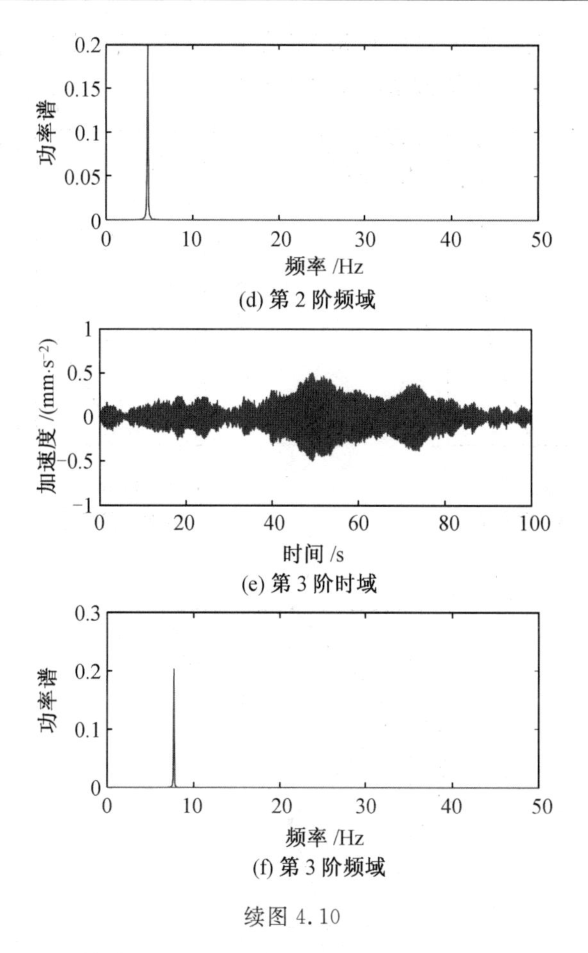

(d) 第 2 阶频域

(e) 第 3 阶时域

(f) 第 3 阶频域

续图 4.10

表 4.1 所示为数值算例得到的模态参数结果。结果表明，频率和阻尼比识别精度比较高。

表 4.1　数值算例得到的模态参数结果

模态阶数	频率 /Hz		阻尼比 /%	
	理论值	识别值	理论值	识别值
1	1.21	1.20	6.6	7.2
2	4.79	4.79	1.7	1.9
3	7.76	7.74	1.6	1.8

识别得到的各阶模态振型系数如图 4.11 所示，模态振型系数的识别值和理论值之间的相关性通过模态置信因子(MAC) 进行评估：

$$\mathrm{MAC}(\tilde{\boldsymbol{\varphi}}_i \cdot \boldsymbol{\varphi}_i) = \frac{(\tilde{\boldsymbol{\varphi}}_i^{\mathrm{T}} \cdot \boldsymbol{\varphi}_i)^2}{(\tilde{\boldsymbol{\varphi}}_i^{\mathrm{T}} \cdot \tilde{\boldsymbol{\varphi}}_i)(\boldsymbol{\varphi}_i^{\mathrm{T}} \cdot \boldsymbol{\varphi}_i)} \tag{4.175}$$

表 4.2 所示为振型系数的模态置信因子，表中的结果表明，所提出的方法可

以很好地识别模态振型,并且所有MAC值均大于0.95。作为一种可选的模态识别方法,该方法具有与传统方法相似的准确性。

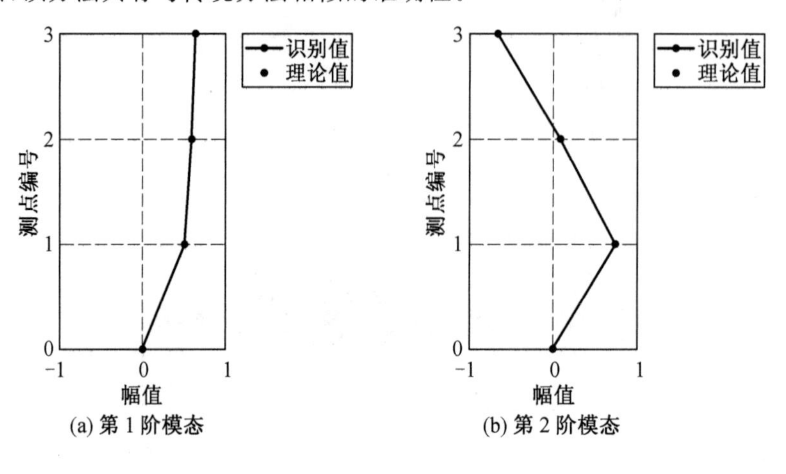

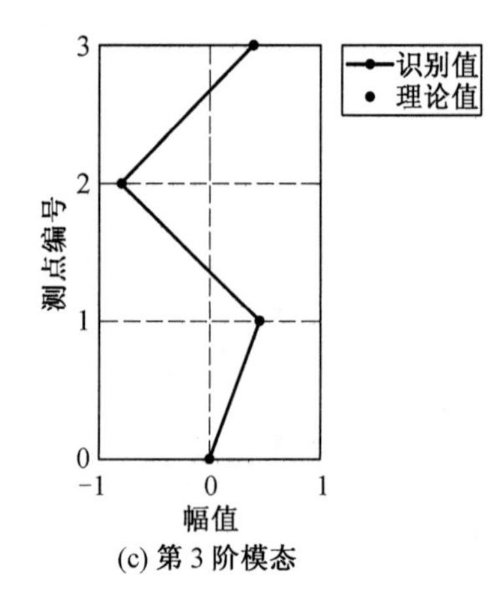

图4.11　识别得到的各阶模态振型系数

表4.2　振型系数的模态置信因子

模态阶数	MAC(识别值)
1	1.00
2	1.00
3	1.00

第 5 章　结构时变模态参数识别方法

5.1　概　述

结构在不同的荷载作用、边界条件改变或环境因素等影响下，其质量、刚度等参数在运行或服役期间会有一定程度的时变性，形成时变结构系统，采用结构时不变模态参数分析方法将无法识别模态参数变化过程，尤其对于非线性损伤结构，时变频率可能随时间波动相对较明显，而此时采用线性结构的模态参数识别方法缺乏准确性。有关结构时变模态参数识别，主要采用信号处理领域的一些方法，如经典 HHT 方法和小波变换方法等。HHT 方法是经验模态分解和希尔伯特(Hilbert) 变换相结合，经验模态分解不需要固定的基，因此对信号具有自适应性。近年来，随着信号处理和应用数学领域的研究进展，发展起来了一种新的自适应方法，称为自适应稀疏时频分析方法。考虑到工程结构往往所处环境复杂，测量信号噪声多，对时频分析的方法要求具有一定的噪声鲁棒性，本章着重介绍 HHT 方法和自适应稀疏时频分析方法。

5.2　HHT 方法

传统的数据分析方法都是基于线性、平稳的假设，可以通过预先构造基函数，将一个时间序列信号在基函数上展开，进而实现信号分解。而自然界中多数数据具有非线性、非平稳的特点，对于这些数据的分析，基函数的形式无从得知，因此，自适应基函数的概念被提出。不同于传统方法中预先已知的基函数形式，自适应基函数是指依赖于所用数据而建立的基函数，在这样一组基函数下可以对非线性、非平稳数据进行分解，并表示成一组子信号求和的形式。21 世纪初，黄鳄等人提出了基于经验的 HHT 方法，为解决非线性、非平稳的信号分析问题提供了解决思路，尤其在工程领域可以从信号中得到具有物理意义的信息。HHT 主要包括两个步骤，一是经验模态分解(EMD)，即将任意信号进行分解，从而使得每一个子信号都是本征模函数(IMF)；二是 Hilbert 变换，即通过构造解析信号和进行 Hilbert 变换来得到每一个本征模函数对应的时变频率。到目前为止，即使 HHT 方法仍然缺乏严格的数学理论支撑，但在工程实际中，HHT 方法已被广泛应用于工程信号分析中，尤其是特征提取、损伤识别等方面。

5.2.1 EMD方法

首先，EMD 方法是处理非平稳和非线性数据的重要方法，具有直观、直接、自适应的特点，不同于使用固定的傅里叶基函数或者小波基函数，它基于已知的数据并通过数据得到自适应基函数。EMD 的前提假设便是认为任意的信号都是由一系列的 IMF 求和得到，每一个 IMF 表示一个震荡过程，包含了信号的幅值和频率信息，即

$$f(t) = \sum_{i=1}^{M} \mathrm{IMF}_i \tag{5.1}$$

IMF 的定义如下。

(1) 在整个数据段范围内，每个 IMF 的极值点个数与过零点的个数相等，或者相差为 1。

(2) 在任一点处，由 IMF 的所有极大值点组成的上包络线，和由这个 IMF 的所有极小值点组成的下包络线的平均值为 0，也即上、下包络线相对于水平轴呈局部对称。

不同于将一个信号分解为一系列简谐波的叠加，IMF 表示了振幅、频率和时间之间的关系。每一个 IMF 都是通过“筛选”(sifting) 过程产生，在不断的“筛选”中选择满足条件的 IMF，最后将所有的 IMF 相加，便是初始信号 $f(t)$ 的分解。具体来讲，EMD 便是在执行这个“筛选”过程，具体步骤如下。

(1) 首先，已知时程信号为 $f(t)$。

(2) 将上述信号 $f(t)$ 分别取由极大值构成的上包络线和由极小值构成的下包络线(这里使用三次样条插值方法)，示意图如图 5.1 所示。

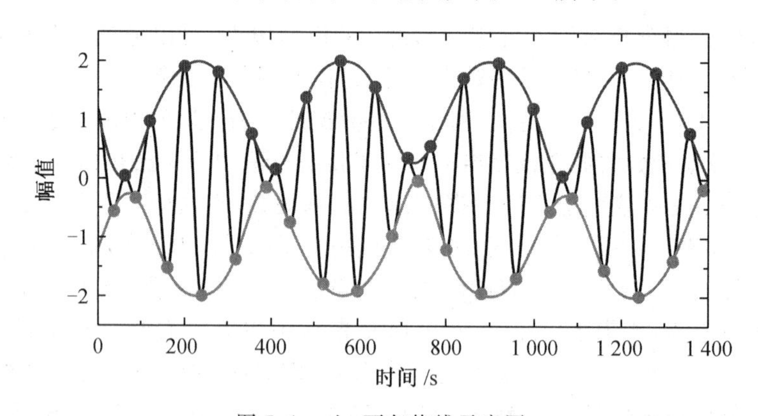

图 5.1 上、下包络线示意图

(3) 取上述极大值包络线和极小值包络线的中值线 $\boldsymbol{m}_{1,1}(t)$，示意图如图 5.2 所示。

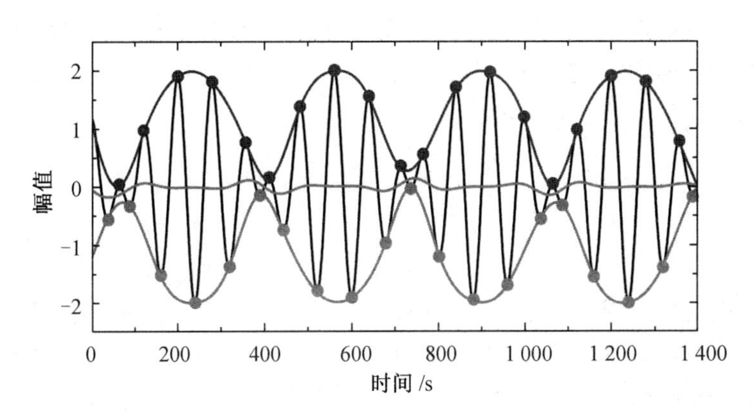

图 5.2　中值线示意图

(4) 原始信号 $\boldsymbol{f}(t)$ 减去上述中值线 $\boldsymbol{m}_{1,1}(t)$，得到中间信号为

$$\boldsymbol{h}_{1,1}(t)=\boldsymbol{f}(t)-\boldsymbol{m}_{1,1}(t) \tag{5.2}$$

当 $\boldsymbol{h}_{1,1}(t)$ 满足 IMF 的定义时，$\boldsymbol{h}_{1,1}(t)$ 可作为一个 IMF，这里称其为 IMF_1；当 $\boldsymbol{h}_{1,1}(t)$ 不满足 IMF 的定义时，将 $\boldsymbol{h}_{1,1}(t)$ 作为新的信号，取其上、下包络线并计算中值线 $\boldsymbol{m}_{1,2}(t)$，计算更新后的中间信号为

$$\boldsymbol{h}_{1,2}(t)=\boldsymbol{h}_{1,1}(t)-\boldsymbol{m}_{1,2}(t) \tag{5.3}$$

$$\boldsymbol{h}_{1,n}(t)=\boldsymbol{h}_{1,n-1}(t)-\boldsymbol{m}_{1,n}(t) \tag{5.4}$$

重复上述过程，不断将局部均值抽离，直至得到满足 IMF 定义的中间信号 $\boldsymbol{h}_{1,n}(t)$ 为止，这一过程称为“筛选”。此时，$\boldsymbol{h}_{1,n}(t)$ 即为想要的本征模函数 IMF_1，它反映了信号波动的过程。更新去除 IMF_1 后的剩余信号为

$$\text{IMF}_1=\boldsymbol{h}_{1,n}(t) \tag{5.5}$$

$$\boldsymbol{r}_1(t)=\boldsymbol{f}(t)-\text{IMF}_1 \tag{5.6}$$

将 $\boldsymbol{r}_1(t)$ 作为新的信号输入，重复式(5.3) ~ (5.6) 的过程，即

$$\boldsymbol{h}_{2,1}(t)=\boldsymbol{r}_1(t)-\boldsymbol{m}_{2,1}(t) \tag{5.7}$$

……

$$\boldsymbol{h}_{2,n}(t)=\boldsymbol{h}_{2,n-1}(t)-\boldsymbol{m}_{2,n}(t) \tag{5.8}$$

$$\text{IMF}_2=\boldsymbol{h}_{2,n}(t) \tag{5.9}$$

$$\boldsymbol{r}_2(t)=\boldsymbol{r}_1(t)-\text{IMF}_2 \tag{5.10}$$

当分解后得到的 $\boldsymbol{r}_n(t)$ 足够小(或者当 $\boldsymbol{r}_n(t)$ 变为反映 $\boldsymbol{f}(t)$ 趋势的单调函数)时，停止经验模态分解过程，由此便得到了本征模函数 $\text{IMF}_1,\text{IMF}_2,\cdots,\text{IMF}_n$。

上述的“筛选”过程是在每一个 IMF 产生的过程中进行的，主要有两个目的，分别为减少骑波的出现和使 IMF 的波形更加对称。减少骑波的出现有助于后续

Hilbert 变换的进一步实施，以得到有物理意义的瞬时频率；使 IMF 的波形更加对称可以使相邻的波幅不至于相差悬殊。因此，实际操作中，“筛选”过程通常要进行多次以保障得到的IMF是符合定义要求的。“筛选”的次数由对应的停止准则来控制。早期的“筛选”次数由柯西收敛性检验确定，以两个连续的“筛选”后信号的标准化平方误差来确定：

$$D=\frac{\sum_{t=0}^{T}\left|\boldsymbol{h}_{1,k-1}(t)-\boldsymbol{h}_{1,k}(t)\right|^{2}}{\sum_{t=0}^{T}\boldsymbol{h}_{1,k-1}^{2}(t)} \tag{5.11}$$

当标准化平方误差小于某预定的值时，不再进行下一步的“筛选”工作。但由于预定义的值难以确定，因此，黄鳄等人提出了另一种基于极值点和跨零点个数的筛选停止准则。这一准则预先定义了筛选进行的次数 S。黄鳄等人给出了一个基于经验的 S 值，即最佳的筛选次数 S 应为 $4\sim 8$ 次。

当完成所有 IMF 的筛选之后，原始信号 $\boldsymbol{f}(t)$ 就可以表示为如下形式：

$$\boldsymbol{f}(t)=\sum_{i=1}^{M}\mathrm{IMF}_{i}+\boldsymbol{r}(t) \tag{5.12}$$

式中，$\boldsymbol{r}(t)$ 为残余误差。

5.2.2 Hilbert 变换

在获得本征模函数后便可利用 Hilbert 变换获得每一本征模函数对应的瞬时频率值。在介绍具体内容之前，先引入解析信号的概念。

构造任意实值信号 $\boldsymbol{u}(t)$ 的解析信号(也称为复函数)表达的欧拉公式为

$$\boldsymbol{Y}(t)=\boldsymbol{u}(t)+\mathrm{i}\cdot\boldsymbol{v}(t) \tag{5.13}$$

式中，$\boldsymbol{u}(t)$ 为任意一个实信号；$\boldsymbol{v}(t)$ 为它的 Hilbert 变换，在信号处理中，也称之为实信号的投影。Hilbert 变换定义为

$$H[\boldsymbol{u}(t)]=\boldsymbol{v}(t)=\pi^{-1}\int_{-\infty}^{+\infty}\frac{\boldsymbol{u}(\tau)}{t-\tau}\mathrm{d}\tau \tag{5.14}$$

可见，一个实值信号 $\boldsymbol{u}(t)$ 的 Hilbert 变换就是将 $\boldsymbol{u}(t)$ 与 $\frac{1}{\pi t}$ 进行卷积，它依然是时域到时域的一种变换。Hilbert 变换的作用相当于在没有改变原信号的振幅和频率的情况下，将其相位平移了 $-\frac{\pi}{2}$。从频域来看 Hilbert 变换的工作原理为

$$\mathscr{F}\left[\frac{1}{\pi t}\right]=-\mathrm{j}\cdot\mathrm{sgn}(\omega) \tag{5.15}$$

式中，$\mathscr{F}$ 为傅里叶变换操作；sgn(•) 为符号函数标识，具体为

$$\text{sgn}(\omega)=\begin{cases}1, & \omega>0\\ 0, & \omega=0\\ -1, & \omega<0\end{cases} \tag{5.16}$$

所以一个实值信号的傅里叶变换与其 Hilbert 变换的傅里叶变换的关系为

$$\boldsymbol{v}(\omega)=-\mathrm{j}\cdot \text{sgn}(\omega)\boldsymbol{u}(\omega) \tag{5.17}$$

即一个实值信号经过一次 Hilbert 变换，其正频率的部分发生顺时针 90° 的旋转，负频率部分发生逆时针 90° 的旋转；两次旋转之后相当于整个频域发生 180° 旋转，因此相当于对原实值信号 $\boldsymbol{u}(t)$ 取负值；四次旋转之后又变为原实值信号 $\boldsymbol{u}(t)$，Hilbert 变换原理示意图如图 5.3 所示。

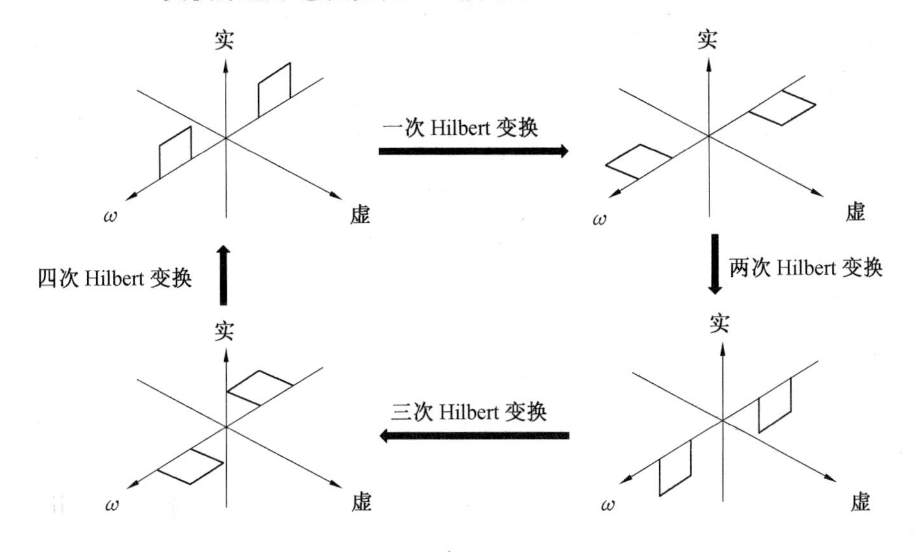

图 5.3　Hilbert 变换原理示意图

由欧拉公式 $\mathrm{e}^{\mathrm{i}\theta(t)}=\cos\theta(t)+\mathrm{i}\cdot\sin\theta(t)$ 可知，解析信号可以表示为

$$\boldsymbol{Y}(t)=|\boldsymbol{A}(t)|\,\mathrm{e}^{\mathrm{i}\theta(t)} \tag{5.18}$$

式中，$|\boldsymbol{A}(t)|$ 为实信号幅值。因此，对于任意一个本征模函数，可以得到它所对应的振幅、相位和瞬时频率，即

$$|\boldsymbol{A}(t)|=\sqrt{(\boldsymbol{u}(t))^2+(\boldsymbol{v}(t))^2} \tag{5.19}$$

$$\boldsymbol{\theta}(t)=\arctan\frac{\boldsymbol{v}(t)}{\boldsymbol{u}(t)} \tag{5.20}$$

$$\boldsymbol{\omega}(t)=\frac{\mathrm{d}\boldsymbol{\theta}(t)}{\mathrm{d}t} \tag{5.21}$$

下面通过一个模拟例子，说明基于 HHT 变换的非线性非平稳信号时变频率识别方法的识别效果。

【例 5.1】　假设某一非平稳的振动信号，其表达式为

$$f(t)=\frac{1}{1.5+\sin(2\pi t)}\cos(160\pi t+\sin(16\pi t))+(2+\cos(8\pi t))\cos(140\pi\ (t+1)^2)$$

取离散点个数为 $N=1\ 000$，采样频率为 $f=1\ 000$ Hz，绘制合成信号时域曲线及频谱如图5.4 和图 5.5 所示。

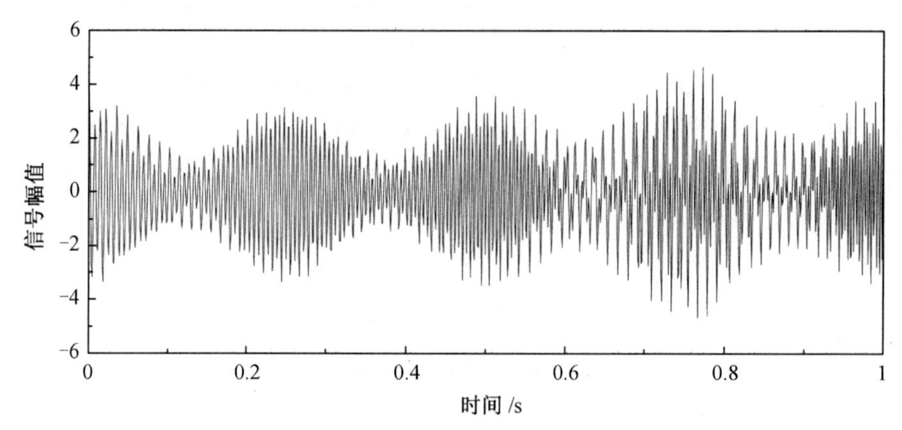

图 5.4　合成信号时域曲线

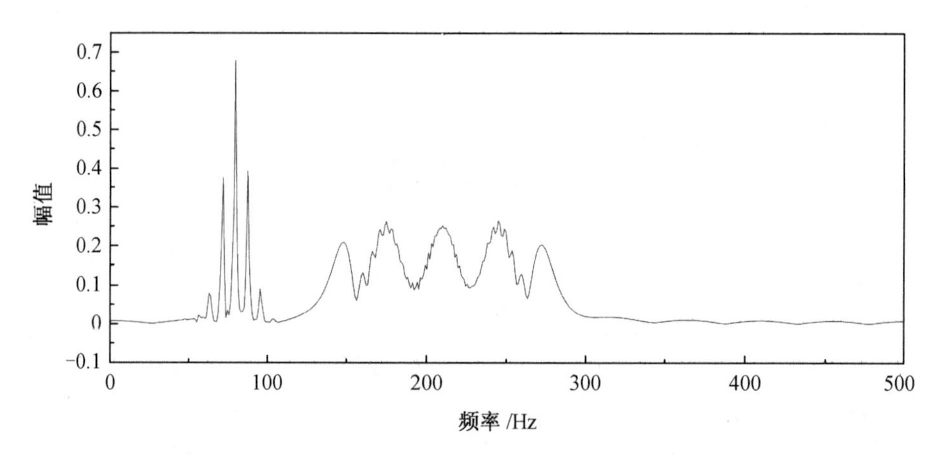

图 5.5　合成信号频谱

将合成信号用 HHT 进行 EMD 分解，得到的 $IMF_1 \sim IMF_4$ 时域曲线如图 5.6 所示。可见，前两阶为待分析信号 $f(t)$ 的两个子成分，即 IMF。后两阶与前两阶的幅值差异较大，可见后两阶不一定是所要求得的 IMF。对每一个 IMF 进行 Hilbert 变换后得到对应的频谱如图 5.7 所示。通过频谱可见，IMF_1 和 IMF_2 的频谱与原信号频谱（图 5.5）对应，IMF_3 和 IMF_4 的频谱幅值很小所以不是所要求得的 IMF，故本例中的真实 IMF 个数为 2。

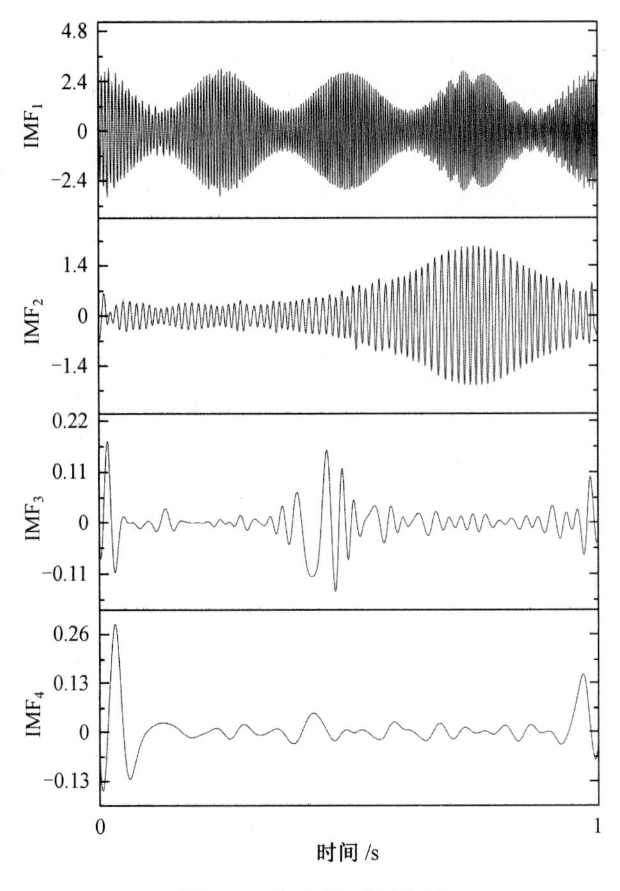

图 5.6　各 IMF 时域曲线

利用 Hilbert 变换得到两 IMF 对应的时变频率如图 5.8 所示，其中斜向趋势的点划线和波浪状趋势的点划线分别为 IMF_1 和 IMF_2 的识别时变频率，两成分对应的解析解如图中斜实线、波浪形实线所示。可见，HHT 时变非线性非平稳信号的时变频率的整体趋势正确，但存在一定的波动，且在两端点存在偏差，这都是由于 HHT 本身的末端效应等缺点引发的识别不准确。

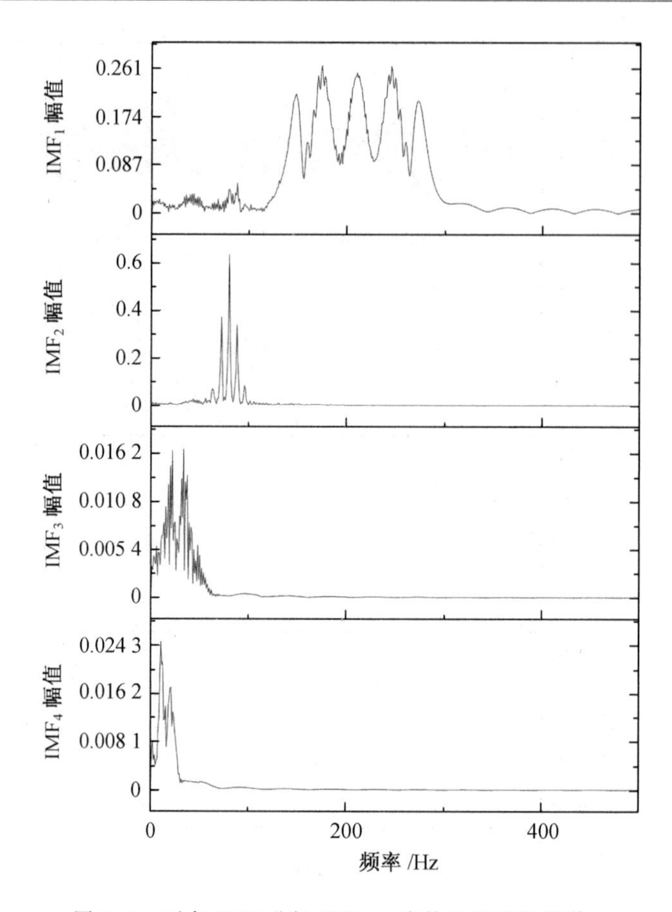

图 5.7　对各 IMF 进行 Hilbert 变换后得到的频谱

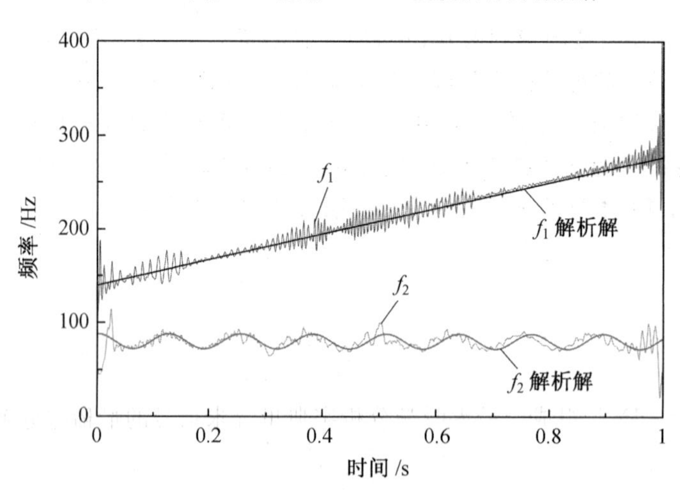

图 5.8　两 IMF 对应的时变频率

5.3　自适应稀疏时频分析方法

近年来,应用数学和信号处理领域提出了自适应稀疏时频分析方法,该方法基于 EMD 方法和压缩感知理论,实现对信号的自适应时频分析。本节首先对自适应稀疏时频分析方法进行理论介绍,在此基础上给出桥梁拉索时变索力的实时识别方法,用以说明自适应稀疏时频分析方法的有效性和准确性。

自适应稀疏时频分析方法,是结合 EMD 方法和压缩感知理论而提出的一种用于分析非线性非平稳数据的改进时频分析方法。

EMD 理论上可以用于处理一切复杂的不具有线性性质的非平稳数据,将它们用数目有限且尽可能少的 IMF 表示。IMF 需要满足如下对应条件:在全部数据中,一般情况下一个极值点必须对应一个过零点,极少数情况下可以允许二者数目相差 1;对于函数的任一点,将在该局部由最小值定义的下包络线和由最大值定义的上包络线取平均,均值为零。这些 IMF 可以很好地通过 Hilbert 变换,进而能够得到具有物理意义的任意时刻的频率,这些瞬时频率能够给出对数据内部结构的准确识别。考虑到该分解过程是在数据时域的局部建立的,因此可以应用于处理非线性和非平稳的过程。该方法具有如下两个创新:① 不再重视信号的全局特征,转而关注局部信息并基于此引入 IMF,使频率在每一时刻都具有物理意义;② 对于复杂的数据,由于引入瞬时频率而不再需要用杂散的谐波来代表非线性和非平稳的信号。该方法具有很强的自适应性,因而在应用中十分有效。但 EMD 这一方法也存在着以下不足:① 因为数据是非线性的,上、下包络线的平均与局部意义上的平均之间一定存在误差,无论对数据进行多少次筛选,仍然不能保证得到的所有波形都是对称的;② 采用样条曲线进行拟合会在数据末端产生问题,因为三次样条曲线在对末端进行拟合时会有很大摆动,线端摆动会向内扩散,尤其对于低频成分,这种影响最终会贯穿整个数据跨度。

自适应稀疏时频分析方法主要包括以下两个重要的构成要素。

(1) 用于分解数据的基函数不是预先设定好的,而是来源于一个最大的时频分析字典。通过观察,了解到很多数据在某种多尺度基函数上都存在着一个稀疏表示,这样的基函数预先未知并且对数据具有自适应性。在某种程度上来说,该方法比压缩感知理论更难求解,这是因为在压缩感知理论中假定基函数是已知的。

(2) 在由 IMF 组成的最大时频分析字典里寻求信号的最稀疏分解。

以上两点也正是自适应稀疏时频分析方法的创新之处,在高度冗余的基函数上对信号进行最稀疏的分解,使该方法对信号有很好的自适应性。通过该方法可以得到信号携带的很多隐藏的物理信息,诸如趋势和瞬时频率等。自适应稀疏时频分析方法最终是一个非线性优化问题，即通过在对信号的所有可能的分解中找到最稀疏的分解，进而同时得到基函数和分解系数。该非线性优化问题可以表示成如下形式：

$$\min_{(\boldsymbol{a}_k(t))_{1\leqslant k\leqslant M},(\boldsymbol{\theta}_k(t))_{1\leqslant k\leqslant M}} M$$

$$\text{s. t.}\begin{cases}\boldsymbol{f}(t)=\sum_{k=1}^{M}\boldsymbol{a}_k(t)\cos\boldsymbol{\theta}_k(t)\\ \boldsymbol{a}_k(t)\cos\boldsymbol{\theta}_k(t)\in\boldsymbol{D}\end{cases}\tag{5.22}$$

式中，$\boldsymbol{D}$是用于分解信号的字典，后面将会详述。当信号受到噪声影响时，上述约束等式将会根据噪声的程度放松为一个不等式。

上述优化问题可以看成是一个非线性 l_0 最小化问题，是数学上的难点问题。根据压缩感知理论，可以采用 l_1 范数非线性匹配追踪方法来解决这一非线性优化问题，该非线性匹配追踪方法的思想与压缩感知理论中的匹配追踪方法相似。在每一步中，通过解决如下所示的 l_1 范数非线性最小二乘问题来得到对信号的分解：

$$\min_{\boldsymbol{a}(t),\boldsymbol{\theta}(t)}\gamma\parallel\hat{\boldsymbol{a}}(t)\parallel_1+\parallel\boldsymbol{f}(t)-\boldsymbol{a}(t)\cos\boldsymbol{\theta}(t)\parallel_2^2$$

$$\text{s. t. }\boldsymbol{a}(t)\cos\boldsymbol{\theta}(t)\in\boldsymbol{D}\tag{5.23}$$

式中，$\gamma>0$ 是一个正则化参数，$\hat{\boldsymbol{a}}(t)$ 是 $\boldsymbol{a}(t)$ 在过饱和傅里叶基里的代表。用 $\boldsymbol{r}(t)$ 表示残量，即 $\boldsymbol{r}(t)=\boldsymbol{f}(t)-\boldsymbol{a}(t)\cos\boldsymbol{\theta}(t)$，接下来将 $\boldsymbol{r}(t)$ 看成是一个新信号再从中提取剩下的成分。该非线性匹配追踪算法的计算复杂程度为 $O(N\log N)$，其中 N 是用于分解信号的数据采样点的数目。较低的计算代价以及对噪声的较好的鲁棒性都使得该方法在实际应用中十分有效，此外，当原始数据满足一定程度的尺度分离条件时，该方法在恢复 IMF 和瞬时频率上都有非常好的精度。

5.3.1 构造时频分析字典

自适应稀疏时频分析方法的自适应性就是通过在所构造的超冗余的时频字典来获得信号的稀疏分解，在该自适应稀疏时频分析方法中，字典采用下式的形式：

$$\boldsymbol{D}=\{\boldsymbol{a}(t)\cos\boldsymbol{\theta}(t):\forall t\in\mathbf{R},\boldsymbol{\theta}'(t)\geqslant\mathbf{0}\}\tag{5.24}$$

式中，$\boldsymbol{a}(t)$ 和 $\boldsymbol{\theta}'(t)$ 比 $\cos\boldsymbol{\theta}(t)$ 光滑。将 $\mathbf{V}(\boldsymbol{\theta}(t),\lambda)$ 作为所有比 $\cos\boldsymbol{\theta}(t)$ 光滑的函数的集合，一般情况下，把 $\mathbf{V}(\boldsymbol{\theta}(t),\lambda)$ 构造成一个过饱和的傅里叶基：

$$\mathbf{V}(\boldsymbol{\theta}(t),\lambda)=\text{span}\left\{1,\left(\cos\frac{k\boldsymbol{\theta}(t)}{2L_\theta}\right)_{1\leqslant k\leqslant 2\lambda L_\theta},\left(\sin\frac{k\boldsymbol{\theta}(t)}{2L_\theta}\right)_{1\leqslant k\leqslant 2\lambda L_\theta}\right\}\tag{5.25}$$

式中，$L_\theta=\left\lfloor\dfrac{\boldsymbol{\theta}(1)-\boldsymbol{\theta}(0)}{2\pi}\right\rfloor$，$\lfloor\cdot\rfloor$ 表示向下取整，λ 表示控制 $\mathbf{V}(\boldsymbol{\theta}(t),\lambda)$ 光滑度的参数，$\lambda\leqslant\dfrac{1}{2}$。在实际计算中，通常取 $\lambda=\dfrac{1}{2}$，该字典可以表示为

$$\boldsymbol{D}=\{\boldsymbol{a}\cos\theta : a\in\mathbf{V}(\theta,\lambda),\boldsymbol{\theta}'\in\mathbf{V}(\theta,\lambda),\boldsymbol{\theta}'(t)\geqslant\mathbf{0},\forall t\in\mathbf{R}\} \tag{5.26}$$

美国加州理工学院应用数学系 Hou 和 Shi 等人认为，在某种程度上，上述定义的字典可以看成是IMF的集合，其中的每一个元素都是一个 IMF，这就使该方法与 EMD 方法一样具有很好的自适应性。但由于该时频分析字典是高度冗余的，因此基于该字典的分解并不唯一。该方法采用如下假设，即其中涉及的数据在非线性非平稳的基函数上和在时频域内具有内在的稀疏结构。此外，在前面也提到过，用于分解数据的基函数不是先验的，而是需要从字典里获得的，因此该方法采用稀疏性作为从众多可能分解中选择最佳分解的标准，进而产生了式(5.22) 的非线性优化问题。

当信号受噪声影响，噪声水平为 δ 时，问题可以改写为

$$P_{\delta}:\min_{(\boldsymbol{a}_k(t))_{1\leqslant k\leqslant M},(\boldsymbol{\theta}_k(t))_{1\leqslant k\leqslant M}} M$$
$$\text{s.t.}\begin{cases}\|\boldsymbol{f}(t)-\sum_{k=1}^{M}\boldsymbol{a}_k(t)\cos\boldsymbol{\theta}_k(t)\|_{l^2}\leqslant\delta\\ \boldsymbol{a}_k(t)\cos\boldsymbol{\theta}_k(t)\in\boldsymbol{D},\quad k=1,\cdots,M\end{cases} \tag{5.27}$$

当上述优化问题解决之后，可以得到一个清晰的时频关系，即 $\boldsymbol{\omega}_k(t)=\boldsymbol{\theta}'_k(t)$，$\boldsymbol{a}_k(t)$ 为幅值。

5.3.2　非线性匹配追踪算法

上述优化问题可以看成是一个非线性 l_0 范数最小化问题，根据压缩感知理论，可以采用匹配追踪法和基追踪算法进行求解。其中匹配追踪法是解决 l_0 范数优化问题的有效方法，而基追踪算法则是将原来的 l_0 范数最小化问题变成一个比较容易解决的 l_1 范数凸优化问题。由于自适应稀疏时频分析方法采用的字典有无限多的元素，因此由无限多的元素构成的 l_1 范数的系数向量很难确定。另外，在实际求解当中，计算一个包含无限元素的向量的 l_1 范数也是不可能实现的。因此，采用匹配追踪法的思想进行求解。

$$\min_{\boldsymbol{a}(t),\boldsymbol{\theta}(t)}\|\boldsymbol{f}(t)-\boldsymbol{a}(t)\cos\boldsymbol{\theta}(t)\|_2^2$$
$$\text{s.t.}\ \boldsymbol{a}(t)\cos\boldsymbol{\theta}(t)\in\boldsymbol{D} \tag{5.28}$$

对于非周期数据，由于采用过饱和傅里叶基函数构建 $\mathbf{V}(\boldsymbol{\theta}(t),\lambda)$ 空间，式(5.28) 的优化问题是病态的甚至是欠定的。因此，加入一个 l_1 范数项来规则化式(5.28) 的最小二乘问题，具体算法步骤如下。

(1) 令 $\boldsymbol{r}_0(t)=\boldsymbol{f}(t)$，$k=1$。

(2) 求解下式 l_1 正则化非线性最小二乘问题 P_2。

$$P_2:(\boldsymbol{a}_k(t),\boldsymbol{\theta}_k(t))\in\arg\min_{\boldsymbol{a}(t),\boldsymbol{\theta}(t)}\gamma\|\hat{\boldsymbol{a}}(t)\|_1+\|\boldsymbol{r}_{k-1}(t)-\boldsymbol{a}(t)\cos\boldsymbol{\theta}(t)\|_2^2$$
$$\text{s.t.}\ \boldsymbol{a}(t)\in\mathbf{V}(\boldsymbol{\theta}(t),\lambda),\quad\boldsymbol{\theta}'(t)\geqslant\mathbf{0},\quad\forall t\in\mathbf{R} \tag{5.29}$$

式中，$\gamma>0$ 是一个规则化参数；$\hat{\boldsymbol{a}}(t)$ 是 $\boldsymbol{a}(t)$ 在式(5.25) 所示的过饱和傅里叶基函数里的代表。

(3) 更新残差为

$$\boldsymbol{r}_k(t)=\boldsymbol{f}(t)-\sum_{j=1}^{k}\boldsymbol{a}_j(t)\cos\boldsymbol{\theta}_j(t) \tag{5.30}$$

(4) 如果 $\|\boldsymbol{r}_k(t)\|_2<\varepsilon_0$，计算停止；否则，令 $k=k+1$ 并重新回到(1)。

由于自适应基函数不是先验的，因此目标函数是非凸的，求解式(5.29) 的 l_1 正则化非线性最小二乘问题较困难。美国加州理工学院应用数学系 Hou 和 Shi 又提出了类似高斯－牛顿迭代方法来解决这一问题。由于迭代方法的初值很难选取，为了避免这一困难，在迭代过程中通过增大 η 来缓慢扩大 $\mathbf{V}(\boldsymbol{\theta}(t),\lambda)$ 空间以更新 $\boldsymbol{\theta}'(t)$。在计算过程中，选定 $\lambda=\dfrac{1}{2}$，增量 $\Delta\eta=\dfrac{\lambda}{20}$，计算步骤如下。

(1) 令 $\boldsymbol{\theta}_k^0(t)=\boldsymbol{\theta}_0(t)$，$\eta=0$。

(2) 解决下式所示 l_1 正则化非线性最小二乘问题：

$$\begin{aligned}&P3:(\boldsymbol{a}_k^{n+1}(t),\boldsymbol{b}_k^{n+1}(t))\in\underset{\boldsymbol{a}(t),\boldsymbol{b}(t)}{\arg\min}\,\gamma(\|\hat{\boldsymbol{a}}(t)\|_1+\|\hat{\boldsymbol{b}}(t)\|_1)+\\&\|r_{k-1}(t)-\boldsymbol{a}(t)\cos\boldsymbol{\theta}_k^n(t)-\boldsymbol{b}(t)\sin\boldsymbol{\theta}_k^n(t)\|_2^2\\&\text{s.t. }\boldsymbol{a}(t)\in\mathbf{V}(\boldsymbol{\theta}_k^n(t),\lambda),\boldsymbol{b}(t)\in\mathbf{V}(\boldsymbol{\theta}_k^n(t),\lambda)\end{aligned} \tag{5.31}$$

式中，$\hat{\boldsymbol{a}}(t)$、$\hat{\boldsymbol{b}}(t)$ 是 $\boldsymbol{a}(t)$、$\boldsymbol{b}(t)$ 在 $\mathbf{V}(\boldsymbol{\theta}_k^n(t),\lambda)$ 空间中的代表。

(3) 更新 $\boldsymbol{\theta}_k^n(t)$，如下所示：

$$\Delta\boldsymbol{\theta}'(t)=\boldsymbol{P}_{\mathbf{V}(\boldsymbol{\theta}_k^n(t);\eta)}\left[\frac{\mathrm{d}}{\mathrm{d}t}\left(\arctan\frac{\boldsymbol{b}_k^{n+1}(t)}{\boldsymbol{a}_k^{n+1}(t)}\right)\right] \tag{5.32}$$

$$\Delta\boldsymbol{\theta}(t)=\int_0^t\Delta\boldsymbol{\theta}'(s)\mathrm{d}s \tag{5.33}$$

$$\boldsymbol{\theta}_k^{n+1}(t)=\boldsymbol{\theta}_k^n(t)-\beta\Delta\boldsymbol{\theta}(t) \tag{5.34}$$

式中，$\beta\in[0,1]$ 以保证 $\boldsymbol{\theta}_k^{n+1}(t)$ 单调递增，其表达式为

$$\beta=\max\{\alpha\in[0,1]:\frac{\mathrm{d}}{\mathrm{d}t}(\boldsymbol{\theta}_k^n(t)-\alpha\Delta\boldsymbol{\theta}(t))\geqslant\mathbf{0}\} \tag{5.35}$$

式中，$\boldsymbol{P}_{\mathbf{V}(\boldsymbol{\theta}_k^n(t);\eta)}$ 是到 $\mathbf{V}(\boldsymbol{\theta}_k^n(t),\lambda)$ 空间的投影算子，$\mathbf{V}(\boldsymbol{\theta}_k^n(t),\lambda)$ 在式(5.25) 中已经定义过。

(4) 如果 $\|\boldsymbol{\theta}_k^{n+1}(t)-\boldsymbol{\theta}_k^n(t)\|_2>\varepsilon_0$，令 $n=n+1$ 并回到(1)。否则，继续到(5)。

(5) 如果 $\eta\geqslant\lambda$，则停止。否则，令 $\eta=\eta+\Delta\eta$ 并回到(1) 重新计算。

在(3) 中更新相函数，其中时间的导数用下式所示的近似中心差分公式来计算：

$$\frac{\mathrm{d}}{\mathrm{d}t}\left(\arctan\frac{\boldsymbol{b}_k^{n+1}(t)}{\boldsymbol{a}_k^{n+1}(t)}\right)=\frac{\boldsymbol{a}_k^{n+1}(t)\,(\boldsymbol{b}_k^{n+1}(t))'-\boldsymbol{b}_k^{n+1}(t)\,(\boldsymbol{a}_k^{n+1}(t))'}{(\boldsymbol{a}_k^{n+1}(t))^2+(\boldsymbol{b}_k^{n+1}(t))^2} \tag{5.36}$$

在上述公式中，当某一点处的$(\boldsymbol{a}_k^{n+1}(t))^2+(\boldsymbol{b}_k^{n+1}(t))^2$很小时，在计算该点瞬时频率的变化时就会产生很大的误差，并会使算法不稳定。为了克服这一困难，该方法在分母$(\boldsymbol{a}_k^{n+1}(t))^2+(\boldsymbol{b}_k^{n+1}(t))^2$小于预先设定的阀值$\alpha$(令$\alpha=0.1$)的退化区域修改算法，即通过在非退化区域对$\Delta\boldsymbol{\theta}(t)$进行插值得到退化区域的$\Delta\boldsymbol{\theta}(t)$值。

然而类似高斯－牛顿迭代的方法对初值都很敏感，而且，通常当信号受到噪声影响时很难找到一个好的迭代初值。但对于土木工程领域结构模态频率值随着时间的变化幅值相对不大，因此可以通过傅里叶变换，采用峰值提取的方法提取频率作为算法的初值。

5.4　时变模态参数识别方法的应用

下面通过一个时变索力的模型实验来说明 HHT 和自适应稀疏时频分析两种方法的识别效果。因为拉索的索力和拉索振动频率直接相关，通过识别时变的频率，可以通过公式计算时变的索力。图 5.9 所示为实验装置。

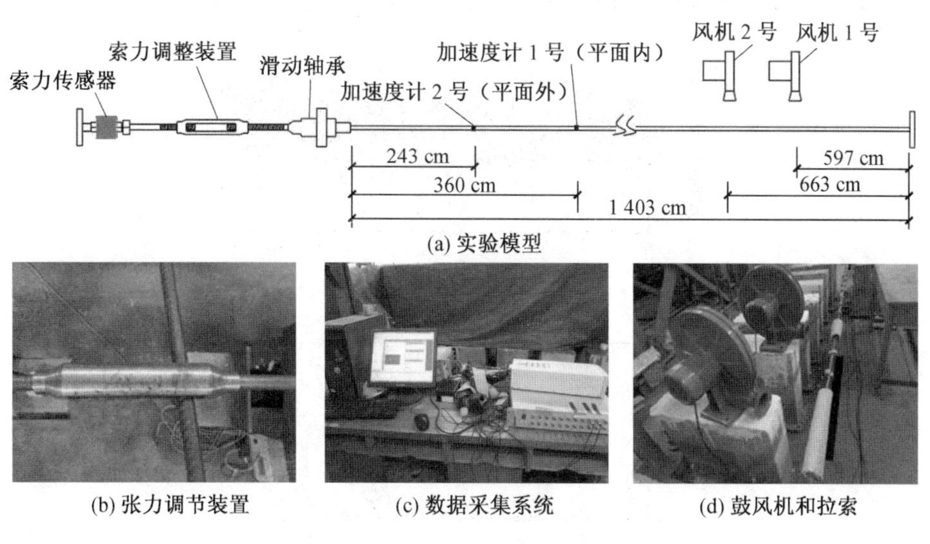

图 5.9　实验装置

该模型实验拉索的振动由两台 550 kW 的风机来模拟风，在锚具和锚具之间安装了一个索力传感器，用来测量它们之间的张力。在索上串接一根螺杆，实时调整电缆张力，如图 5.9(b) 所示，手动操作螺杆，产生电缆张力变化。在距滑动轴承 243 cm 和 360 cm 处放置两个加速度计，测量拉索的面内和面外振动。DSpace 数据采集系统用于记录加速度和索力数据，采样频率为 200 Hz。

依据广泛应用的张紧弦理论，同时忽略了索的垂度和抗弯刚度，索中拉力 $\boldsymbol{F}(t)$ 这一变量可以用如下公式进行计算：

$$\boldsymbol{F}(t)=4mL^2\frac{\boldsymbol{\omega}_n(t)}{2\pi n} \tag{5.37}$$

式中，$\boldsymbol{\omega}_n(t)$ 代表第 n 阶固有频率；m 和 L 分别代表质量密度和索长。根据测得的第 n 阶模数对应的固有频率，索的拉力可以直接由式(5.37) 计算得到。

考虑到计算时变索力 $\boldsymbol{F}(t_j)(j=1,2,\cdots,N)$，式(5.37) 可改写成如下形式：

$$\boldsymbol{F}(t_j)=4mL^2\frac{\boldsymbol{\omega}_n(t_j)}{2\pi n} \tag{5.38}$$

式中，$\boldsymbol{\omega}_n(t_j)$ 是第 n 阶时变的固有频率。

图 5.10 所示为测量加速度和信号的傅里叶变换，从频谱上滤波之后再进行傅里叶逆变换，可以得到各阶的模态响应如图5.11 所示，其对应图 5.10(b) 的频率区间分别为[2.32，2.83] Hz、[4.64，5.66] Hz、[6.90，8.49] Hz、[9.28，11.32] Hz，和 [11.60，14.15] Hz，估计的各阶模态中心频率为 $f_1=2.57$ Hz、$f_2=5.15$ Hz、$f_3=7.72$ Hz、$f_4=10.29$ Hz 和 $f_5=12.87$ Hz。估计的各阶模态中心频率可以作为 AS－TFA(自适应稀疏时频分析方法) 的初值。

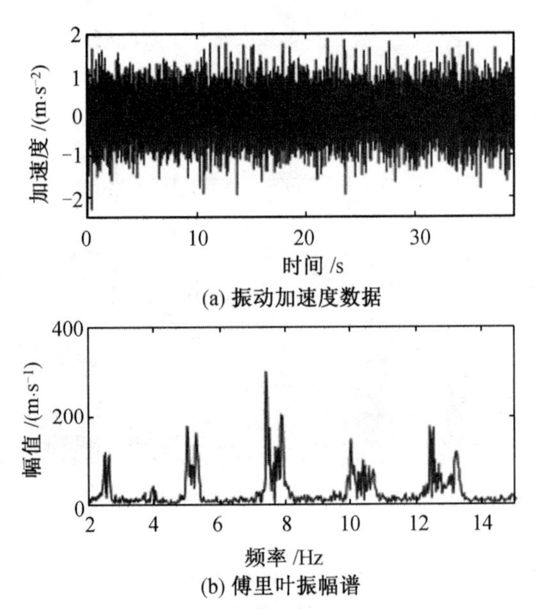

(a) 振动加速度数据

(b) 傅里叶振幅谱

图 5.10　测量加速度和信号的傅里叶变换

分别采用 AS－TFA 和 HHT 识别图 5.11 中的每个模态响应，识别结果如图 5.12 所示。图 5.12 表明，与 HHT 识别结果相比，AS－TFA 识别的时变模态频率更加平滑和稳定。

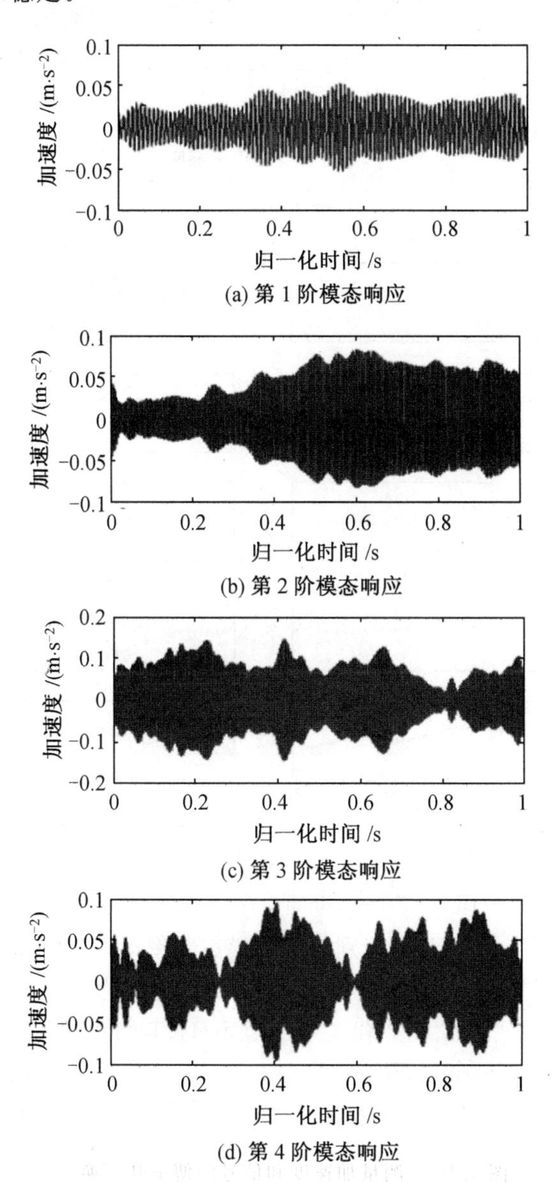

图 5.11　从频谱上滤波得到的前 5 阶模态响应

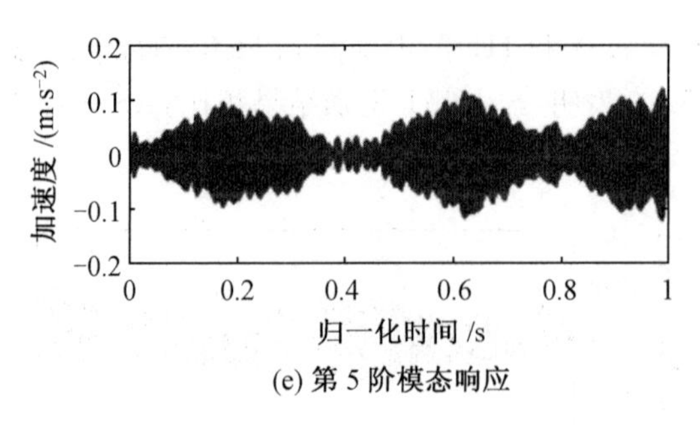

(e) 第 5 阶模态响应

续图 5.11

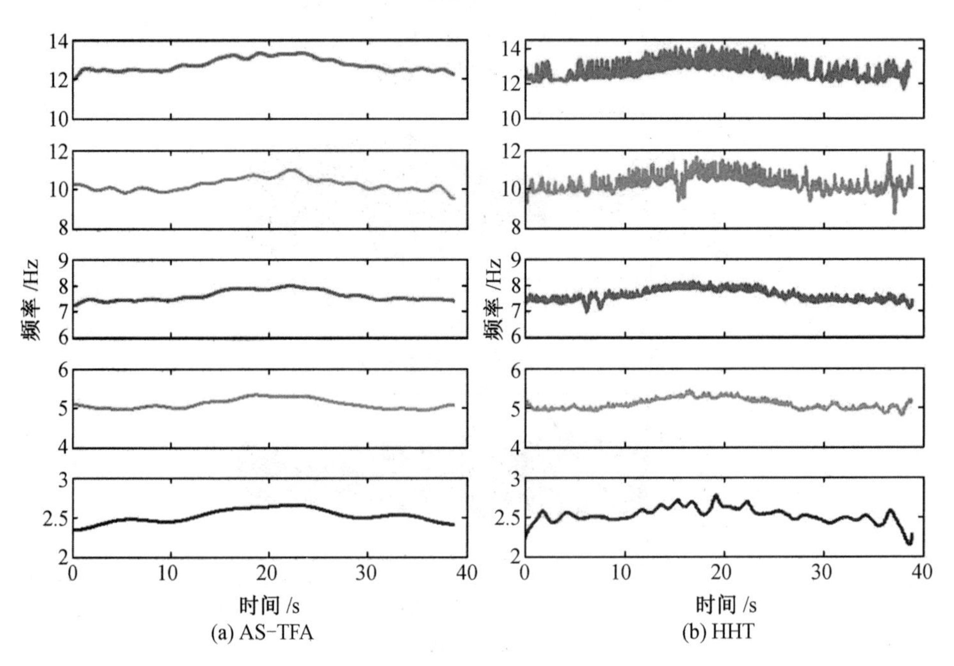

图 5.12 识别的前 5 个时变频率结果

根据 AS－TFA 和 HHT 识别的时变模态频率计算的时变索力和实测值对比如图 5.13 所示。根据每阶时变频率分别计算时变索力，AS－TFA 识别误差为 4.26%、3.62%、3.27%、4.36% 和 3.43%；而 HHT 结果的识别误差为 5.29%、3.34%、3.41%、5.83% 和 5.20%。从本例子的结果看，对于自适应稀疏时频分析，在 HHT 的基础上，具有更高的噪声鲁棒性，且有较高的识别精度。

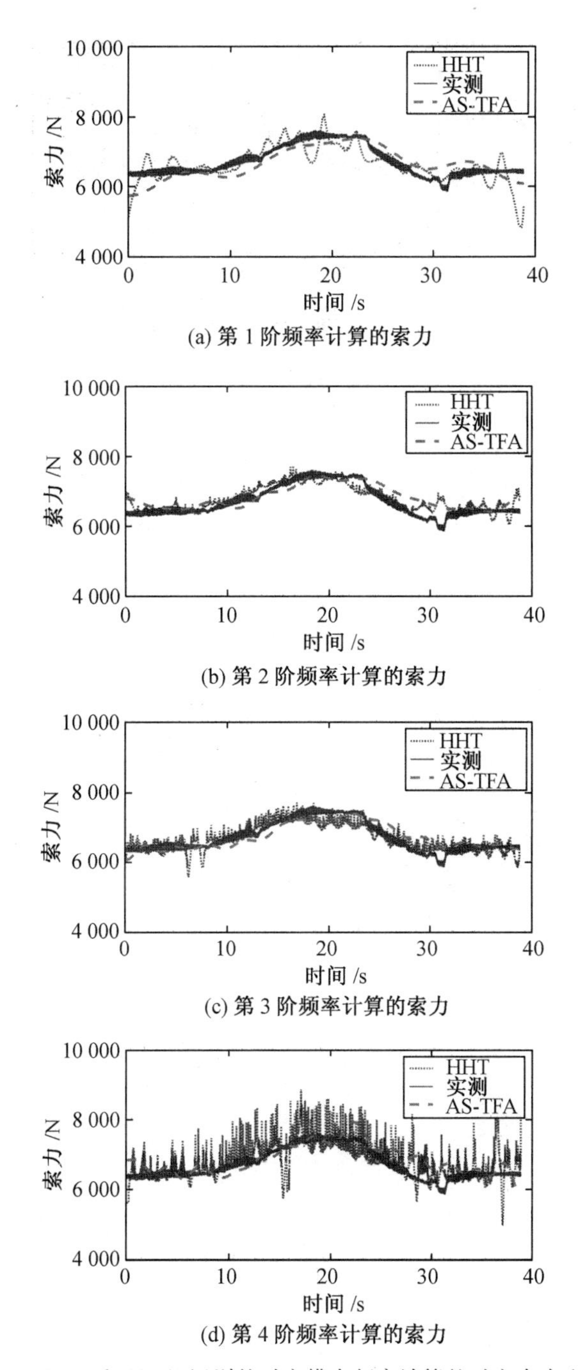

图 5.13　AS－TFA 和 HHT 识别的时变模态频率计算的时变索力和实测值对比

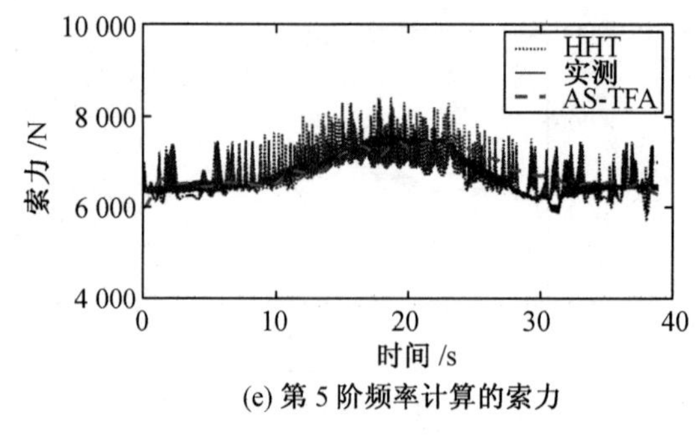

(e) 第 5 阶频率计算的索力

续图 5.13

第6章　结构模态分析工程应用

结构模态分析技术在工程结构中的应用主要是结构动态特性设计与评价、结构损伤识别、模型修正和安全评定等方面。在结构动态特性设计与评价方面，通过对结构的模态分析可以求得结构动态特性参数，从而评价结构的动态特性是否符合要求，可以进行结构动力修改，优化结构设计。在结构损伤识别、模型修正和安全评定等方面，结构的自振频率、振型与结构刚度的变化直接相关，可以通过实测数据识别的模态参数推断结构的损伤位置及损伤程度，从而为修正结构的有限元模型提供依据，同时也可进行结构安全评定。

本章主要介绍结构模态分析在实际工程中的应用，以大跨斜拉桥、大跨空间结构、风力发电机结构、建筑结构、水利大坝等为例，介绍如何从实际的监测数据中识别出结构模态参数，并讨论环境因素对实际工程结构模态参数的影响。

6.1　大跨斜拉桥结构模态分析应用

6.1.1　结构健康监测系统概况

我国某一安装了监测系统的斜拉桥如图 6.1(a) 所示，其主桥是一座双塔钢箱梁斜拉桥，桥梁的总长度为1 288 m，主跨为648 m。该桥梁安装了结构健康监测系统，桥的主跨和两边跨总共安装了 18 个加速度传感器用于测量桥梁的振动。本例中，选择了桥梁竖向 10 个加速度传感器的数据进行结构模态参数的识别，加速度传感器布置位置如图 6.1(b) 所示，加速度数据的采样频率为 10 Hz。

桥梁主梁加速度和功率谱如图 6.2 所示，桥梁振动频率主要集中在低频范围内，从功率谱可以看出，振动模态主要集中在 0 ～ 1 Hz 的范围内。

(a) 斜拉桥

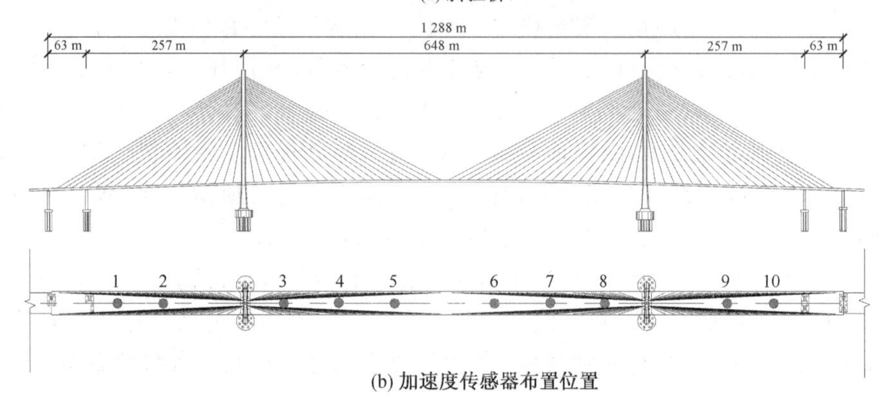

(b) 加速度传感器布置位置

图 6.1　斜拉桥和传感器布置图

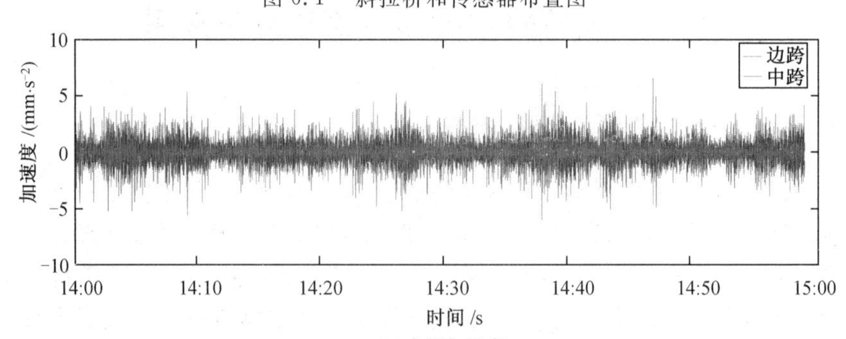

(a) 主梁加速度

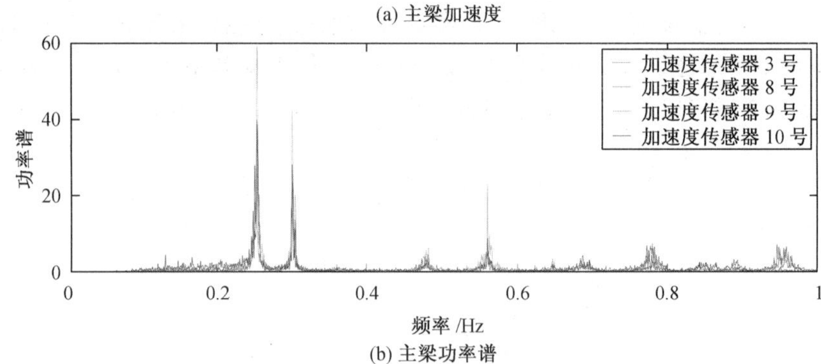

(b) 主梁功率谱

图 6.2　桥梁主梁加速度和功率谱

对该桥梁建立有限元模型，根据有限元模型计算得到它的结构模态参数，其前 6 阶模态有限元振型如图 6.3 所示。

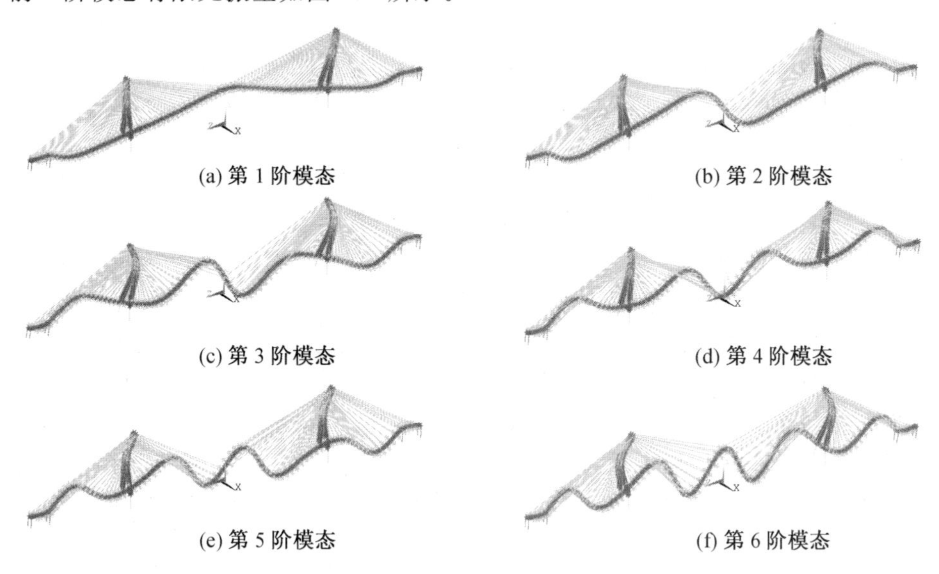

(a) 第 1 阶模态　(b) 第 2 阶模态

(c) 第 3 阶模态　(d) 第 4 阶模态

(e) 第 5 阶模态　(f) 第 6 阶模态

图 6.3　前 6 阶模态有限元振型

6.1.2　模态参数识别结果

实桥算例得到的结构模态参数结果见表 6.1，其中列出了理论频率及 FDD、SSI 和 NExT＋ERA 方法识别的频率、阻尼比和 MAC 结果。MAC 常用来表征振型的相关性，当识别的某一阶振型和理论计算的振型一致时，MAC 为 1。MAC 的计算公式为

$$\mathrm{MAC}(\hat{\boldsymbol{\varphi}}_r,\boldsymbol{\varphi}_r)=\frac{(\hat{\boldsymbol{\varphi}}_r^{\mathrm{T}}\boldsymbol{\varphi}_r)^2}{(\hat{\boldsymbol{\varphi}}_r^{\mathrm{T}}\boldsymbol{\varphi}_r)(\hat{\boldsymbol{\varphi}}_r^{\mathrm{T}}\boldsymbol{\varphi}_r)},\quad r=1,2,\cdots,n \tag{6.1}$$

式中，$\boldsymbol{\varphi}_r$ 为通过有限元方法计算得到的第 r 阶振型；$\hat{\boldsymbol{\varphi}}_r$ 为实测第 r 阶振型；n 为模态阶数。

表 6.1 中显示三种方法识别得到的频率和有限元方法计算得到的结果比较接近，振型 MAC 均小于 0.9，说明实测的振型和有限元计算的振型之间有一定的差别，这在实际工程上也比较常见，实际测量数据往往受到测量噪声等多种因素影响，导致识别结果会和有限元计算结果存在一定的偏差。实际工程中，阻尼比是较难识别的模态参数，其识别结果存在一定的离散性，从表 6.1 中也可以看出，三种方法的识别结果存在一定差别，实际中可以通过多次识别取平均的方式来提高准确性。

表 6.1　实桥算例得到的结构模态参数结果

模态阶数	理论频率	结构模态参数								
		FDD			SSI			NExT+ERA		
		频率/Hz	阻尼比/%	MAC	频率/Hz	阻尼比/%	MAC	频率/Hz	阻尼比/%	MAC
1	0.271	0.254	0.88	0.810 9	0.254	0.92	0.866 3	0.256	0.52	0.663 0
2	0.332	0.303	0.66	0.842 8	0.302	0.69	0.885 3	0.304	0.50	0.766 0
3	0.569	0.560	0.98	0.873 3	0.558	0.87	0.833 8	0.561	0.87	0.751 8
4	0.638	0.634	0.76	0.888 5	0.629	0.64	0.841 8	0.633	0.69	0.813 4
5	0.695	0.686	0.79	0.874 4	0.684	0.88	0.827 2	0.697	0.80	0.605 5
6	0.780	0.779	0.88	0.736 7	0.780	0.97	0.619 8	0.787	0.87	0.658 6

由 FDD 方法可知，在结构的频率处对应的功率谱密度函数以及奇异值都将存在峰值，结构加速度功率谱密度函数和奇异值峰值(在频率段 0 ～ 1 Hz) 对应的频率比较如图 6.4 所示，图中实线为功率谱密度(加速度传感器 3 号、8 号、9 号和 10 号所测信号的自功率谱密度) 均值，虚线为奇异值均值。为便于比较，对二者进行了归一化处理，使二者的最大值均为 1。

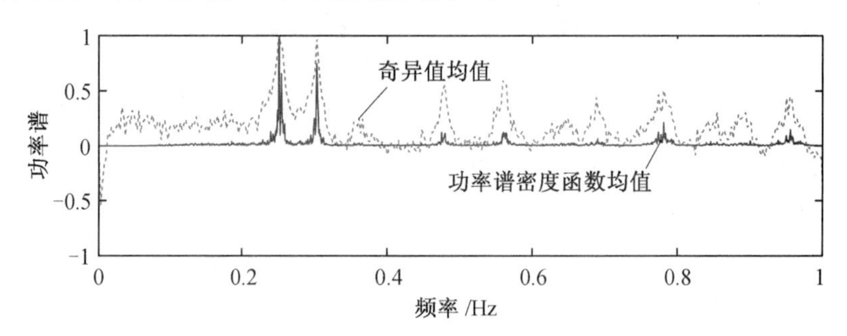

图 6.4　结构加速度功率谱密度函数和奇异值峰值对应的频率比较

SSI 方法识别结构模态参数是利用稳定图理论将不同系统阶次下的模态参数值划分为稳定点和非稳定点，得到的稳定图如图 6.5 所示，图上只展示了 0 ～ 1 Hz 部分得到的稳定点，去掉非稳定点之后的结果如图 6.5(b) 所示，采用稳定图的方法，可以去除掉虚假模态。

SSI 方法得到的前 6 阶竖向振型如图 6.6 所示，从图中可以看出识别结果和有限元分析结果接近，FDD方法和 NExT+ERA 方法的结果也类似，不再具体给出。

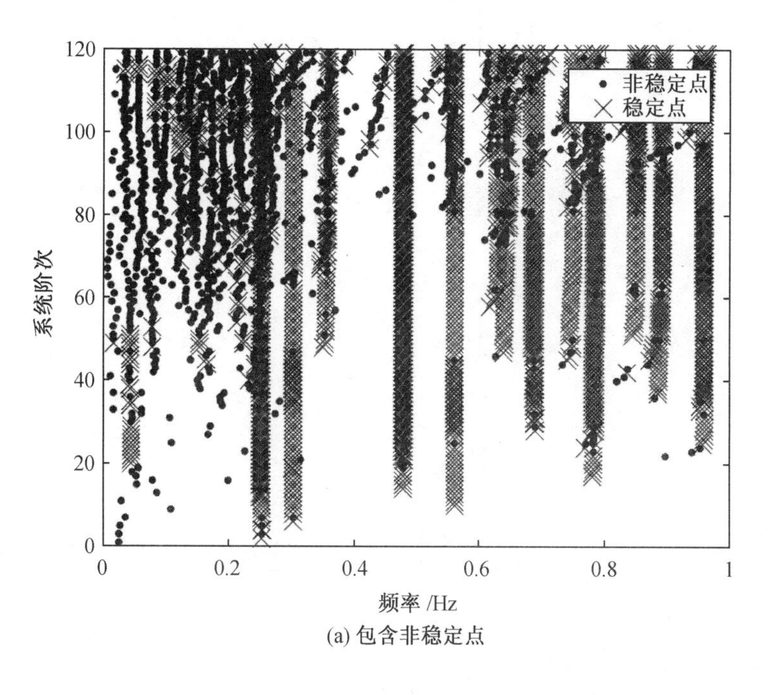

(a) 包含非稳定点

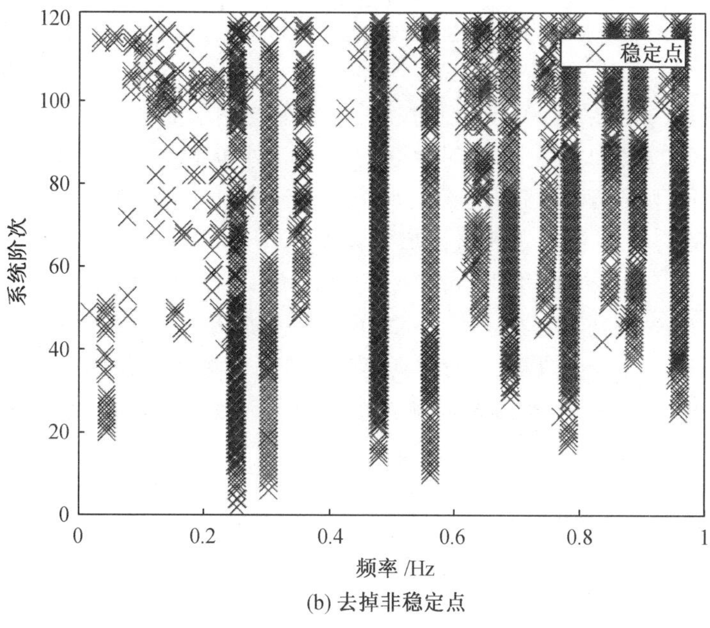

(b) 去掉非稳定点

图 6.5　稳定图

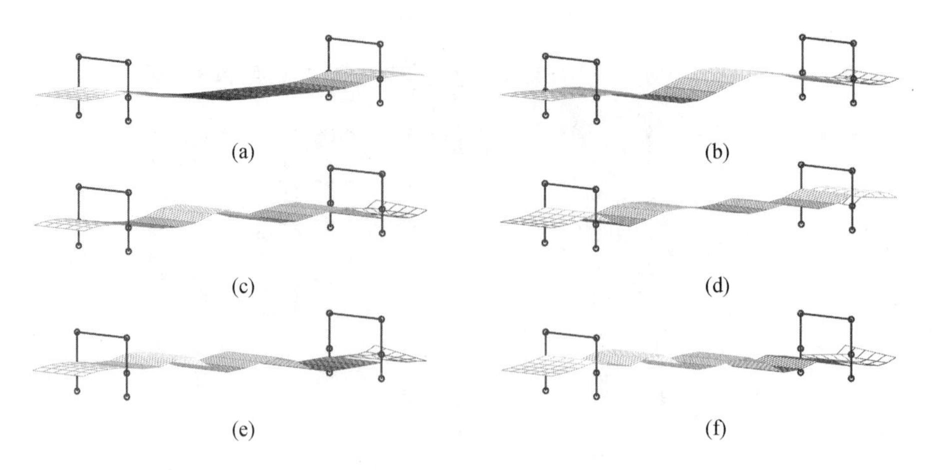

图 6.6　SSI 方法得到的前 6 阶竖向振型

6.2　大跨空间结构模态分析应用

6.2.1　工程介绍

国家游泳中心“水立方”是为北京奥运会而建的重大体育场馆，其为一长×宽×高为 176.153 89 m×176.153 89 m×29.137 86 m 的立方体，如图 6.7 所示。根据使用功能，采用一道东西向和一道南北向内墙将方形平面分割为比赛大厅、热身区和嬉水大厅三个相对独立的空间。外包钢结构屋盖和墙体采用新型多面体空间刚架结构，墙体底部支承于钢板－混凝土组合梁平台上。“水立方”的覆盖结构采用乙烯－四氟乙烯共聚物(Ethylene Tetra Fluoro Ethylene, ETFE) 充气枕结构，屋盖和墙体的内外表面均覆以 ETFE 充气枕，如图 6.7 所示。“水立方”钢结构的新型多面体空间刚架的构成方式是将由多面体细胞填充的巨大空间进行旋转和切割，从而得到建筑的外轮廓和内部使用空间，切割产生的内外表面杆件和内外表面之间保留的多面体棱线便形成了结构的弦杆和腹杆。

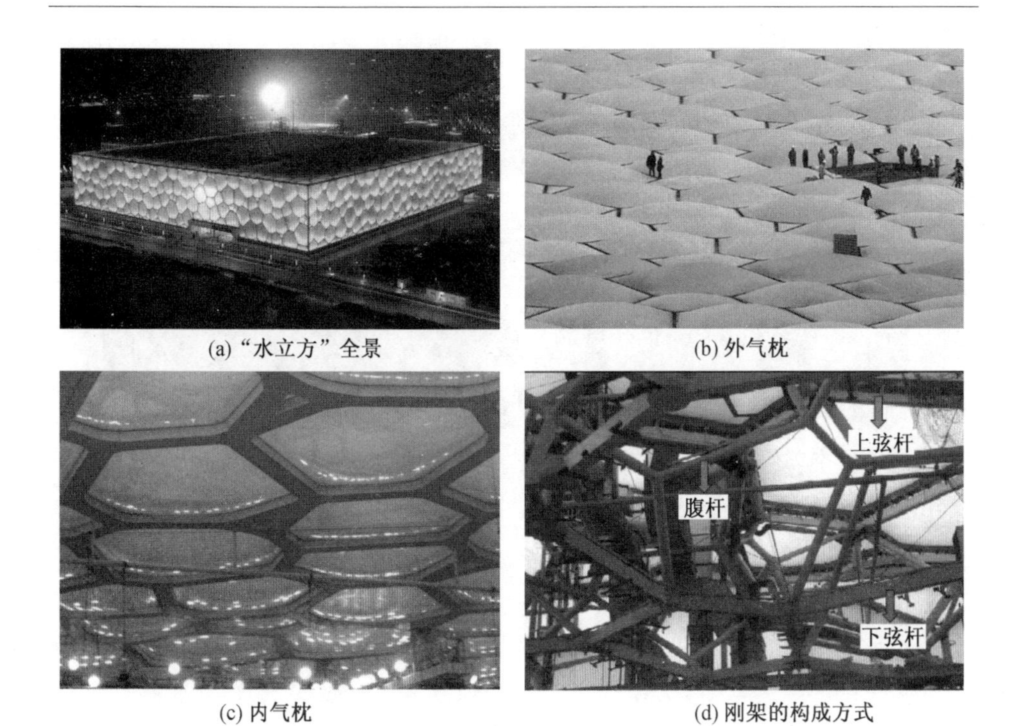

(a) "水立方" 全景　(b) 外气枕

(c) 内气枕　(d) 刚架的构成方式

图 6.7 "水立方"结构

6.2.2 有限元模型介绍

"水立方"有限元模型建模采用 ANSYS 软件，单元总数为 91 855 个，其中含有 mass21 质量单元 10 075 个用于模拟质量块、beam189 梁单元 36 626 个用于模拟上下弦杆、pipe20 管单元 45 154 个用于模拟中间的腹杆。节点总数为 144 981 个，节点之间的连接全部为刚性连接。膜结构单元采用 shell63 单元，由于膜材无抗弯刚度，因此，膜与钢结构的连接为铰接。本书在数值研究时忽略了膜结构的影响，图 6.8 所示为"水立方"有限元模型信息。

需要说明的是，大跨空间结构在动力特性方面与桥梁结构有较大的区别，由于其在各个自由度上具有相同或者相近的质量和刚度分布，使其具有密集的频率分布，同时给实际模态参数识别带来了较大的难度。图 6.9 所示为"水立方"模态信息，即结构在参考温度(20 ℃)点处的频率和振型信息。由图6.9(a) 可以看出，结构的频率分布很密集，前 60 阶频率接近抛物线规律分布在 0.97 ～ 3.47 Hz 之间；图6.9(b) ～ (f) 分别为结构前 5 阶振型，分别为东西方向、南北方向、竖向、绕竖向扭转和耦合变形，而且其余 5 阶以上的振型均为耦合变形。

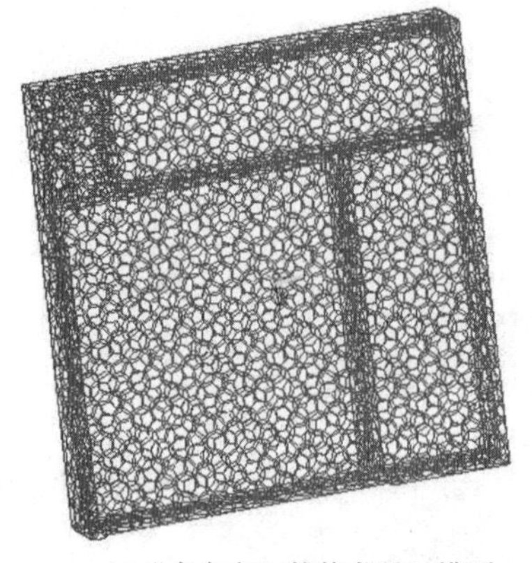

(a)“水立方”整体有限元模型

(b) beam189 梁单元

图 6.8 “水立方”有限元模型信息

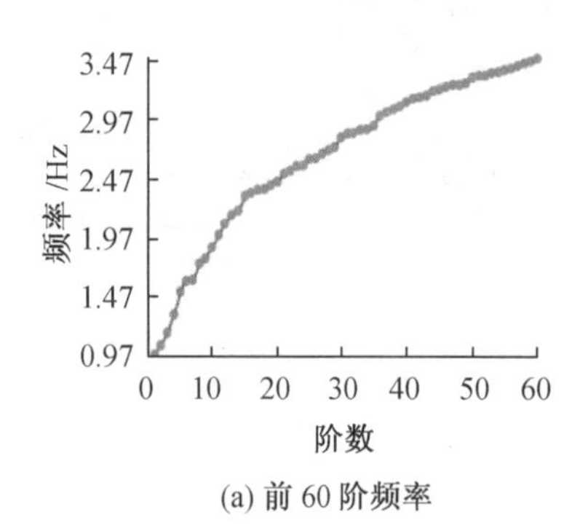

(a) 前 60 阶频率

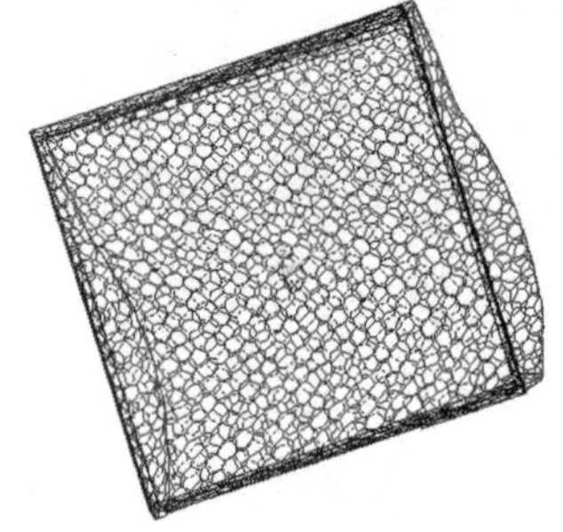

(b) 第 1 阶振型（东西方向）

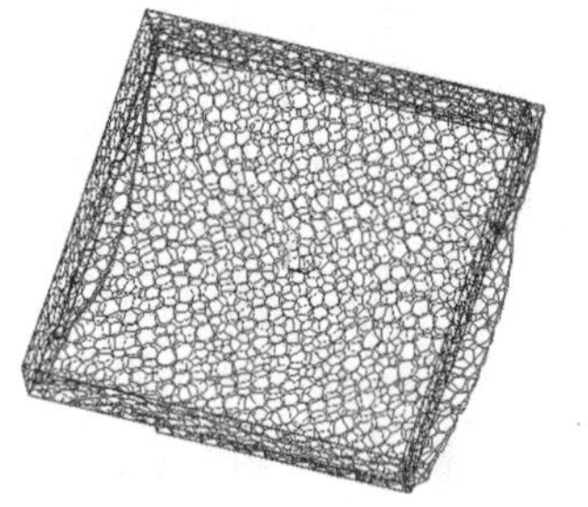

(c) 第 2 阶振型（南北方向）

(d) 第 3 阶振型（竖向）

图 6.9 “水立方”模态信息

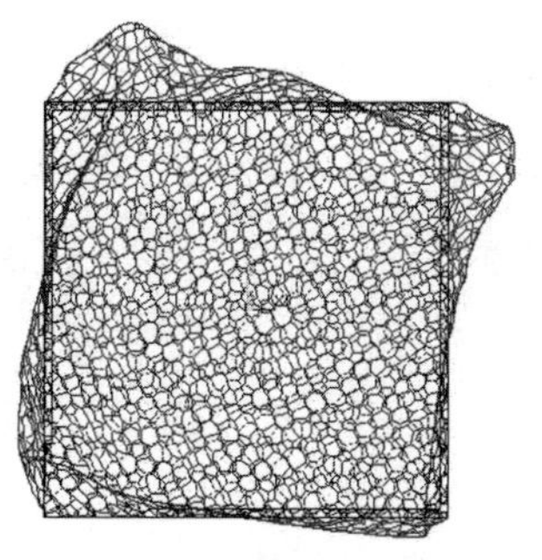

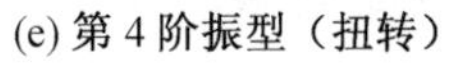

(e) 第 4 阶振型（扭转）

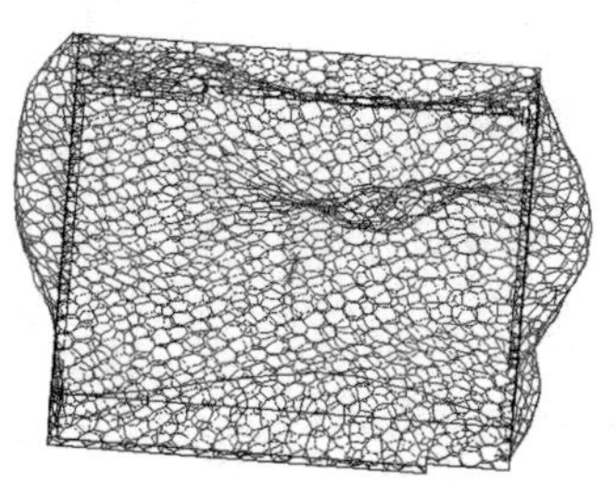

(f) 第 5 阶振型（耦合）

续图 6.9

6.2.3　结构振动监测

加速度传感器个数总计为 26 个，分布在结构屋盖下弦的 18 个点位上，通过这些传感器可采集到结构在日常环境激励（风、地球脉动）、地震激励及人为激励下的振动信号，为结构的安全评估提供更多的信息来源。图 6.10 所示为单轴加速度传感器，图 6.11 所示为加速度传感器布置图。

图 6.10　单轴加速度传感器

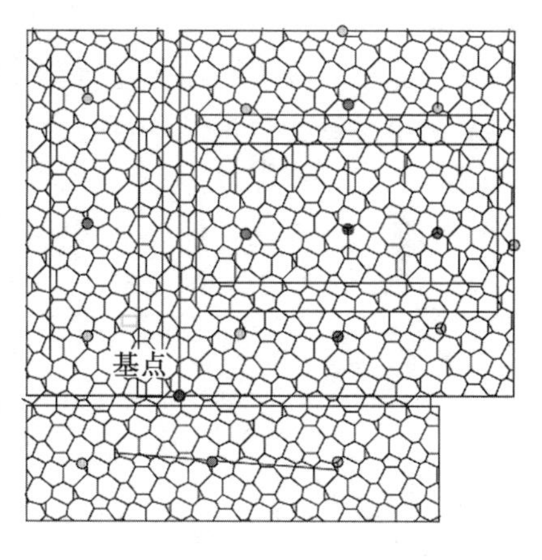

图 6.11　加速度传感器布置图

从结构模态特征角度来看，“水立方”结构属于频谱密集型空间结构，这在其有限元模型中已经验证。同时，由于其刚度较大，风荷载等其他激励很小，因此其振动较小，信号的信噪比相对较低。图 6.12 所示为结构加速度典型时程曲线。

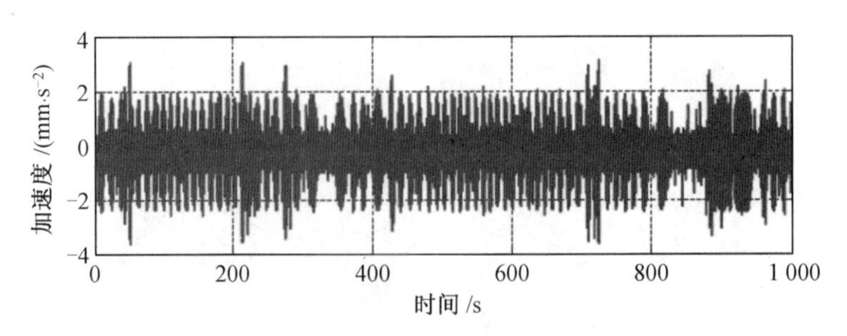

图 6.12　结构加速度典型时程曲线

6.2.4　模态参数识别结果

由“水立方”结构的有限元模型分析得到，结构的第 1、2 阶频率对应以东西、南北方向振动为主的振型；第 3 阶频率对应以竖向振动为主的振型；第 4 阶频率对应绕竖向扭转振动为主的振型；第 5 阶频率和更高阶频率均对应沿各个方向耦合振动的复杂振型。

由于此空间结构具有复杂的振型分布规律，再加上密集的模态分布，因此在对识别出来的频率定阶次时主要参考振型去对应，但是 5 阶以上的振型分布较一般的梁式类结构复杂得多，因此单单通过有限的传感器一一去判别高阶频率非常棘手。这里只分析结构在竖向、东西和南北方向的第一阶频率，因为它们的振型具有简单稳定变化规律，由现有的传感器数据可以很好地判定。表 6.2 所示为 FDD 和 NExT＋ERA 方法在 20 ℃ 时频率和阻尼识别结果。可以看出，两种方法对频率的识别结果比较接近，但是阻尼识别结果仍然存在差别。

表 6.2　FDD 和 NExT＋ERA 方法在 20 ℃ 时频率和阻尼识别结果

模态阶次	模态参数	理论值	FDD	NExT＋ERA
第 1 阶(东西)	频率 /Hz	0.983 3	0.980 1	1.020 2
	阻尼	—	0.054 5	0.012 0
第 2 阶(南北)	频率 /Hz	1.059 1	1.098 3	1.032 7
	阻尼	—	0.039 6	0.014 9
第 3 阶(竖向)	频率 /Hz	1.168 4	1.161 1	1.127 2
	阻尼	—	0.034 3	0.018 4

图 6.13 和图 6.14 所示为两种方法识别的振型，通过和有限元模型对比可以看出，识别出来的振型和理论结果基本一致。

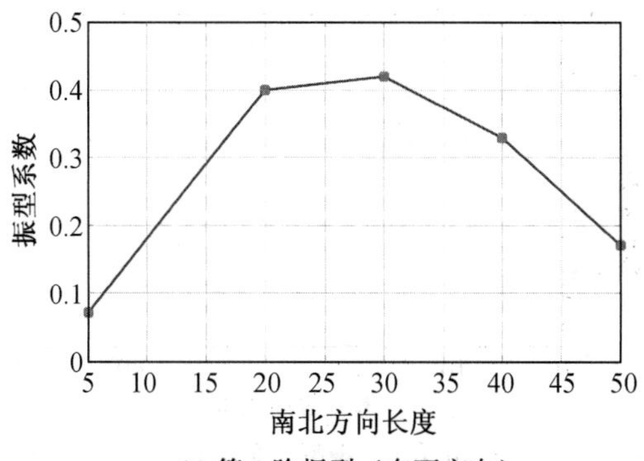

(a) 第 1 阶振型（东西方向）

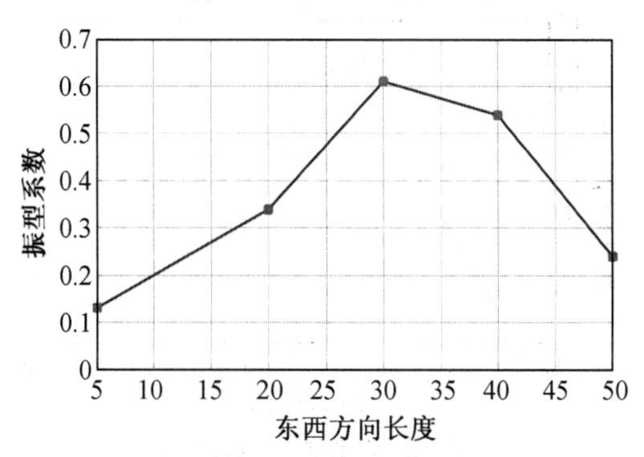

(b) 第 2 阶振型（南北方向）

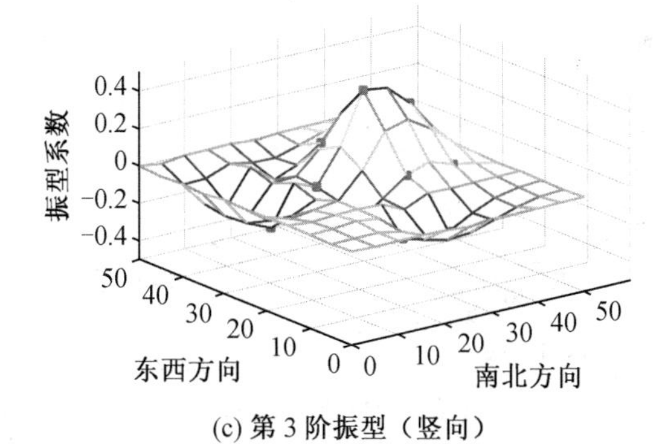

(c) 第 3 阶振型（竖向）

图 6.13　FDD 方法识别的振型

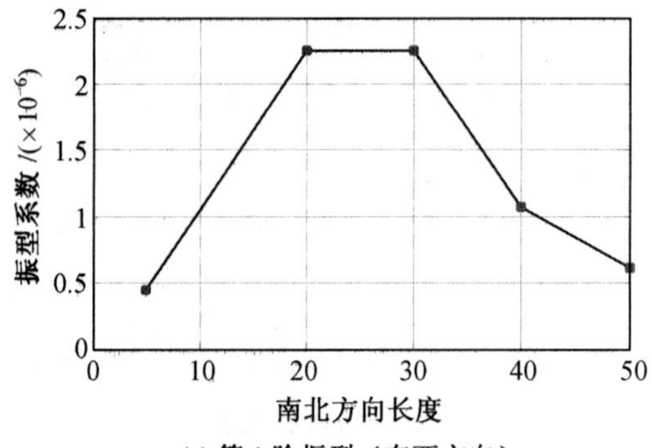

(a) 第1阶振型（东西方向）

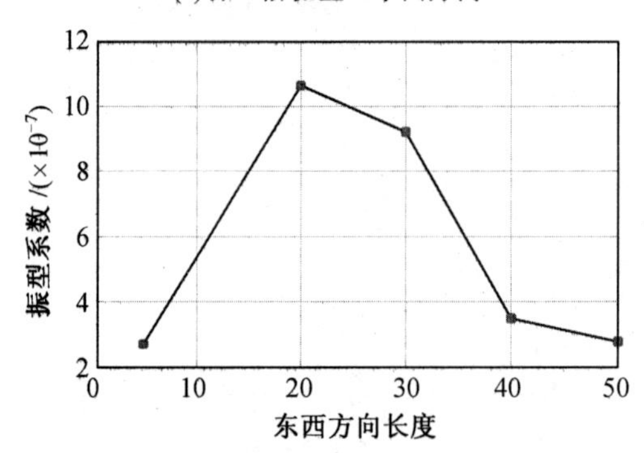

(b) 第2阶振型（南北方向）

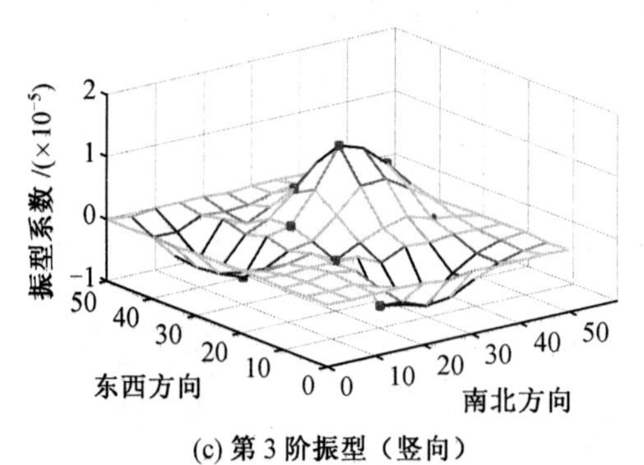

(c) 第3阶振型（竖向）

图 6.14　NExT＋ERA 方法识别的振型

6.3　风力发电机结构模态分析应用

6.3.1　工程介绍

本实验场地为某风电场，海拔高度为 750 ～ 1 236 m，东西长约 8 km，南北宽约 6 km，面积约 50 km^2，气候条件属大陆性半湿润季风气候。本实验所使用的监测样机是新型实验样机，为混凝土与钢组合的结构形式，这种结构形式充分利用了混凝土的承压能力，使其在下部承受竖向荷载，也利用了钢材料的抗拉能力，使其在上部承受水平向风荷载以及轮毂传来的弯矩的作用。该风机塔筒顶部距地面为 98.3 m，其中，下部为 45.21 m 混凝土结构，上部为53.09 m 钢结构。图6.15 所示为风电场实景图，图 6.16 所示为样机实景图。

图 6.15　风电场实景图

图 6.16　样机实景图

风力发电机振动监测系统是利用加速度传感器测量风力发电机的加速度响应，通过模态识别方法，确定风力发电机的结构模态参数，监测风力发电机服役状态。风力发电机塔筒高为 98.8 m，共 6 个平台，塔筒的加速度传感器安装于平台位置附近，在 4 个平台位置布置传感器。由于风力发电机结构的偏航角度长期随着风向角改变，风荷载方向经常性改变，结合筒型结构受力特点及传感器布置的可行性，只采集塔筒一条母线上的加速度信息即可，本次监测方案选择样机 270° 角方向作为测点位置所在母线，所有传感器测量方向均垂直于塔筒，外切面朝外，保证测量方向的一致性。塔筒振动监测传感器布置方案如图 6.17 所示。

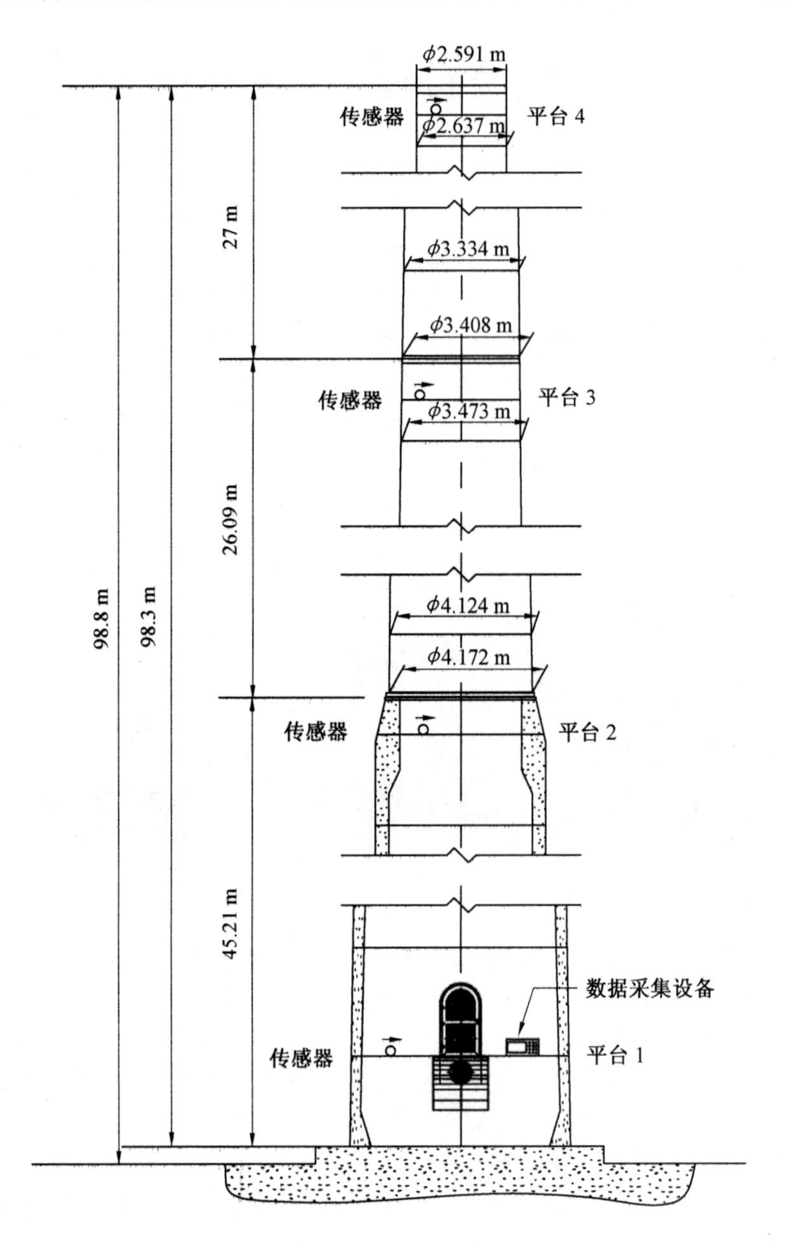

图 6.17 塔筒振动监测传感器布置方案

6.3.2 塔筒加速度数据分析

塔筒 4 个平台的典型振动加速度如图 6.18 所示，加速度采样频率为100 Hz，图中可以看出平台 2 ～ 4 的振动较大，而平台 1 接近基础，振动较小。

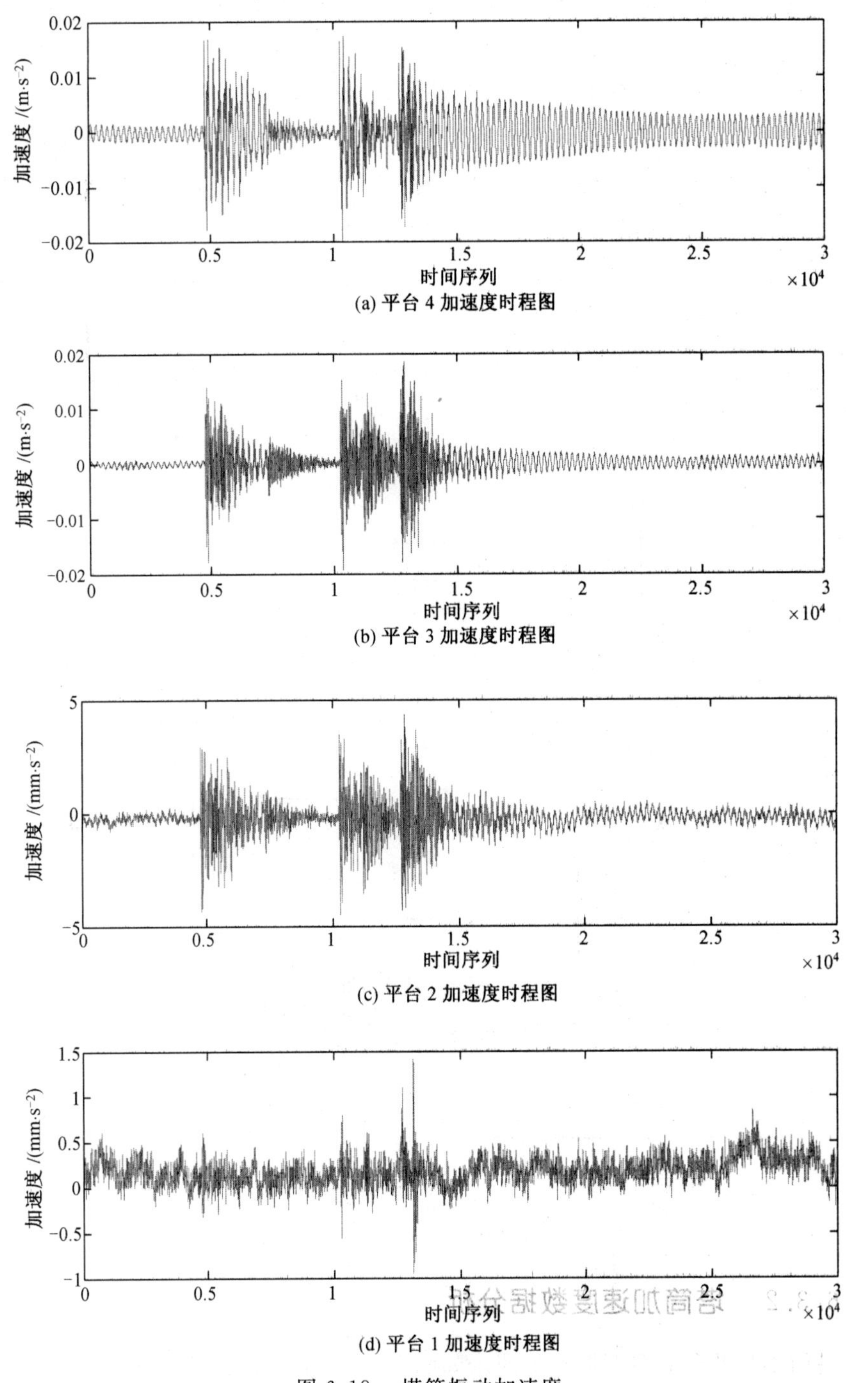

图 6.18　塔筒振动加速度

选取在风速较大，风力发电机转动情况下的塔筒振动数据进行模态参数识别，塔筒振动加速度功率谱如图 6.19 所示。采用 SSI 方法，稳定图如图 6.20 所示，从功率谱图和稳定图中可以看出，塔筒的自振频率接近于 0.4 Hz、1.9 Hz、4.8 Hz，风力发电机塔筒振动主要为低频振动，识别出来的这三阶频率就是风力发电机结构振动的最主要频率，是对风力发电机结构进行动力分析的重要依据。剔除虚假模态后，强风下识别振型及频率见表 6.3。

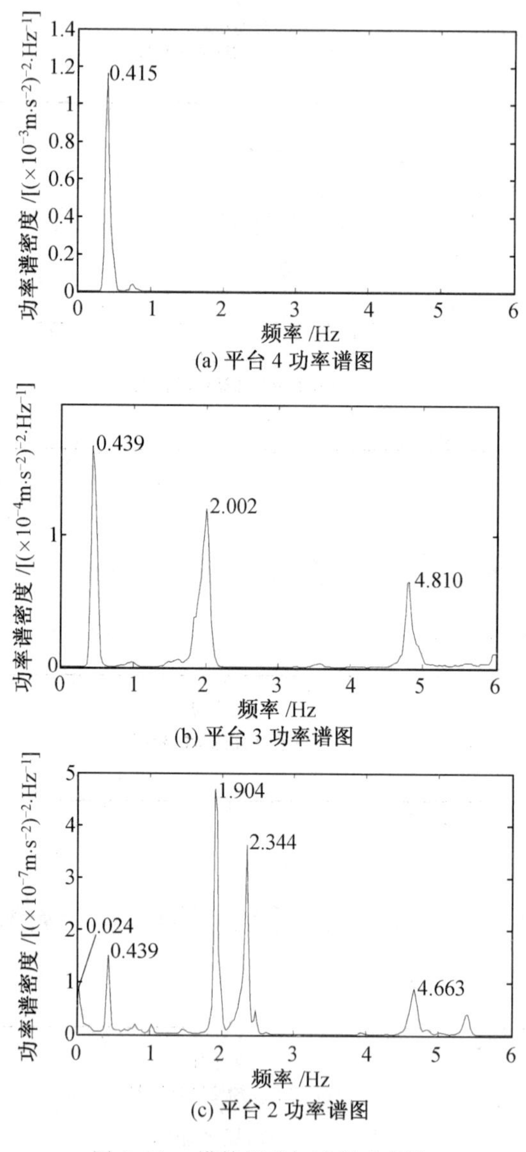

(a) 平台 4 功率谱图

(b) 平台 3 功率谱图

(c) 平台 2 功率谱图

图 6.19　塔筒振动加速度功率谱

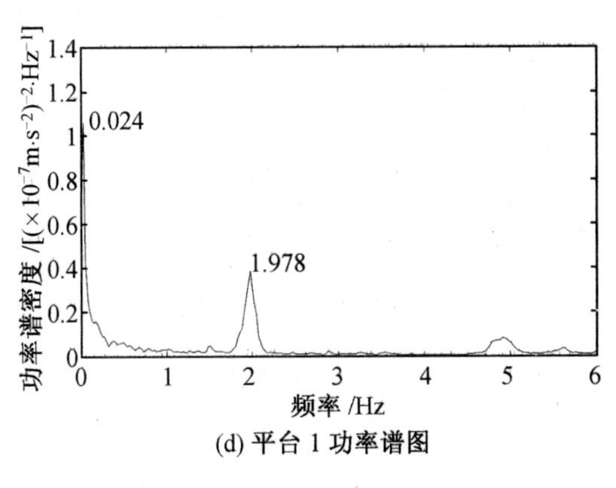

(d) 平台 1 功率谱图

续图 6.19

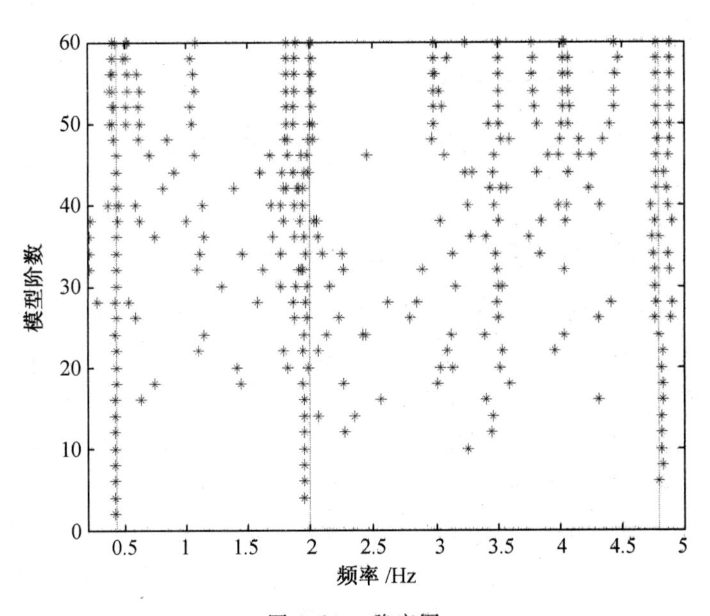

图 6.20　稳定图

表 6.3　强风下识别振型及频率

$F=0.466$ Hz	$F=1.980$ Hz	$F=4.920$ Hz
第 1 阶模态	第 2 阶模态	第 3 阶模态

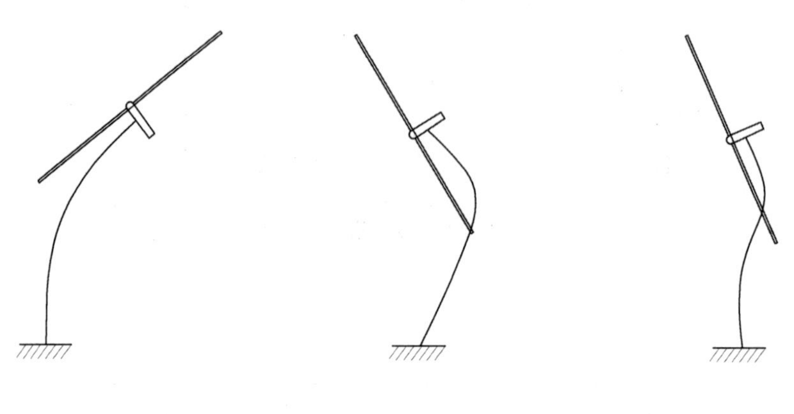

6.4　建筑结构模态分析应用

6.4.1　工程介绍及余震监测系统

某建筑结构是一座6层砖混结构，建于1991年，该被测结构及其平面图如图6.21所示。该结构在一场地震中遭受轻微损坏，在其承重墙上可观测到明显的裂缝，结构损伤情况及传感器位置如图6.22所示。2008年9月，哈尔滨工业大学结构监测与控制研究中心为该建筑结构安装了一套余震监测系统。

余震监测系统包括一套传感器系统，由6个单轴和两个三轴力平衡加速度传感器组成，如图6.22所示。其中一层，即地面，安装了一个三轴加速度传感器。第2～6层，每层的地面各安装了一个水平向的单轴加速度传感器。在屋顶安装了1个单轴和1个三轴加速度传感器，用于测量结构扭转响应。

加速度传感器的频率响应范围为0～120 Hz，加速度幅值测量范围为±2.0 g，动态响应范围为120 dB。所有传感器安装结构上，用于测量结构在余震作用下的强迫振动及之后的自由振动。传感器信号采用基于外设部件互连标准(Peripheral Component Interconnect，PCI)总线的NI-6034多功能数据采集卡采集，该数据采集卡的精度为16位，如图6.23所示。数据采集软件采用LabVIEW编写。系统运行时，所有实时的数据和系统信息均可通过互联网下载。因此，上述所有传感器及数据采集系统组成了一个实时的结构余震响应监测系统。

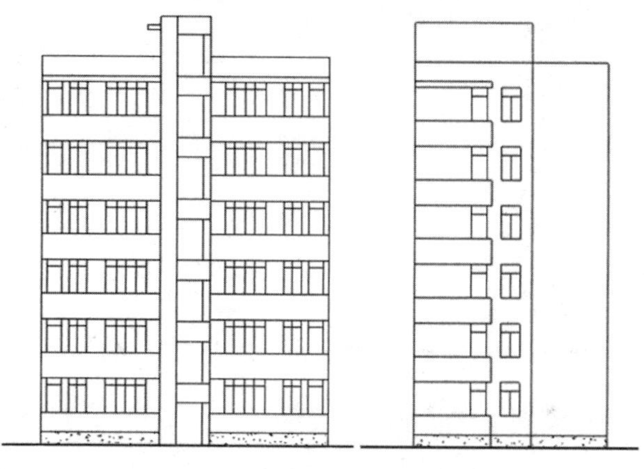

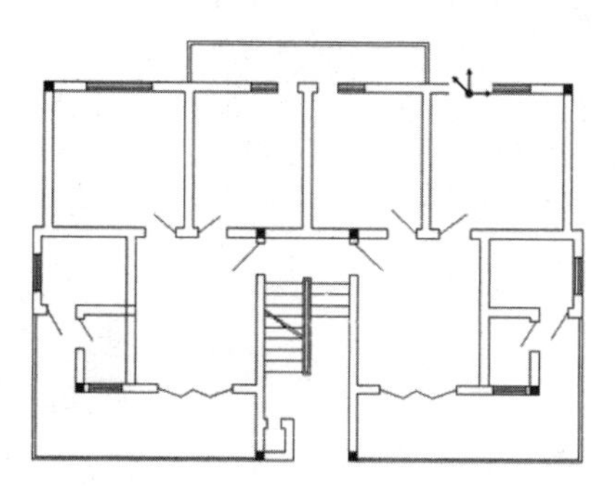

图 6.21　被测结构及其平面图

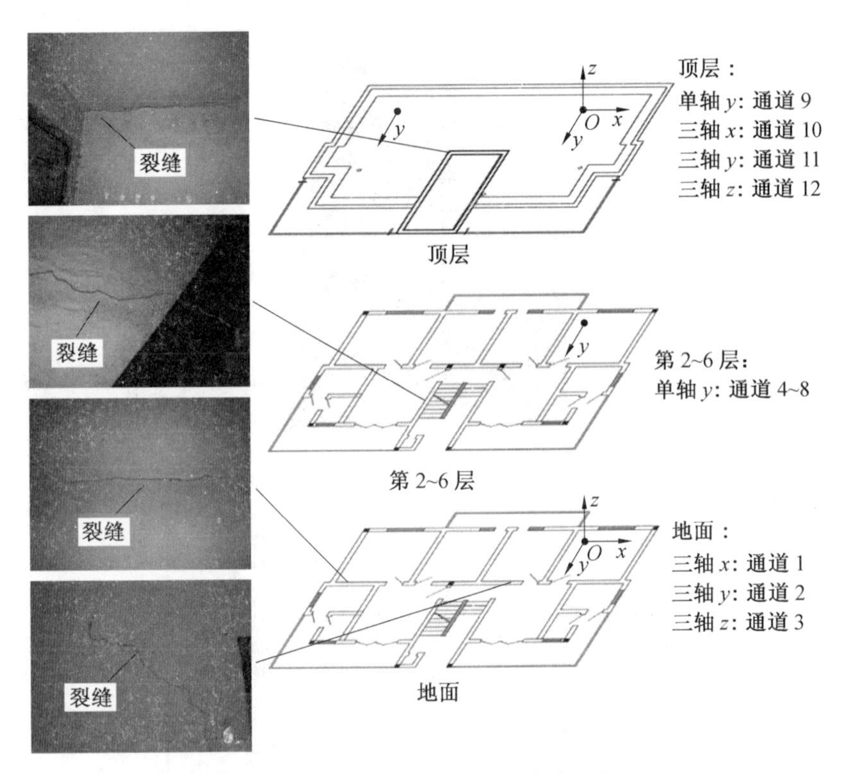

图 6.22　结构损伤情况及传感器位置

(a) 力平衡加速度传感器

(b) 数据采集硬件系统

图 6.23　传感器与数据采集系统

6.4.2　余震监测

在余震监测系统安装完后，有 22 次距离被测结构较近的余震对结构产生明显的影响，并被余震监测系统记录了下来。图 6.24 所示为第 19 条余震记录及相应的结构响应。

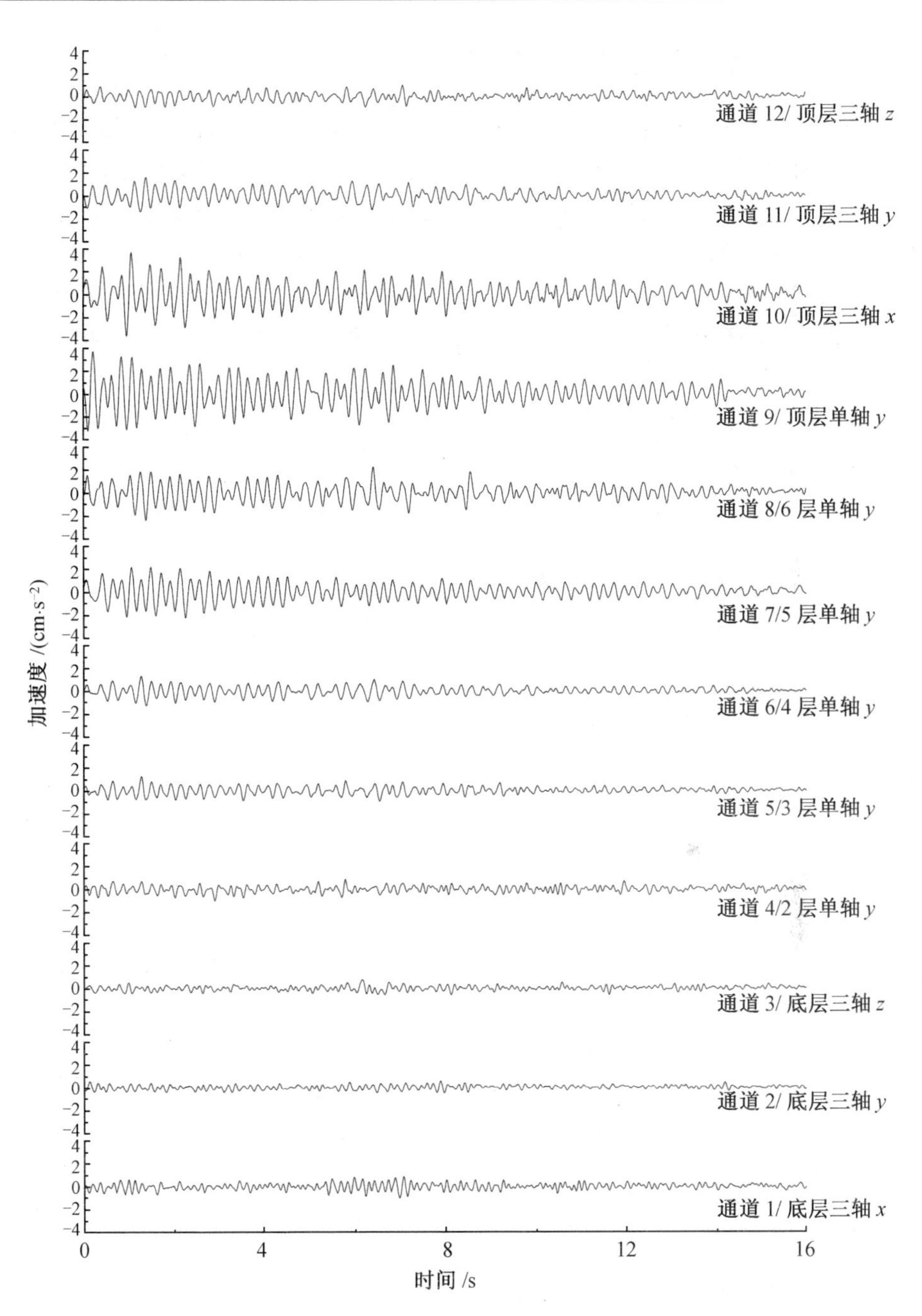

图 6.24　第 19 条余震记录及相应的结构响应

6.4.3 模态参数识别结果

在地震中，该建筑结构已经发生轻微破坏，可以推断，在新的余震激励下，结构刚度仍有可能发生改变，尤其是在较大的余震荷载作用下。因此，在较大的余震激励下，结构的模态参数也可能发生改变。将较小的余震激励作用下的结构状态作为参考状态，为研究不同余震荷载作用下结构模态参数的改变，对22条余震激励下的结构模态参数分别进行了模态识别。图6.25所示为在各余震激励下第6层楼板的结构响应时程曲线，在这些结构响应中，第8、15、18和21条余震激励下的结构响应较大。

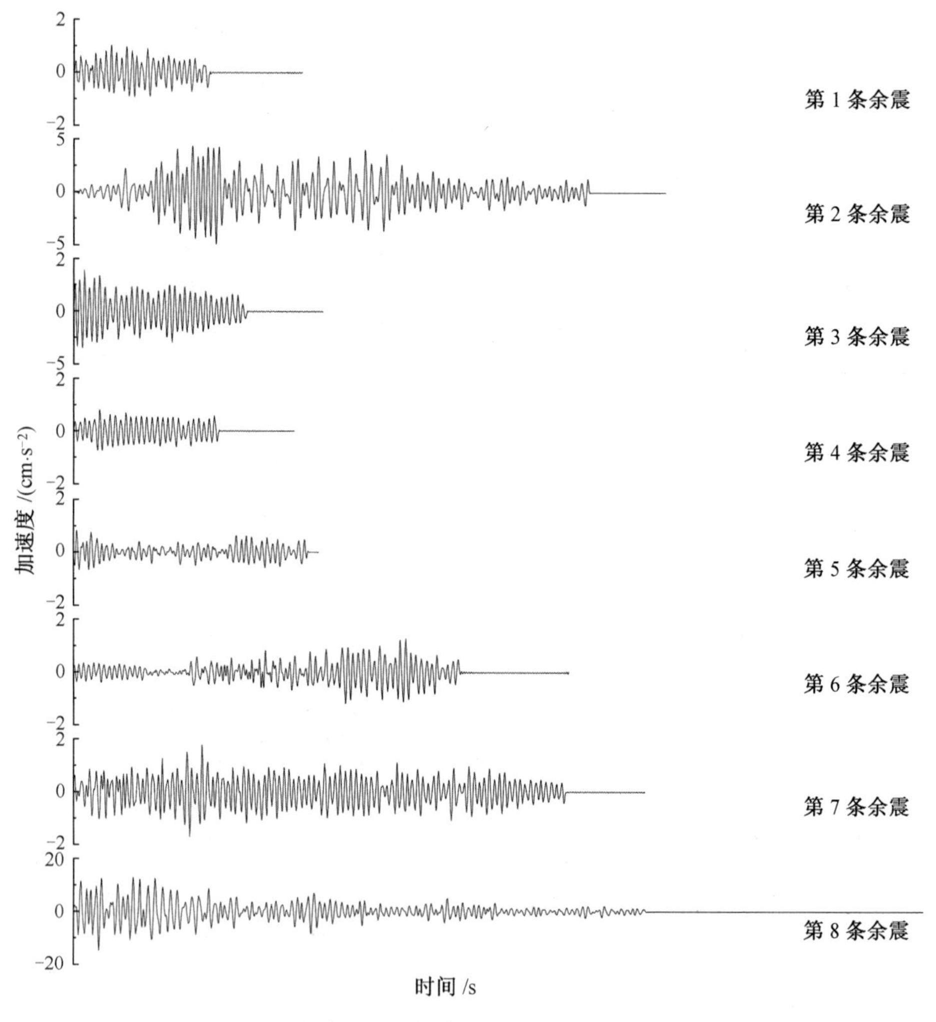

图6.25 在各余震激励下第6层楼板的结构响应时程曲线

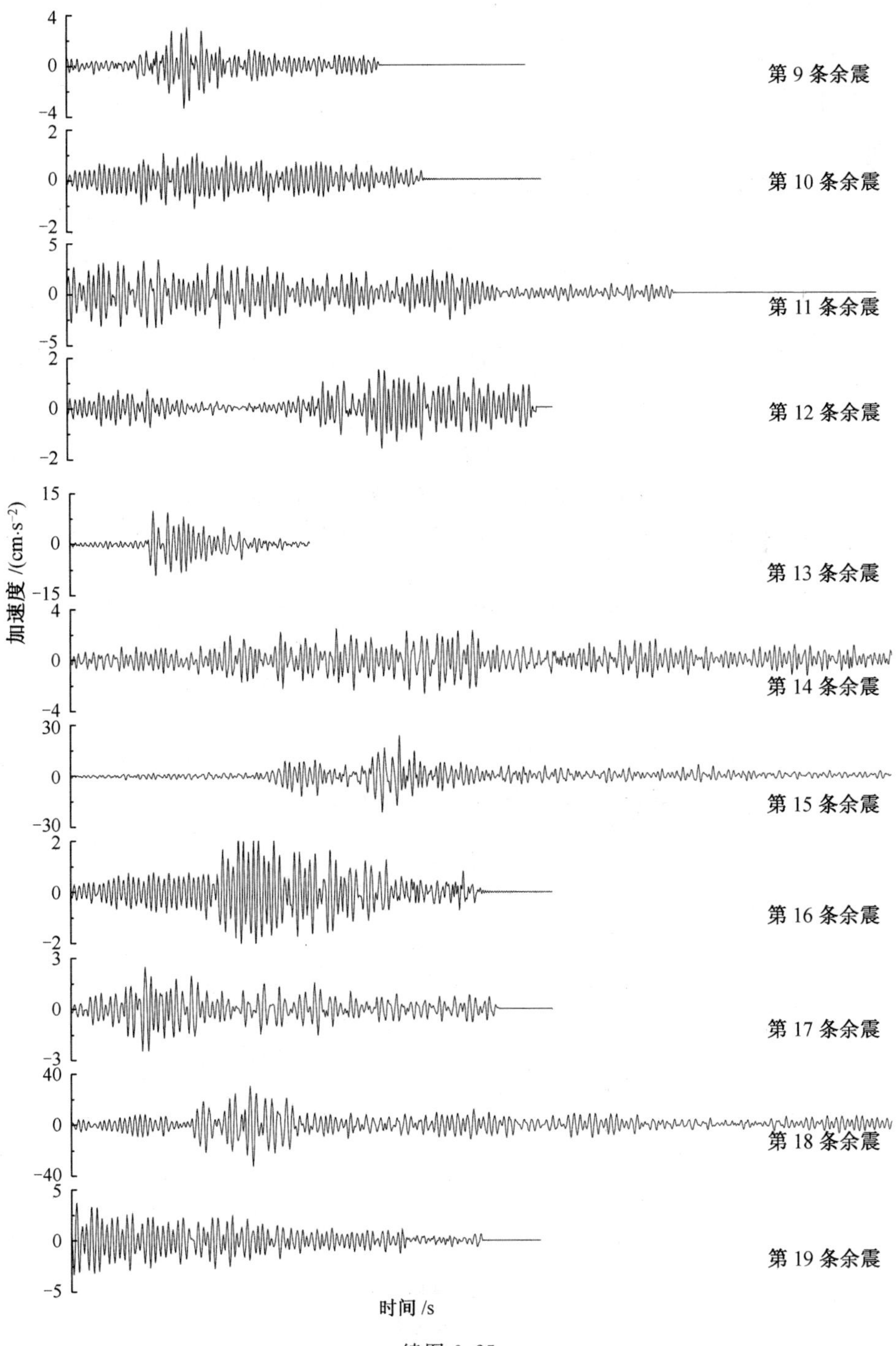
4
0
-4
第 9 条余震
2
0
-2
第 10 条余震
5
0
-5
第 11 条余震
2
0
-2
第 12 条余震
15
0
-15
第 13 条余震
4
0
-4
第 14 条余震
30
0
-30
第 15 条余震
2
0
-2
第 16 条余震
3
0
-3
第 17 条余震
40
0
-40
第 18 条余震
5
0
-5
第 19 条余震
加速度 /(cm·s-2)
时间 /s

续图 6.25

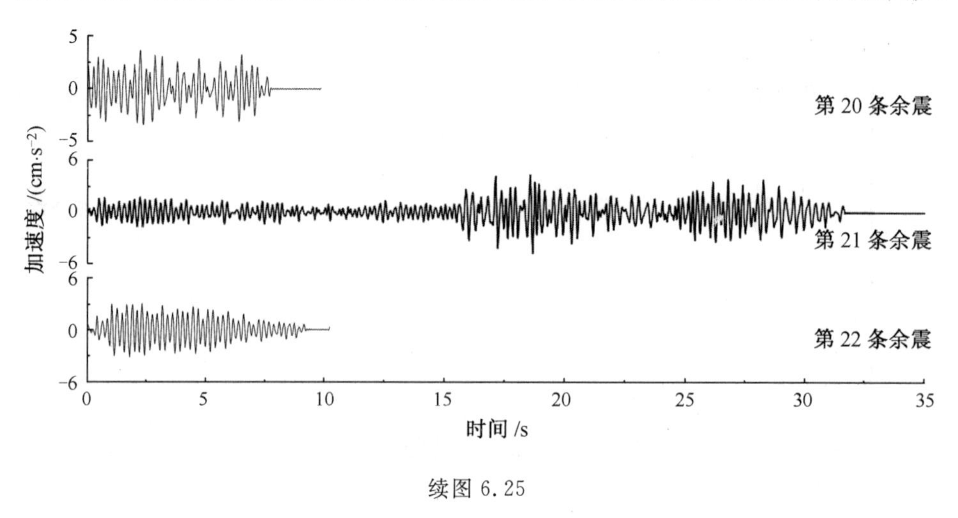

续图 6.25

为研究不同幅值地震激励对结构模态参数的影响，采用 SSI 的模态参数识别方法对结构进行模态参数识别。图 6.26 给出了针对第 1 阶模态和第 2 阶模态

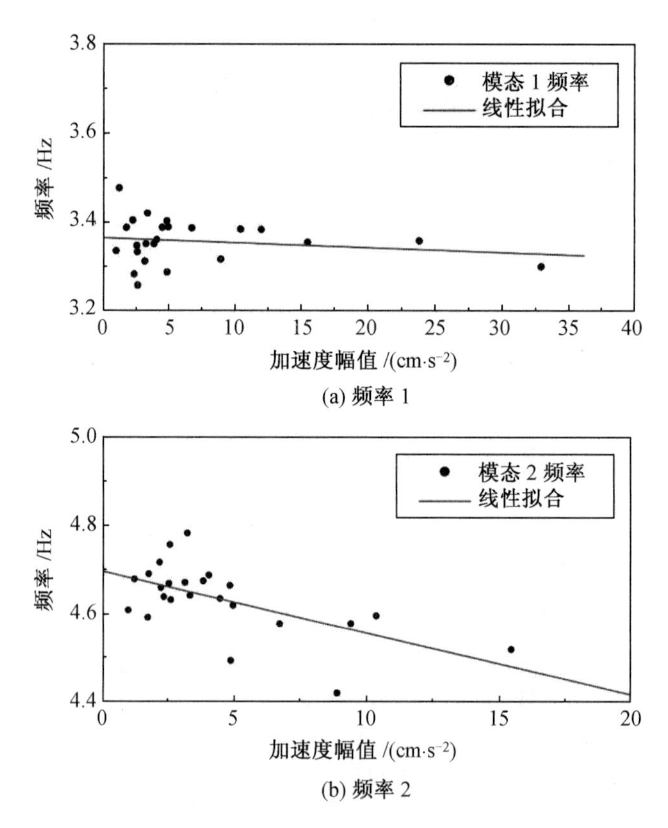

(a) 频率 1

(b) 频率 2

图 6.26　频率与加速度幅值的关系

的频率与加速度幅值的关系，图中的模态识别结果中可以看出，随着地震加速度幅值的增加，两阶频率均有降低的趋势，这表明结构存在损伤。较高的加速度幅值，对应更大的地震力，导致结构损伤且刚度降低，结构的模态频率也随之降低。

6.5　水利大坝结构模态分析应用

这里介绍一个大坝地震响应监测数据的频响函数分析例子，该工程实例来自 Loh 教授的研究论文。Fei－Tsui 大坝始建于 1987 年，Fei－Tsui 大坝为混凝土拱坝，高为 125 m、长为 510 m，Fei－Tsui 大坝及强震测量仪布设位置如图 6.27 所示。为了研究非一致地震动输入对拱坝的影响和震后安全评定，从 1991 年起研究人员开展了对 Fei－Tsui 大坝的强震观测研究。大坝上共安装了 11 个强震测量仪，其中 5 个强震测量仪沿着大坝基座布置（SD1 ～ SD5），3 个安装在坝顶高度位置处（SDA、SDB、SDC），3 个安装在大坝中心高为 115 m 位置处（SD6 ～ SD8）。自 1992 年以来，强震测量仪共记录了 5 次地震动。所有记录都是采样频率 200 Hz 的数字信号。

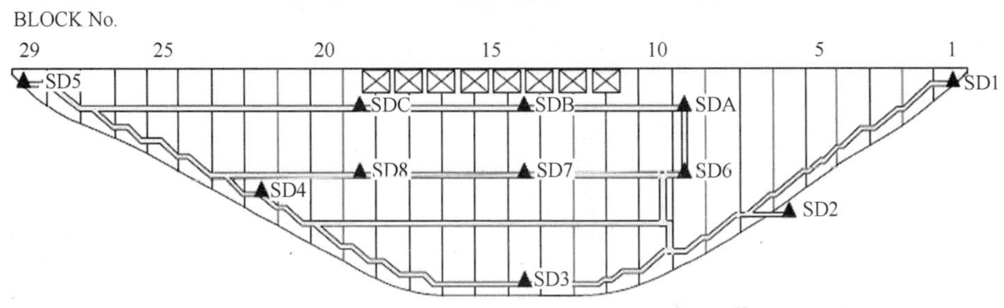

图 6.27　Fei－Tsui 大坝及强震测量仪布设位置

基于大坝强震观测台阵测得的数据，对 Fei－Tsui 大坝进行了系统识别，得到大坝的固有频率和阻尼比。考虑到大坝拱座上的非一致地震动输入，采用了单输出－多输入的系统识别，而非单输出－单输入的系统识别。

不同于对建筑结构地震响应数据进行的系统识别，考虑到非一致地震动输入对拱坝的影响，沿着大坝拱座的所有地震仪记录的数据都须用作输入地震动，SDB测点测得的上下游方向响应作为输出运动。基于自回归各态历经模型系统识别得到的输入地震动与输出运动之间的频响函数曲线如图6.28所示。从识别出的频响函数曲线可以发现，不同地震的频响函数曲线形状非常相似，每一次地震的频响函数主频率略有不同，地震中大坝未出现损伤，频率的变化主要因大坝水库的蓄水量不同导致大坝附加质量变化而引起的。

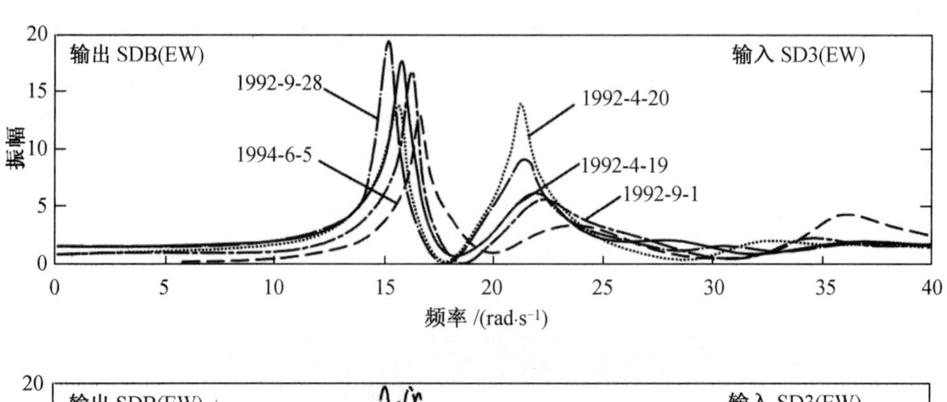

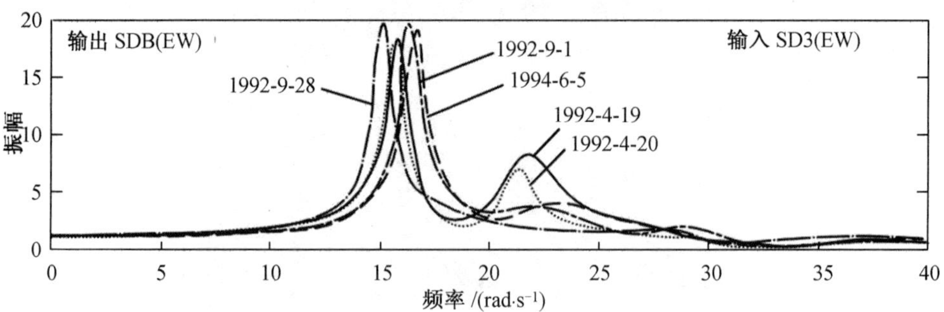

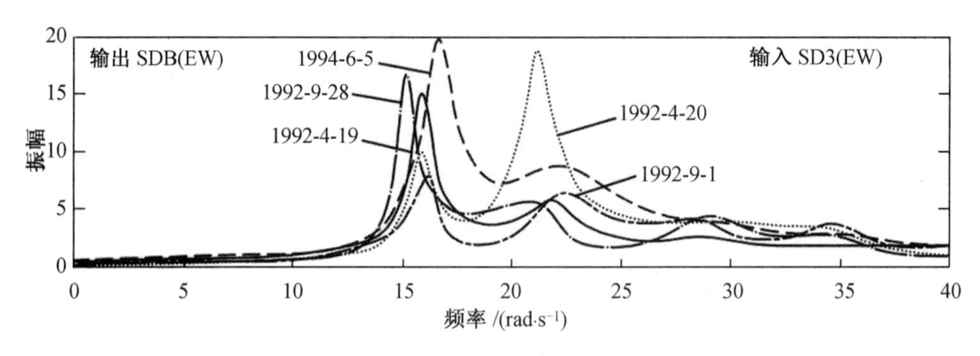

图6.28　不同地震的频率响应函数曲线

6.6 环境因素对结构模态参数的影响

本节以某大跨悬索桥为例，讨论环境因素(包括风和温度)对模态频率和阻尼比的影响。在风荷载作用下，桥梁结构将产生静风荷载、抖振荷载和自激力，其中自激力与结构的运动位移、速度和加速度相关，使得结构产生附加气动刚度和阻尼，且气动刚度和阻尼随风速变化而变化。环境温度的变化不仅会使结构产生温度内应力，还会改变结构弹性模量等物理特性，使得结构动力特性发生改变。因此风荷载和环境温度是影响结构模态参数的两个重要因素。

6.6.1 健康监测系统简介

某大跨悬索桥(图 6.29)位于中国东海两座海岛间的狭窄海域。该桥是一座两跨非对称悬索桥，主跨为 1 650 m，边跨为 578 m，其中主跨跨度位居世界第三。悬索桥南北两桥塔由预应力混凝土制成，塔高为 236.5 m。悬索桥的主梁由分离式双箱梁构成，上、下游箱梁间距为 6 m，两幅箱梁通过沿桥轴向间隔为 14.4 m的连接箱梁连接，连接箱梁的宽度为 3.6 m。两幅箱梁总宽度为 36 m，分离式双箱梁中心高度为3.51 m。

图 6.29　某大跨悬索桥

桥面风速、主梁加速度和钢箱梁表面温度监测点布置图如图 6.30 所示。为了获得各种风向下的自由来流，在主跨 1/4、1/2、3/4 点东西两侧各布置两个超声风速仪，共计 6 个，超声风速仪安装在桥梁的灯柱上，安装位置距桥面为 6 m。主跨距 1/4 跨、1/2 跨、3/4 跨和边跨跨中位置共布置 12 个，每个断面 3 个，桥梁东侧安装两个分别用于测量桥面东侧竖向和侧向振动加速度，西侧安装一个用以测量桥面西侧竖向振动加速度。在北塔附近两个断面钢箱梁表面布置温度传感器，每个断面 12 个监测点。图 6.31 所示为某日主跨 1/4 跨桥面监测风速、主跨 1/4 跨主梁竖向加速度和近北塔钢箱梁断面监测温度。

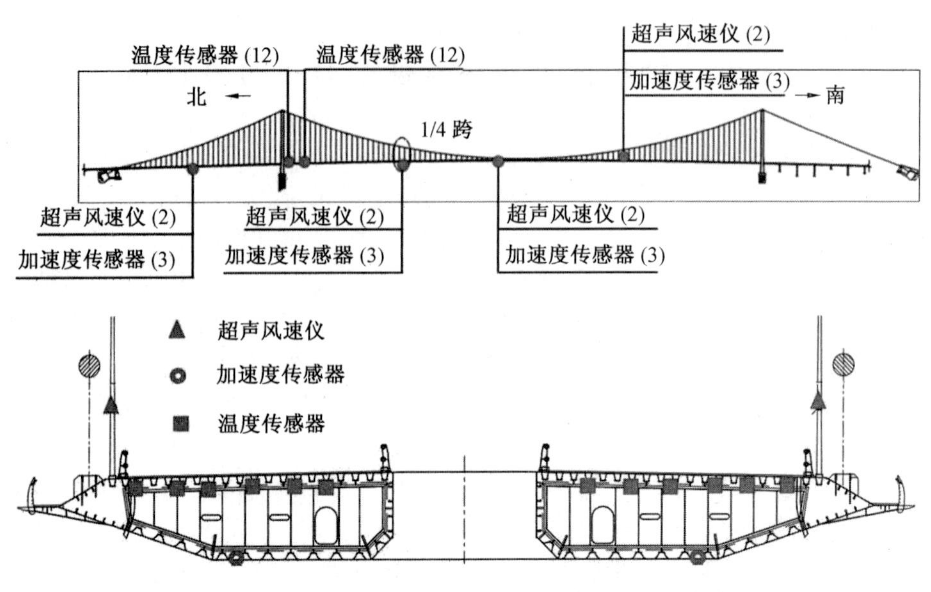

图 6.30　桥面风速、主梁加速度和钢箱梁表面温度测点布置图

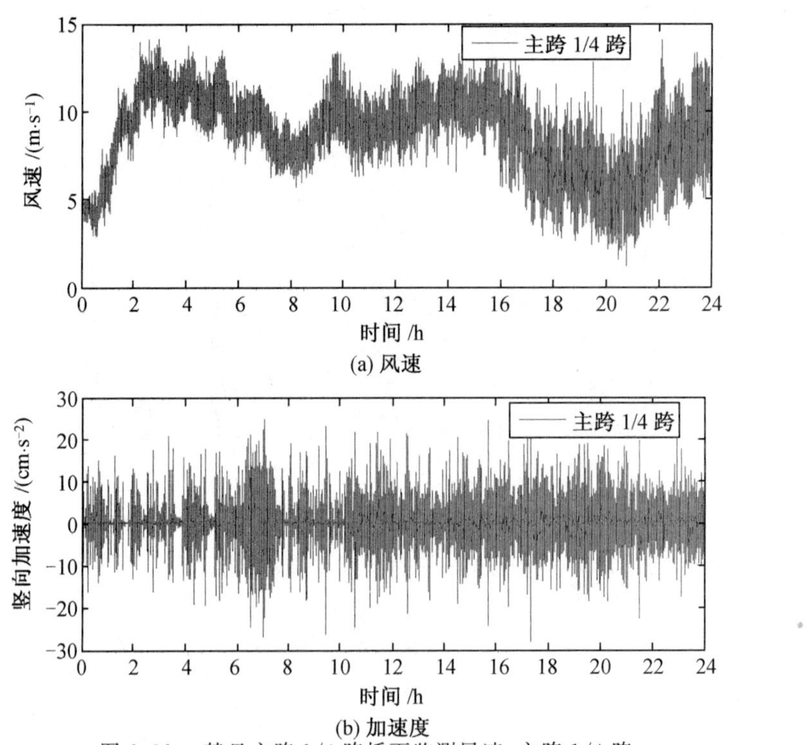

图 6.31　某日主跨 1/4 跨桥面监测风速、主跨 1/4 跨主梁竖向加速度和近北塔钢箱梁断面监测温度

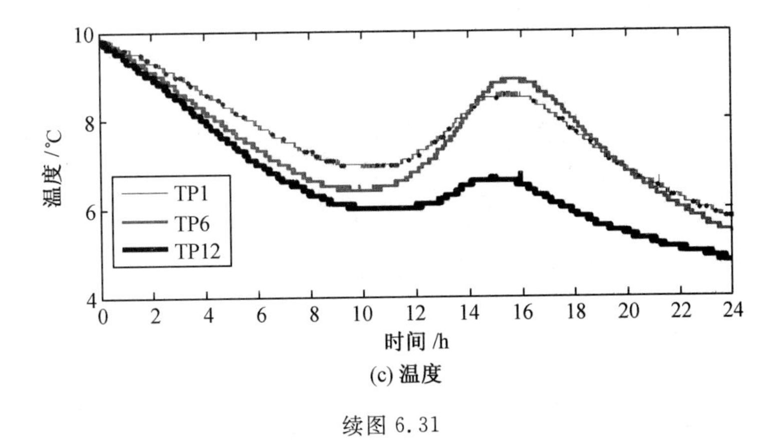

(c) 温度

续图 6.31

本书采用随机减量法和 ERA 法对主梁模态参数进行识别，其中分析时段为 2013 ～ 2016 年，分析时距为 1 h。

6.6.2　结构模态参数与环境风速和温度相关性分析

图 6.32 和图 6.33 所示分别为 2013 ～ 2016 年桥面 10 min 平均风速和钢箱梁表面 10 min 平均温度。由图可知，风速和温度都随时间产生明显变化。

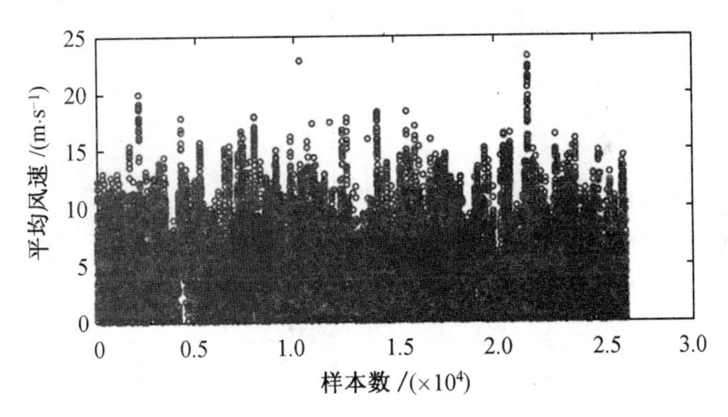

图 6.32　桥面 10 min 平均风速

图 6.34 所示为主梁结构模态参数随风速的变化规律。由图 6.34(a) 可知，第 1 ～ 3 阶模态的竖向模态频率基本不随平均风速变化而变化，然而第 4 ～ 6 阶模态的竖向模态频率随平均风速的增加而增加，这表明桥梁结构高阶模态附加气动刚度影响显著。由图 6.34(b) 可知，结构模态阻尼比均随平均风速的增加而增加。

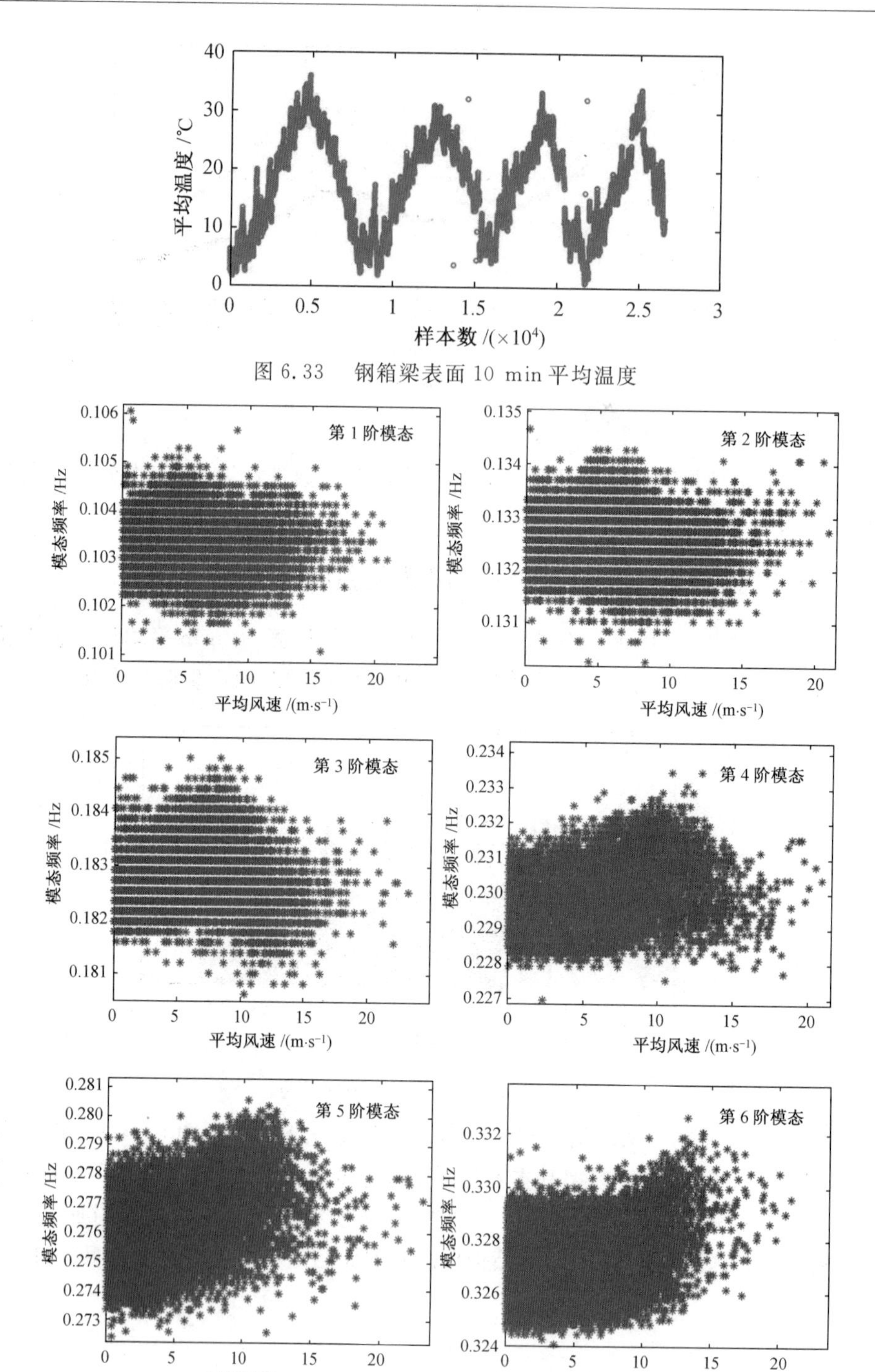

图 6.33　钢箱梁表面 10 min 平均温度

(a) 模态频率

图 6.34　主梁结构模态参数随风速的变化规律

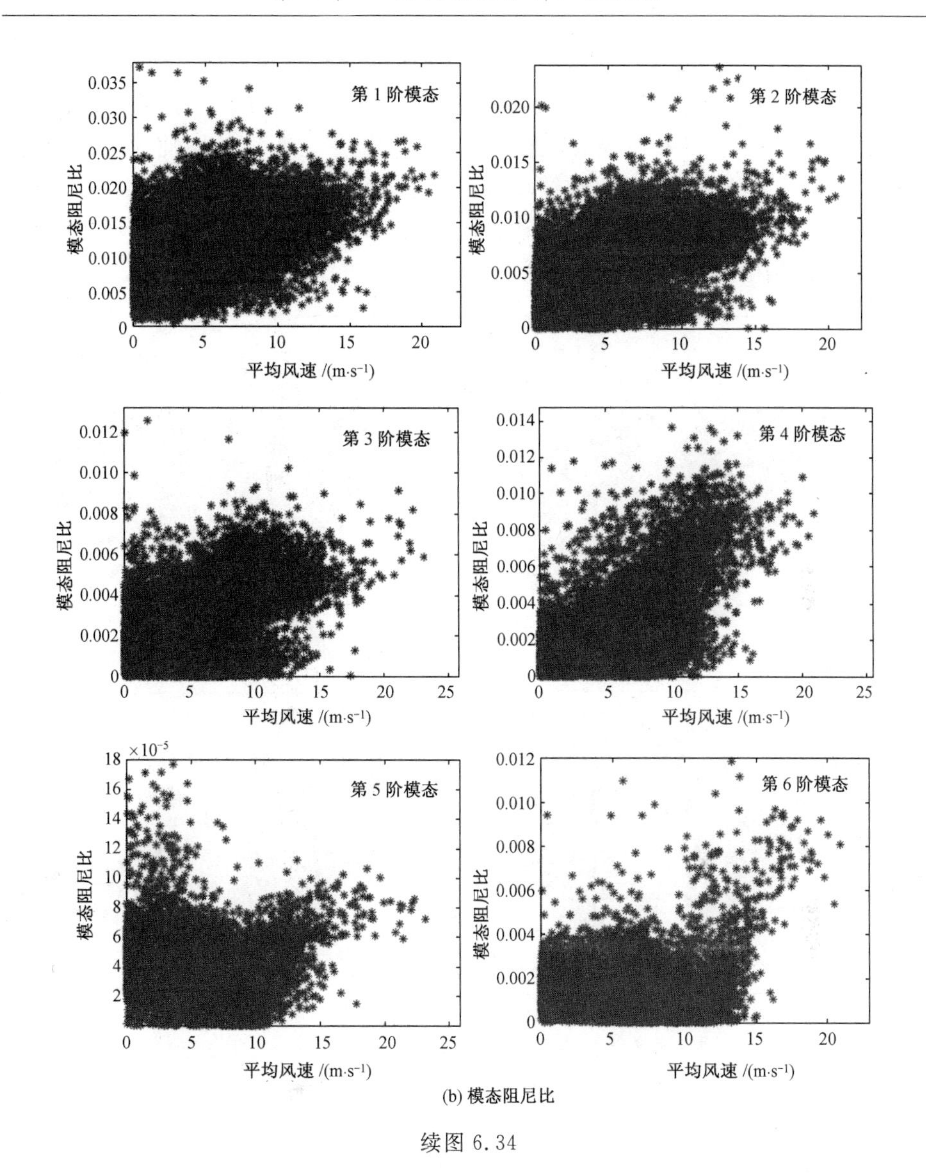

(b) 模态阻尼比

续图 6.34

图 6.35 所示为主梁结构模态参数随钢箱梁表面平均温度变化而变化的规律。由图 6.35(a) 可知,第 1 ～ 3 阶模态的竖向模态频率与平均温度的变化没有明显关系,然而第 4 ～ 6 阶模态的竖向模态频率随平均温度的增加而减小,且呈显著的负相关特性,这表明桥梁结构高阶模态频率易受温度荷载的影响。由图 6.35(b) 可知,结构模态阻尼比与钢箱梁表面平均温度没有明显的关系,表面平均温度对主梁阻尼比不产生影响。

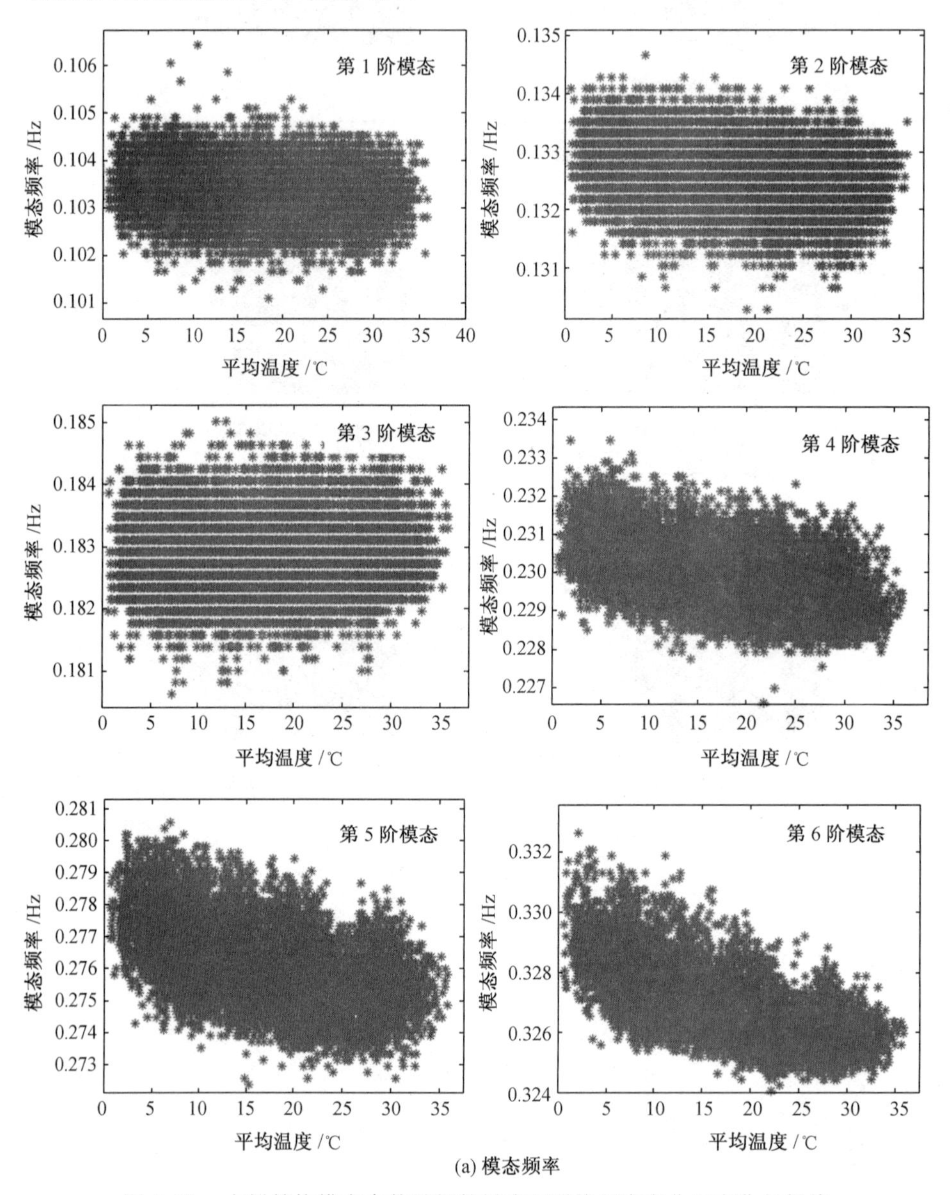

(a) 模态频率

图 6.35　主梁结构模态参数随钢箱梁表面平均温度变化而变化的规律

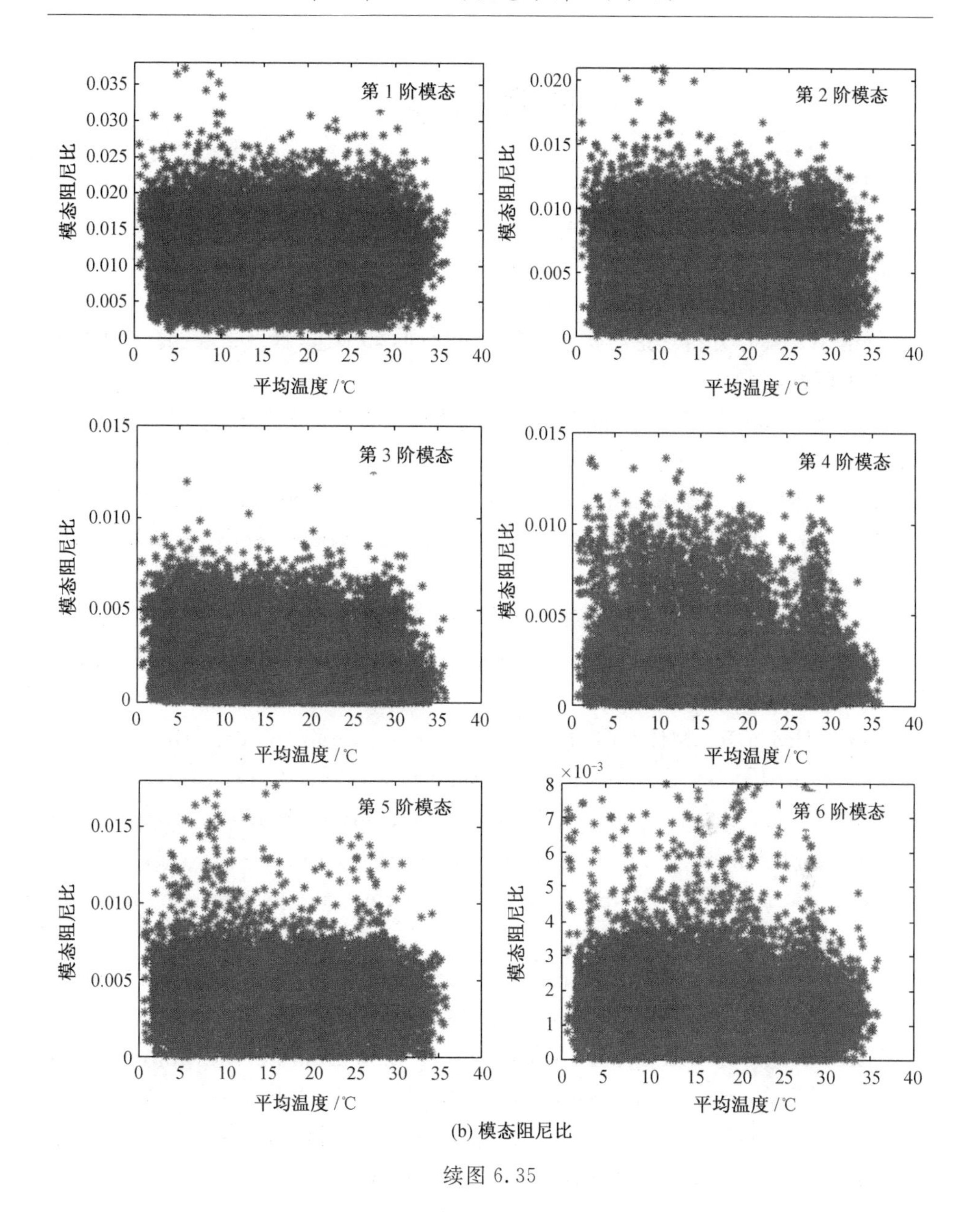

(b) 模态阻尼比

续图 6.35

参考文献

[1] ZHANG L，BRINCKER R. An overview of operational modal analysis：major development and issues[C] // Proceedings of the 1st International Operational Modal Analysis Conference. Denmark：Aalborg Universitet，2005：179-190.

[2] 海伦 W. 模态分析理论与实验[M]. 白化同，郭继忠，译. 北京：北京理工大学出版社，2001.

[3] 傅志方，华宏星. 模态分析理论与应用[M]. 上海：上海交通大学出版社，2002.

[4] CDLE,JR H. On-the-line analysis of random vibrations[C] // 9th Structural Dynamic and Materials Conference,Palm Springs,California，1968:288.

[5] BROWN D L，ALLEMANG R J，ZIMMERMAN R，et al. Parameter estimation techniques for modal analysis[J]. SAE Transactions，1979：828-846.

[6] IBRAHIM S R，MIKULCIK E C. A time domain modal vibration test technique[J]. Shock and Vibration Bulletin，1973，43(4)：21-37.

[7] IBRAHIM S R. An approach for reducing computational requirements in modal identification[J]. AIAA Journal，1986，24(10)：1725-1727.

[8] BOX G E P,JENKINS G M. Time series analysis:forecasting and control[M]. London:2nd Editor,1976.

[9] BARTHOLOMEW D J. Time series analysis forecasting and control[J]. Journal of the Operational Research Society，1971，22(2)：199-201.

[10] RICHARDSON M H，FORMENTI D L. Parameter estimation from frequency response measurements using rational fraction polynomials [C] //Proceedings of the 1st International Modal Analysis Conference. NY：Union College Schenectady，1982，1：167-186.

[11] RICHARDSON M H，FORMENTI D L. Global curve fitting of frequency response measurements using the rational fraction polynomial method[C]. Proceeding of 3rd IMAC. Las Vegas，1985：390-397.

[12] ZHANG L M，KANDA H，BROWN D L，et al. A frequency domain polyreference method for modal analysis[J]. ASME Paper，1985：1-6.

[13] VOLD H，KUNDRAT J，ROCKLIN G T，et al. A multi-input modal

estimation algorithm for mini-computers[J]. SAE Transactions, 1982: 815-821.

[14] FUKUZONO K. Investigation of multiple-reference Ibrahim time domain modal parameter estimation technique[D]. Cincinnati: University of Cincinnati, 1986.

[15] JUANG J N, PAPPA R. An eigensystem realization algorithm (ERA) for modal parameter identification, NASA[C] // JPL Workshop on Identification and Control of Flexible Space Structures, Pasadena, CA, USA. 1984.

[16] JUANG J N, SUZUKI H. An eigensystem realization algorithm in frequency domain for modal parameter identification[J]. Journal of Vibration, Acoustics, Stress, and Reliability in Design, 1988, 110: 25.

[17] LEMBREGTS F, LEURIDAN J, ZHANG L, et al. Multiple input modal analysis of frequency response functions based on direct parameter identification[C] // International Modal Analysis Conference, 4th. Los Angeles: Society for Experimental Mechanic, 1986: 589-598.

[18] BRAUN S . Mechanical signature analysis: theory and applications[M]. London: Academic Press, 1986.

[19] LENNART L. System identification: theory for the user[M]. New Jersey: Pearson Education, 1998.

[20] JAMES G H, CARNE T G, LAUFFER J P, et al. Modal testing using natural excitation[C] // Proceedings of the International Modal Analysis Conference. San Diego: Society for Experimental Mechanic, 1992: 1208-1208.

[21] OVERSCHEE P V, MOOR B D. Subspace identification for linear systems: Theory-Implementation-Applications[M]. Berlin: Springer Science and Business Media, 2012.

[22] MOOR B D, OVERSCHEE P V, SUYKENS J. Subspace algorithms for system identification and stochastic realization[C] // Proc. of the International Symposium on Recent Advances in Mathematical Theory of Systems, Control, Networks and Signal Processing (MTNS'91). Tokyo: Mita Press, 1991: 589-595.

[23] OVERSCHEE P V, MOOR B D. Subspace algorithms for the stochastic identification problem[J]. Automatica, 1993, 29(3): 649-660.

[24] PEETERS B, ROECK G D, POLLET T, et al. Stochastic subspace

techniques applied to parameter identification of civil engineering structures[C] // Proceedings of New Advances in Modal Synthesis of Large Structures: Nonlinear, Damped and Nondeterministic Cases. Lyon: CRC Press, 1995: 151-162.

[25] HERMANS L, AUWERAER H V D, ABDELGHANI M. A critical evaluation of modal parameters extraction schemes for output only data[C] // Proceedings of the International Modal Analysis Conference. Japan: Society for Experimental Mechanic, 1997: 682-688.

[26] KRÄMER C, SMET C A M D, PEETERS B. Comparison of ambient and forced vibration testing of civil engineering structures[C] // Proceedings of IMAC. Berlin: Society for Experimental Mechanic, 1999, 17: 1030-1034.

[27] ZHANG L, BRINCKER R, ANDERSEN P. Modal indicators for operational modal identification[C] // Proceedings of IMAC 19. Berlin: Society for Experimental Mechanics, 2001: 746-752.

[28] REYNDERS E, PINTELON R, ROECK G D. Uncertainty bounds on modal parameters obtained from stochastic subspace identification[J]. Mechanical Systems and Signal Processing, 2008, 22(4): 948-969.

[29] BENDAT J S, PIERSOL A G. Engineering applications of correlation and spectral analysis[M]. New York: Wiely, 1980.

[30] BRINCKER R, ZHANG L, ANDERSEN P. Modal identification from ambient responses using frequency domain decomposition[C] // Proc. of the 18th International Modal Analysis Conference (IMAC). San Antonio: Society for Experimental Mechanics, 2000: 625-630.

[31] ANTONI J. Blind separation of vibration components: principles and demonstrations[J]. Mechanical Systems and Signal Processing, 2005, 19(6): 1166-1180.

[32] YANG Y, NAGARAJAIAH S. Time-frequency blind source separation using independent component analysis for output-only modal identification of highly damped structures[J]. Journal of Structural Engineering, 2012, 139(10): 1780-1793.

[33] KERSCHEN G, PONCELET F, GOLINVAL J C. Physical interpretation of independent component analysis in structural dynamics[J]. Mechanical Systems and Signal Processing, 2007, 21(4): 1561-1575.

[34] YANG Y, NAGARAJAIAH S. Output-only modal identification with limited sensors using sparse component analysis[J]. Journal of Sound and Vibration, 2013, 332(19): 4741-4765.

[35] QIN S, GUO J, ZHU C. Sparse component analysis using time-frequency representations for operational modal analysis[J]. Sensors, 2015, 15(3): 6497-6519.

[36] YU K, YANG K, BAI Y. Estimation of modal parameters using the sparse component analysis based underdetermined blind source separation[J]. Mechanical Systems and Signal Processing, 2014, 45(2): 302-316.

[37] XU Y, BROWNJOHN J M W, HESTER D. Enhanced sparse component analysis for operational modal identification of real-life bridge structures[J]. Mechanical Systems and Signal Processing, 2019, 116: 585-605.

[38] ZHOU H, YU K, CHEN Y, et al. Output-only modal estimation using sparse component analysis and density-based clustering algorithm[J]. Measurement, 2018, 126: 120-133.

[39] AMINI F, HEDAYATI Y. Underdetermined blind modal identification of structures by earthquake and ambient vibration measurements via sparse component analysis[J]. Journal of Sound and Vibration, 2016, 366: 117-132.

[40] BELOUCHRANI A, ABED-MERAIM K, CARDOSO J F, et al. A blind source separation technique using second-order statistics[J]. IEEE Transactions on Signal Processing: Institute of Electrical and Electronics, 1997, 45(2): 434-444.

[41] MCNEILL S I, ZIMMERMAN D C. A framework for blind modal identification using joint approximate diagonalization[J]. Mechanical Systems and Signal Processing, 2008, 22(7): 1526-1548.

[42] HAZRA B, ROFFEL A J, NARASIMHAN S, et al. Modified cross-correlation method for the blind identification of structures[J]. Journal of Engineering Mechanics, 2009, 136(7): 889-897.

[43] ANTONI J, CHAUHAN S. A study and extension of second-order blind source separation to operational modal analysis[J]. Journal of Sound and Vibration, 2013, 332(4): 1079-1106.

[44] TONG L, SOON V C, HUANG Y F, et al. AMUSE: a new blind

identification algorithm[C] // IEEE international Symposium on Circuits and Systems. New Orleans: IEEE, 1990: 1784-1787.

[45] KIM S G, YOO C D. Underdetermined blind source separation based on subspace representation[J]. IEEE Transactions on Signal Processing, 2009, 57(7): 2604-2614.

[46] AU S K, ZHANG F L, Ni Y C. Bayesian operational modal analysis: theory, computation, practice[J]. Computers and Structures: Elsevier Ltd , 2013, 126: 3-14.

[47] LIU D,TANG Z,BAO Y,et al. Machine-learning-based method for output-only Struetural modal identification[J]. Structural Control and Health Monitoring,2021,28(12):e2843.

[48] LING X, HAO S. Comparison of methods for time-frequency analysis of oil whip vibration signal[C] // Advanced Materials Research, Switzerland: Trans Tech Publications Ltd, 2011, 211: 983-987.

[49] HE Y, LI Q. Time-frequency analysis of structural dynamic characteristics of tall buildings[J]. Structure and Infrastructure Engineering: Taylor and Francis Ltd, 2015, 11(8): 971-989.

[50] CHEN T C. Joint signal parameter estimation of frequency-hopping communications[J]. IET Communications, 2012, 6(4): 381-389.

[51] VEER K, AGARWAL R. Wavelet and short-time fourier transform comparison-based analysis of myoelectric signals[J]. Journal of Applied Statistics, 2015, 42(7): 1591-1601.

[52] KUMAR R, SINGH B, SHAHANI D T. Recognition of single-stage and multiple power quality events using Hilbert-Huang transform and probabilistic neural network[J]. Electric Power Components and Systems, 2015, 43(6): 607-619.

[53] HUANG N E, ZHENG S, LONG S R, et al. The empirical mode decomposition and the Hilbert spectrum for nonlinear and non-stationary time series analysis[C]. Proceedings Mathematical Physical and Engineering Sciences. London: Royal Society, 1998, 454(1971): 903-995.

[54] DRAGOMIRETSKIY K, ZOSSO D. Variational mode decomposition[J]. IEEE Transactions on Signal Processing, 2014, 62(3): 531-544.

[55] CANDÈS E J. Compressive sampling[C]. Proceedings of the International Congress of Mathematicians on Information theory,

Madrid,Spain,2006，51：4203-4215.

[56] DONOHO D. Compressed sensing[J]. IEEE Transactions on Information Theory，2006，52(4)：1289-1306.

[57] 马坚伟，徐杰，鲍跃全，等. 压缩感知及其应用：从稀疏约束到低秩约束优化[J]. 信号处理，2012，28(5)：609-623.

[58] HOU T Y，SHI Z. Data-driven time-frequency analysis[J]. Applied and Computational Harmonic Analysis，2013，35(2)：284-308.

[59] 郑君里，应启珩，杨为理. 信号与系统引论[M]. 北京：高等教育出版社，2009.

[60] 李德葆，陆秋海. 实验模态分析及其应用[M]. 北京：科学出版社，2001.

[61] 盛宏玉. 结构动力学[M]. 2 版. 合肥：合肥工业大学出版社，2007.

[62] 李惠，鲍跃全，李顺龙，等. 结构健康监测数据科学与工程[M]. 北京：科学出版社，2016.

[63] EWINS D J. Modal testing：theory，practice and application[M]. New Jersey：John Wiley & Sons，2009.

[64] AVITABILE P. Modal space-in our own little world[J]. Experimental Techniques：Springer International Publishing，2012，36(5)：1-2.

[65] 李彩华，李小军，滕云田. 差动输出型力平衡加速度传感器设计与噪声测试[J]. 地震地磁观测与研究，2014,35(z1)：219-223.

[66] 曹树谦，张文德，萧龙翔. 振动结构模态分析：理论，实验与应用[M]. 天津：天津大学出版社，2001.

[67] BAO Y，XIA Y，LI H，et al. Data fusion-based structural damage detection under varying temperature conditions[J]. International Journal of Structural Stability and Dynamics，2012，12(6)：1250052.

[68] RICHARDSON M H，FORMENTI D L. Global curve fitting of frequency response measurements using the rational fraction polynomial method[C]. Proceeding of 3rd IMAC. Las Vegas，1985：390-397.

[69] JACOBSEN N J，ANDERSEN P，BRINCKER R. Using enhanced frequency domain decomposition as a robust technique to harmonic excitation in operational modal analysis[C] // Proceedings of ISMA2006：International Conference on Noise and Vibration Engineering. Lueven：Katholieke Universiteit，2006：18-20.

[70] BRINCKER R，VENTURA C，ANDERSEN P. Damping estimation by frequency domain decomposition[C] // Proceedings of IMAC 19：A Conference on Structural Dynamics,Kissimmee,Florida，2001，1：

698-703.

[71] ANTONI J. Blind separation of vibration components: principles and demonstrations[J]. Mechanical Systems and Signal Processing, 2005, 19(6): 1164.1180.

[72] KERSCHEN G, PONCELET F, GOLINVAL J, et al. Physical interpretation of independent component analysis in structural dynamics[J]. Mechanical Systems and Signal Processing, 2007, 21(4): 1561-1574.

[73] YANG Y, NAGARAJAIAH S. Time-frequency blind source separation using independent component analysis for output-only modal identification of highly damped structures[J]. Journal of Structural Engineering, 2013, 139(10):1780-1793.

[74] YANG Y, NAGARAJAIAH S. Output-only modal identification with limited sensors using sparse component analysis[J]. Journal of Sound and Vibration, 2013, 332(19): 4741-4764.

[75] QIN S, GUO J, ZHU C. Sparse component analysis using time-frequency representations for operational modal analysis[J]. Sensors, 2015, 15(3): 6497-6519.

[76] HAZRA B, ROFFEL A J, NARASIMHAN S, et al. Modified cross-correlation method for the blind identification of structures[J]. Journal of Engineering Mechanics, 2010, 136(7):889-897.

[77] ANTONI J, CHAUHAN S. A study and extension of second-order blind source separation to operational modal analysis[J]. Journal of Sound and Vibration: Academic Press Inc, 2013, 332(4):1079-1106.

[78] STONE J V. Blind source separation using temporal predictability[J]. Neural Computation, 2001, 13(7):1559-1574.

[79] 杨涛. 多混叠振动信号的盲源分离及实验研究[D]. 南京：南京航空航天大学，2006.

[80] LINSKER R. An application of the principle of maximum information preservation to linear systems[C] // Advances in Neural Information Processing Systems. Denver, Colorado: Morgan Kaufmann, 1989: 184-194.

[81] JUTTEN C, HERAULT J. Blind separation of sources, part I: an adaptive algorithm based on neuromimetic architecture[J]. Signal Processing, 1991, 24(1): 1-10.

[82] 董增福. 矩阵分析教程[M]. 2版. 哈尔滨:哈尔滨工业大学出版社，2005.
[83] JAMES G H，CARNE T G，LAUFFER J P，et al. Modal testing using natural excitation[C] // Proceedings of the International Modal Analysis Conference. San Diego California：Society for Experimental Mechanics，1992：1208-1208.
[84] JUANG J N，PAPPA R S. An eigensystem realization algorithm for modal parameter identification and model reduction[J]. Journal of Guidance，Control，and Dynamics，985，8(5)：620-627.
[85] HUANG N E. Hilbert-Huang transform and its applications[M]. Singapore：World Scientific，2014.
[86] SAPSANIS C，GEORGOULAS G，TZES A，et al. Improving EMG based classification of basic hand movements using EMD[C] // 2013 35th Annual International Conference of the IEEE Engineering in Medicine and Biology Society (EMBC). Osaka：IEEE，2013：5754-5757.
[87] KOMATY A，BOUDRAA A O，NOLAN J P，et al. On the behavior of EMD and MEMD in presence of symmetric alpha-stable noise[J]. IEEE Signal Processing Letters，2014，22(7)：818-822.
[88] LINK R J，ZIMMERMAN D C. Structural damage diagnosis using frequency response functions and orthogonal matching pursuit：theoretical development[J]. Structure Control and Health Monitoring，2015，22(6)：889-902.
[89] HOU T Y，SHI Z. Data-driven time-frequency analysis[J]. Applied and Computational Harmonic Analysis，2013，35(2)：284-308.
[90] BAO Y，SHI Z，BECK J L，et al. Identification of time-varying cable tension forces based on adaptive sparse time-frequency analysis of cable vibrations[J]. Structural Control and Health Monitoring，2017，24(3)：1889.
[91] 张德义. 大跨空间结构模态参数温度敏感性研究[D]. 哈尔滨:哈尔滨工业大学，2009.
[92] 姚文凡. 风力发电机结构振动监测与预警方法[D]. 哈尔滨：哈尔滨工业大学，2017.
[93] LOH C H，WU T S. Identification of Fei-Tsui arch dam from both ambient and seismic response data[J]. Soil Dynamics and Earthquake Engineering，1996，15(7)：465-483.

[94] 周文松. 基于振动和波动方法的结构损伤识别研究[D]. 哈尔滨:哈尔滨工业大学，2010.
[95] 崔华玮. 大跨度桥梁涡激振动识别研究[D]. 哈尔滨:哈尔滨工业大学，2021.

名词索引

K

L

M

P

Q

S

T

W

X